水利工程制图与 CAD

主　编　董　岚
副主编　辛立国

中国水利水电出版社
www.waterpub.com.cn
·北京·

内 容 提 要

本教材是根据高职高专的教学基本要求和水利水电建筑工程专业群的课程标准、人才培养方案编写完成的。全书共十二个项目，内容包括制图基本知识，投影的基本知识，点、直线、平面的投影，立体的投影，轴测图，工程形体的表达方法，水利工程图，AutoCAD基础知识，平面图形的绘制与编辑，文字、表格及尺寸标注，图块和查询，水利工程图的绘制实例。

本教材适用于高职高专水利水电建筑工程、水利工程、水生态修复技术、工程监理、工程造价等水利类专业课程教学，亦可作为相关专业技术人员的参考书。

图书在版编目（CIP）数据

水利工程制图与CAD / 董岚主编. -- 北京 : 中国水利水电出版社, 2023.12
ISBN 978-7-5226-2002-2

Ⅰ. ①水… Ⅱ. ①董… Ⅲ. ①水利工程－工程制图－AutoCAD软件－高等职业教育－教材 Ⅳ. ①TV222.1-39

中国国家版本馆CIP数据核字(2024)第002826号

书　　名	高等职业教育水利类新形态一体化教材 **水利工程制图与 CAD** SHUILI GONGCHENG ZHITU YU CAD
作　　者	主　编　董　岚 副主编　辛立国
出版发行	中国水利水电出版社 （北京市海淀区玉渊潭南路 1 号 D 座　100038） 网址：www.waterpub.com.cn E-mail：sales@mwr.gov.cn 电话：（010）68545888（营销中心）
经　　售	北京科水图书销售有限公司 电话：（010）68545874、63202643 全国各地新华书店和相关出版物销售网点
排　　版	中国水利水电出版社微机排版中心
印　　刷	天津嘉恒印务有限公司
规　　格	184mm×260mm　16 开本　15.5 印张（总）　380 千字（总）
版　　次	2023 年 12 月第 1 版　2023 年 12 月第 1 次印刷
印　　数	0001—2000 册
总 定 价	**59.00** 元

前言

“水利工程制图与CAD”是水利类专业群的一门专业基础课，主要研究绘制和阅读水利工程图样的理论和方法，培养学生的绘图技能和读图能力，为后续课程的学习及将来从事水利类技术工作奠定基础。

本教材是根据高职高专人才培养的要求及水利工程制图教学的基本要求编写而成的，教学内容注重实训，并增加了数字化资源。同时，由于CAD软件的升级，结合新界面以及新的CAD制图标准，对内容进行了更新。本教材具有以下特点：

(1) 创新性。将纸质教材与数字化资源相结合，通过二维码建立纸质教材与数字化资源的有机联系，支持学生用移动终端进行学习，提高了教材的适用性和服务课程教学的能力。

(2) 前瞻性。以促进学生熟练绘制水利工程图样和小型建筑工程图样为出发点，结合AutoCAD 2018版本编写教学内容。

(3) 针对性。为适应现代高职教育发展与教学改革，依据国家对高职学生在职业技能方面的要求，兼顾全国CAD技能等级考核标准和“1+X”建筑工程识图证书的绘图部分要求，以典型工作任务划分教学任务，按照不同的任务分解，以完成一个个具体的图样绘制任务为目标，把教学内容巧妙地隐含在每个任务之中，并配有相对应的数字化资源，以满足专业需求，实施精准教学、因材施教。

(4) 思想性。教材在推进课程思政建设方面也做了探索，结合专业群特点和学生将来的就业岗位，制订符合专业自身特点的德育目标，深入梳理教学内容，将大禹精神、水利工匠精神等思政教育内容融入教材中。

本教材由董岚担任主编，辛立国担任副主编，具体编写分工如下：辽宁生态工程职业学院董岚编写项目一、项目二、项目八、项目九，孙荣华编写项目三、项目五，张贺编写项目四，李忠民编写项目六、项目七，辛立国编写项目十、项目十一，王立松编写项目十二。沈阳建筑大学沈丽萍给予了编写指导，辽宁省建设科学研究院有限责任公司于长江提供了部分图片。教材在编写过程中，得到了合作企业的大力支持，参考了有关资料，在此一并表示感谢。限于编者的水平，书中难免存在不妥之处，恳请读者批评指正。

编者

2023年10月

数字资源列表

续表

目 录

项目一

制图基本知识

【能力目标】

1. 了解基本制图标准的相关规定。

2. 掌握正确绘制平面图形的方法和步骤，培养良好的绘图习惯。

本教材中的制图标准内容是在中华人民共和国水利部批准的《水利水电工程制图标准 基础制图》（SL 73.1—2013）、《水利水电工程制图标准 水工建筑物》（SL 73.2—2013）以及《建筑制图标准》（GB/T 50104—2010）、《房屋建筑制图统一标准》（GB/T 50001—2010）等标准的基础上进行编写的。

【思政目标】

了解我国工程制图的悠久历史，激发爱国情怀，通过规范地绘制工程图样，培养学生精益求精的工匠精神。

任务一 制图的国家标准

本任务主要学习制图标准的基本规定，包括图纸幅面及图框、标题栏及会签栏、图线、字体、比例。

图样是工程界的共同语言，是施工的依据。为了使工程图样表达统一、清晰，满足设计、施工等的需要，又便于技术交流，对图幅大小、图样的画法、线型、线宽、字体、尺寸标注、图例等都做了规定，这个统一的规定就是制图标准。标准规定的内容很多，以下仅介绍基本规定中常用的几项。

一、图纸幅面及图框

1-1
图纸的幅面及图框

图纸幅面是指图纸的面积，用图纸的短边×长边表示，简称图幅。《水利水电工程制图标准 基础制图》中规定图纸的幅面采用基本幅面（第一选择），也可采用加长幅面。图幅线用细实线画出，即图 1-1、图 1-2 中所示的图纸边界线。在图纸边界线的内侧有图框线，图框线内部的区域才是绘图的有效区域。

图框线用粗实线画出，图框的格式分为非装订式和装订式，非装订式的图纸，其图框格式如图 1-1 所示；装订式的图纸，其图框格式如图 1-2 所示。图纸基本幅面及图框尺寸，应符合表 1-1 的规定及格式。由表中可以看出，沿上一号幅面图纸的长边对折，即为下一号幅面图纸的大小，初学者只需记住其中一两种幅面尺寸即可。

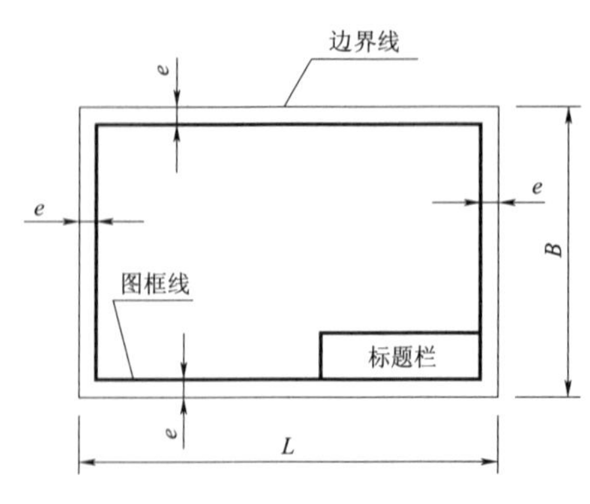

图 1-1 非装订式图框

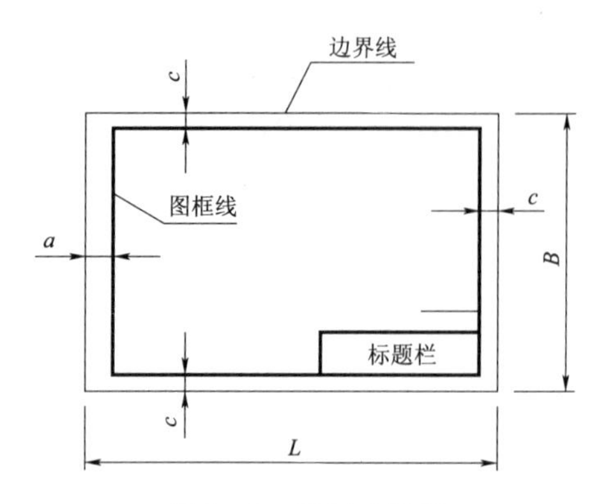

图 1-2 装订式图框

表 1-1 基本幅面及图框尺寸（第一选择） 单位：mm

幅面代号		A0	A1	A2	A3	A4
$B\times L$		841×1189	594×841	420×594	297×420	210×297
周边尺寸	e	20		10		
	c	10			5	
	a	25				

图纸以短边作为垂直边称为横式，以短边作为水平边称为立式。一般 A0～A3 图纸宜横式使用；必要时，也可立式使用。图纸的短边尺寸不应加长，A0～A3 幅面长边尺寸可加长，但应符合规定。

二、标题栏及会签栏

为了使绘制出的图样便于管理及查阅，每张图都必须添加标题栏。通常标题栏应位于图框的右下角，并且看图方向应与标题栏的方向一致。标题栏的外框线为粗实线，分格线为细实线。

制图作业建议采用如图 1-3 所示的标题栏。

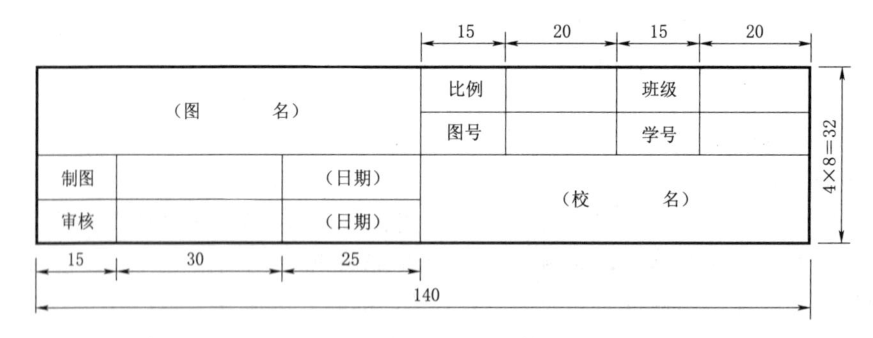

图 1-3 制图作业中采用的标题栏（单位：mm）

会签栏宜放在标题栏的右上方或左侧下方。图纸中会签栏的内容、格式及尺寸可按图 1-4 所示内容绘制，其位置如图 1-5 所示。

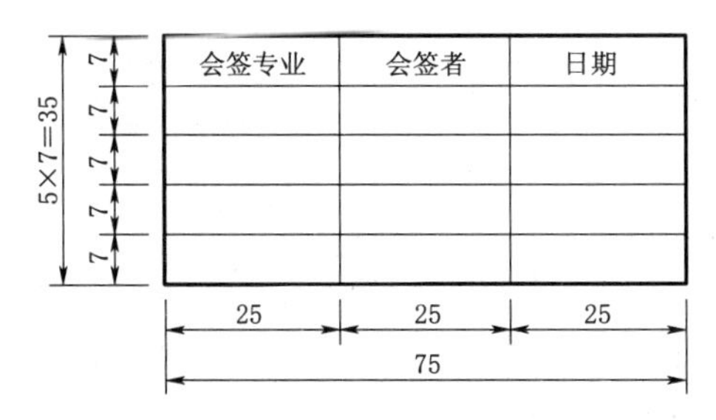

图 1-4　会签栏格式（单位：mm）

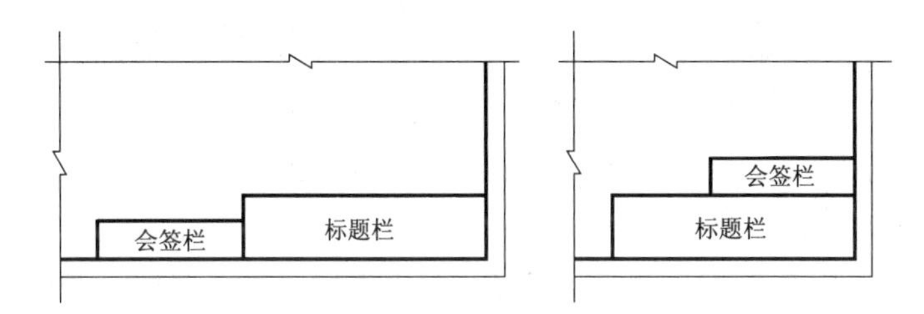

图 1-5　会签栏位置

三、图线

图纸上的线条统称为图线。制图标准规定应采用各种不同型式和不同粗细的线，分别表示不同的意义和用途，绘图时必须遵照这些规定。图线有粗线、中粗线和细线，三者的宽度比为 4：2：1。表 1-2 列出了水利工程图样中常用图线的形式和用途。

表 1-2　　水利工程图样中常用图线的形式和用途

图线名称	线型	线宽	一般用途
粗实线	b	b=0.5～1.4 常用 b 值： 0.5～0.7	(1) 可见轮廓线； (2) 钢筋； (3) 结构分缝线； (4) 材料分界线； (5) 断层线； (6) 岩性分界线
虚线、 中粗虚线	3～4　≈1	$b/4$ $b/2$	(1) 不可见轮廓（$b/4$）； (2) 不可见结构分缝线（$b/2$）； (3) 原轮廓线（$b/2$）； (4) 推测地层界线（$b/2$）
细实线		$b/4$	(1) 尺寸线和尺寸界线； (2) 引出线； (3) 剖面线； (4) 示坡线； (5) 重合剖面的轮廓线； (6) 钢筋图的构件轮廓线； (7) 表格中的分格线； (8) 曲面上的素线

续表

图线名称	线 型	线宽	一般用途
点画线	8～12 ≈2	$b/4$	(1) 中心线； (2) 轴线； (3) 对称线
双点画线	8～12 ≈2～3.5	$b/4$	(1) 原轮廓线； (2) 假想投影轮廓线； (3) 运动构件在极限或中间位置的轮廓线
波浪线		$b/4$	(1) 构件断裂处的边界线； (2) 局部剖视的边界线
折断线	20～40 3～5	$b/4$	(1) 中断线； (2) 构件断裂处的边界线

图样中的图线宽度（线宽系列）的尺寸系列，宜从0.18mm、0.25mm、0.35mm、0.5mm、0.7mm、1.0mm、1.4mm、2.0mm中选取。每个图样，应根据图幅、图样的复杂程度以及比例大小，先选定基本线宽b，再选用表1-2中相应的线宽组。

在画图线时，应注意下列几点：

(1) 同一图样中图线的类型和宽度宜一致。

(2) 圆的对称中心线线段的交点应为圆心，如图1-6所示。

(3) 点画线和双点画线的首末两端应绘为线段。

(4) 较小的图形，可采用细实线代替点画线和双点画线，如图1-7所示。

(5) 虚线与虚线交接，或虚线与其他图线交接，应是线段交接，如图1-8所示。虚线为实线的延长线的，不应与实线连接，如图1-9所示。

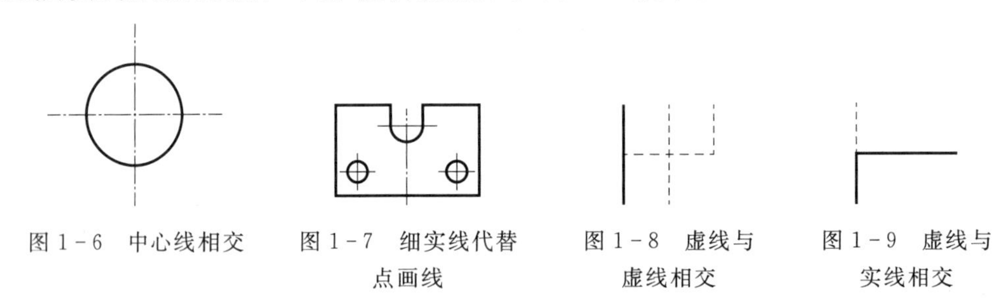

图1-6 中心线相交　图1-7 细实线代替点画线　图1-8 虚线与虚线相交　图1-9 虚线与实线相交

(6) 空心圆柱体和实心圆柱体的断裂处可采用曲折断线或直折断线绘制，如图1-10、图1-11所示。

(7) 图样中两条平行线之间的距离不应小于图中粗实线的宽度，且最小间距不应小于0.7mm。

(8) 图线不宜与文字、数字或符号重叠、混淆；出现图线与文字、数字或符号重叠，应保证文字、数字或符号等的清晰。

四、字体

图样中除了绘制图线外，还要用汉字填写标题栏与说明事项，用数字标注尺寸，用字母注写各种代号或符号。CAD绘图字库宜采用操作系统自带的True Type字库。

手工制图图样中书写的汉字、数字、字母等均应字体端正，排列整齐，间隔均匀。

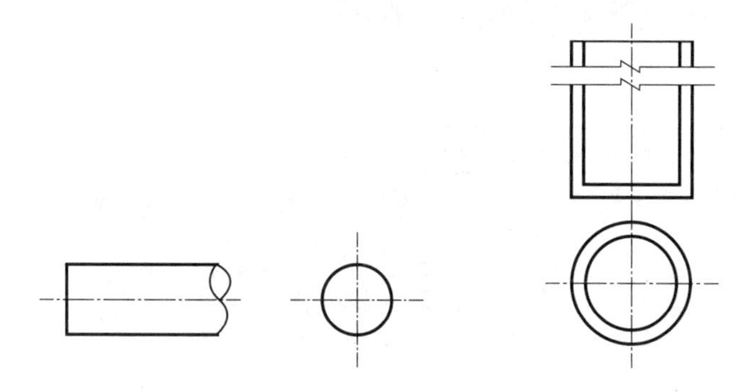

图 1-10　曲折断线　　　　图 1-11　直折断线

字体的大小以号数表示，字体的号数（简称字号）指字体的高度（单位为 mm）。字宽宜为字高的 0.7～0.8 倍。图样中字号应依据图幅、比例等情况从制图标准中规定的下列字号中选用：20mm、14mm、10mm、7mm、5mm、3.5mm、2.5mm。A0 图汉字最小字高不宜小于 3.5mm，其余不宜小于 2.5mm。

1. 汉字

汉字中的简化字应采用国家正式公布实施的简化字，宜采用仿宋体。在同一图样上，宜采用同一字体。在同一行标注中，汉字、字母和数字宜采用同一字号。

长仿宋体字的特点是：笔画粗细一致，挺拔秀丽，易于硬笔书写，便于阅读。书写要领是：横平竖直、注意起落、结构均匀、填满方格。长仿宋体字示例如图 1-12 所示。

水利枢纽河流电墙护坡垫底沉陷温（10号字）

水利枢纽河流电墙护坡垫底沉陷温度伸缩缝防洪（7号字）

水利枢纽河流电墙护坡垫底沉陷温度伸缩缝防洪渠道沟槽设计回（5号字）

水利枢纽河流电墙护坡垫底沉陷温度伸缩缝防洪渠道沟槽设计回填挖土厂（3号字）

图 1-12　长仿宋体字示例

2. 数字和字母

汉字应使用正体字，数字和字母可使用斜体字，斜体字的字头向右倾斜，与水平线约成 75°角。用作指数、分数、极限偏差、脚标、上标的数字和字母，可采用小一号字体。数字和字母示例如图 1-13 所示。

五、比例

图样的比例是指图样中图形与其实物相应要素的线性尺寸之比。图样比例分原值比例、放大比例、缩小比例三种，如图 1-14 所示。根据实物的大小与结构的不同，绘图时可根据情况放大或缩小。比例宜注标在图名的右侧，字号比图名号小一号或二号，如图 1-15 所示。

0123456789

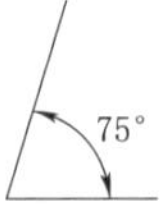

（a）阿拉伯数字

ABCDEFGHIJKLMNO

PQRSTUVWXYZ

（b）大写拉丁字母

abcdefghijklmnopq

rstuvwxyz

（c）小写拉丁字母

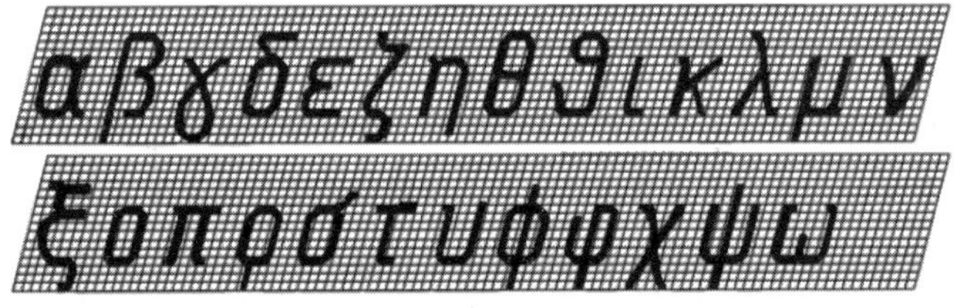

（d）小写希腊字母

（e）罗马数字

图 1－13　数字和字母示例

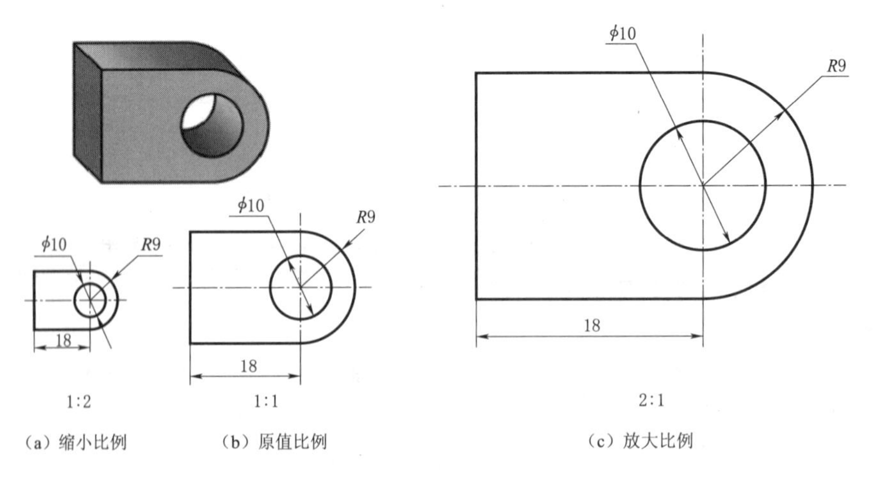

（a）缩小比例　（b）原值比例　（c）放大比例

图 1－14　比例

整张图纸中用不同比例的，应在该图图名之后或图名横线下方另行标注，比例的字高应较图名字体小一号或二号，如图 1－15 所示。

图名1：200　或　图名/1：200

图 1－15　比例的注写

制图所用的比例，应根据图样的用途与绘制对象的复杂程度，从表 1－3 中选用，并应优先采用表中常用比例。

表 1－3　　制　图　比　例

常用比例	1：1、1：2、1：5、1：10、1：20、1：30、1：50、1：100、1：150、1：200、1：500、1：1000、1：2000
可用比例	1：3、1：4、1：6、1：15、1：25、1：40、1：60、1：80、1：250、1：300、1：400、1：600、1：5000、1：10000、1：20000、1：50000、1：100000、1：200000

任务二　图样的尺寸标注及图例

1－2
尺寸标注

本任务主要学习按照制图标准正确标注图样尺寸并熟悉常用的建筑材料图例。

一、尺寸标注

工程图样上除了画出建筑物及其各部分的形状外，还必须正确、完整和清晰地标注出建筑物的实际尺寸，作为施工时的依据。

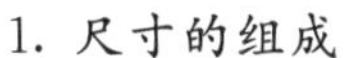
1. 尺寸的组成

图样上完整的尺寸标注由尺寸界线、尺寸线、尺寸起止符号和尺寸数字四部分组成，如图 1－16 所示。

（1）尺寸界线。尺寸界线用于表示所注尺寸的范围，用细实线绘制，一般应与被注长度垂直，其一端应离开图样轮廓线不小于 2mm，另一端宜超出尺寸线 2～3mm。必要时，图样轮廓线、轴线或中心线可用作尺寸界线。

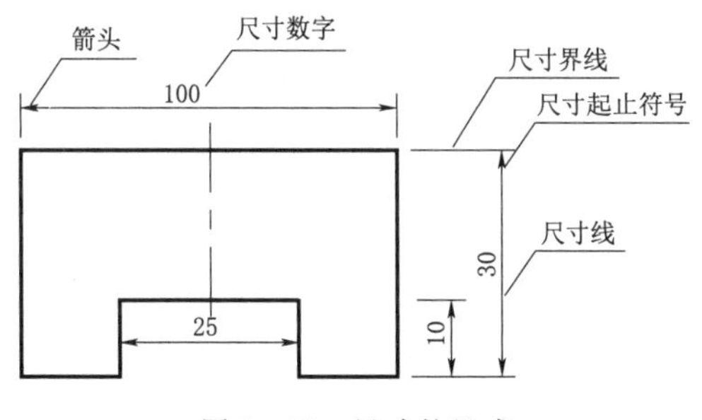

图 1－16　尺寸的组成

（2）尺寸线。尺寸线用于表示尺寸的方向，用细实线绘制，应与被注轮廓线平行，且不宜超出尺寸界线。图样本身的任何图线均不得用作尺寸线。互相平行的尺寸线，应从被注写的图样轮廓线由近及远整齐排列，较小尺寸应离轮廓线较近，较大尺寸应离轮廓线较远，如图 1－16 所示。互相平行排列的尺寸线的间距，宜为 7～10mm。图样轮廓线、轴线或中心线均不可作为尺寸界线。

（3）尺寸起止符号。尺寸起止符号用于表示尺寸的起止点，一般用箭头，必要时也可用 45°斜短线表示，斜短线倾斜方向应与尺寸界线成顺时针 45°角，长度宜为 2～3mm。半径、直径、角度和弧长等尺寸起止符号必须使用箭头，形式如图 1－17

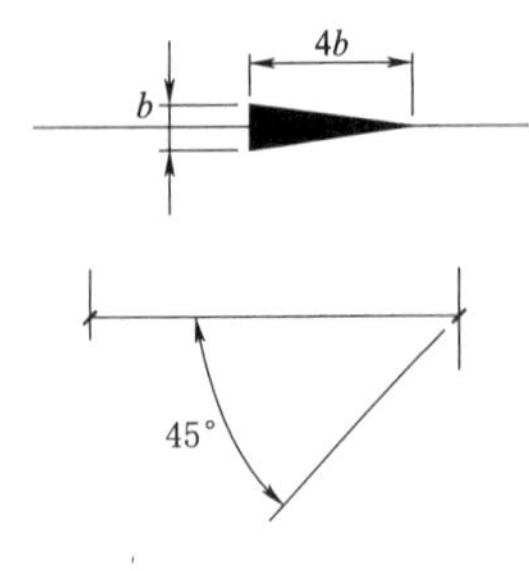

图 1-17 箭头和斜短线

所示。

(4) 尺寸数字。工程图样上标注的尺寸数字，是物体的实际尺寸，它与绘图所用的比例无关，因此，抄绘工程图时，不得从图上直接量取，应以所注尺寸数字为准。尺寸数字用阿拉伯数字注写在尺寸线的中部。水平方向的尺寸，尺寸数字要写在尺寸线的上方，字头朝上；竖直方向的尺寸，尺寸数字要写在尺寸线的左侧，字头朝左；倾斜方向的尺寸，尺寸数字注写方法如图 1-18 (a) 所示，尽可能避免在如图 1-18 (a) 所示的 30°范围内标注尺寸，当无法避免时可按图 1-18 (b) 的形式标注。

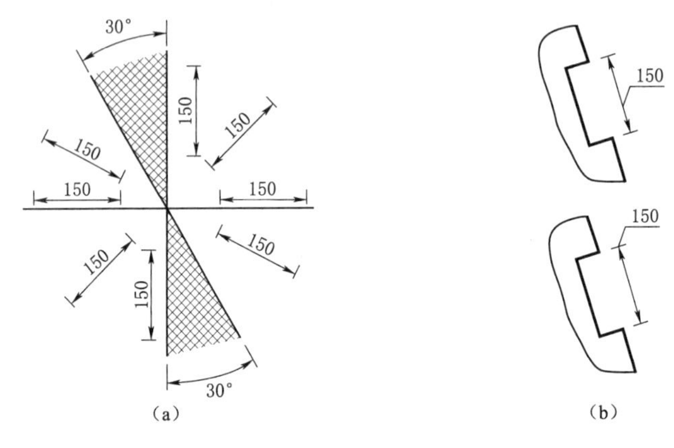

图 1-18 尺寸数字的注写方向

尺寸数字依据其注写方向应注写在靠近尺寸线的上方中部，离开尺寸线不大于 1mm。如果没有足够的注写位置，最外边的尺寸数字可注写在尺寸界线的外侧，中间相邻的尺寸数字可错开注写，也可引出注写，如图 1-19 (a) 所示。尺寸宜标注在图样轮廓线以外，不宜与图线、文字及符号等相交，无法避免时，应将图线断开，如图 1-19 (b) 所示。图样上的尺寸单位，除标高及总平面图以 m 为单位外，其他均以 mm 为单位。

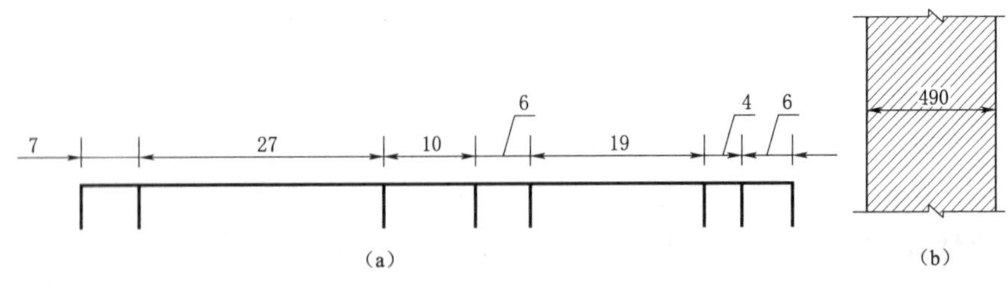

图 1-19 尺寸数字的注写

2. 尺寸标注的其他规定

(1) 直径。标注圆的直径尺寸时，直径数字前应加直径符号“ϕ”。在圆内标注的尺寸线应通过圆心，两端画箭头指至圆弧。较小圆的直径尺寸，可标注在圆外，如图

1-20 所示。

（2）半径。半径的尺寸线应一端从圆心开始，另一端画箭头指向圆弧。半径数字前应加注半径符号“R”。较小圆弧的半径标注方法可按图 1-21 所示标注。

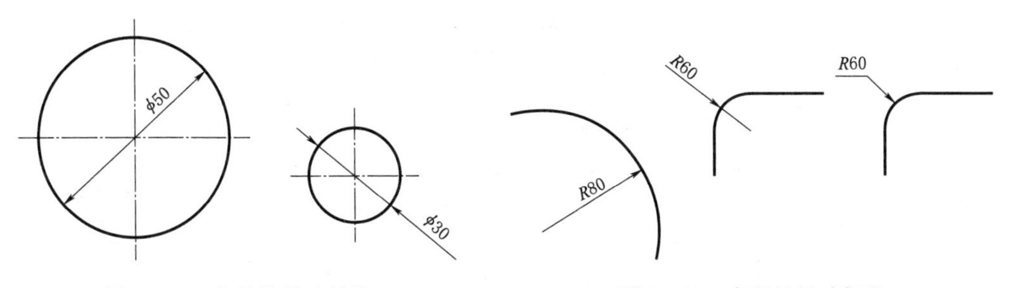

图 1-20　直径的尺寸标注　　　　图 1-21　半径的尺寸标注

（3）角度的尺寸线应以圆弧表示。该圆弧的圆心应是该角的顶点，角的两条边为尺寸界线。起止符号应以箭头表示，如没有足够位置画箭头，可用圆点代替，角度数字应按水平方向注写，如图 1-22 所示。

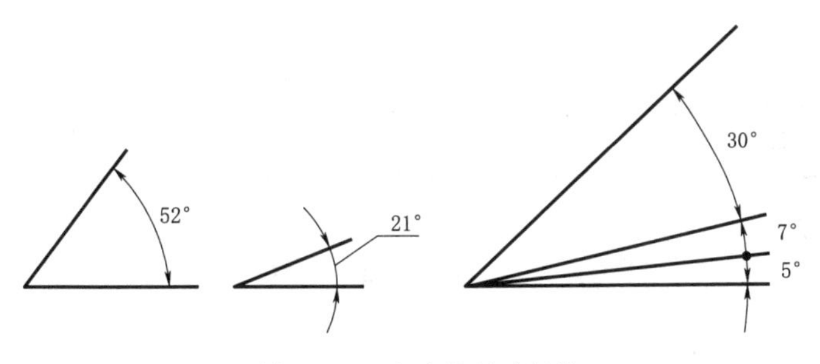

图 1-22　角度的尺寸标注

（4）标注圆弧的弧长时，尺寸线应以与该圆弧同心的圆弧线表示，尺寸界线应垂直于该圆弧的弦，起止符号用箭头表示，弧长数字上方应加注圆弧符号“⌒”，如图 1-23 所示。

（5）标注坡度时，一般采用 1 : n 的形式，如图 1-24（a）、（b）所示；当坡度较缓时，可用百分数加坡度符号表示，表示坡度符号的箭头一般指向下坡方向，如图 1-24（c）所示。

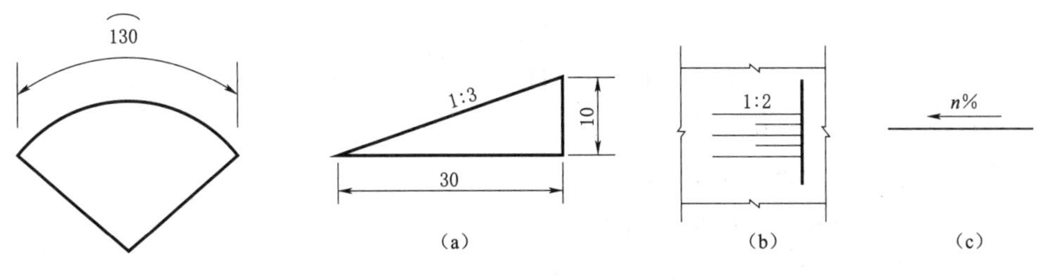

图 1-23　弧长的标注方法　　　　图 1-24　坡度的标注方法

二、建筑材料图例

当建筑物或建筑物构件被剖切时，通常在图样中的断面轮廓线内，应画出建筑材料图例。常用建筑材料图例见表 1-4。

表 1-4 常用建筑材料图例

材料		符号	说明	材料	符号	说明
水、液体			用尺画水画线	岩基		用尺画
自然土壤			徒手绘制	夯实土		斜线为 45°细实线，用尺画
混凝土			石子带有棱角	钢筋混凝土		斜线为 45°细实线，用尺画
干砌块石			石缝要错开，空隙不涂黑	浆砌块石		石缝间空间涂黑
卵石			石子无棱角	碎石		石子有棱角
木材	纵纹		徒手绘制	砂、灰土、水泥砂浆		点为不均匀的小圆点
	横纹					
金属			斜线为 45°细实线，用尺画	塑料、橡胶及填料		斜线为 45°细实线，用尺画

任务三　几　何　作　图

本任务主要学习几何作图，包括等分线段、等分圆周及作正多边形、圆弧连接。

几何作图是根据已知条件按几何定理用仪器和工具作图。工程图样中，虽然有各种不同的轮廓形状，但基本上都是由直线、圆弧和其他一些曲线组成的几何图形。因此，掌握几何作图的方法和技巧，可以提高绘图的准确性和速度，从而保证绘图质量。

一、等分线段

在工程图样中经常将直线段等分成若干份，如图 1-25 所示，将直线段分成五等份。步骤如下：

(1) 已知直线段 AB，过点 A 作任意直线 AC，用直尺在 AC 上从点 A 起截取任意长度的五等份，得 $1'$、$2'$、$3'$、$4'$、$5'$点，如图 1-25 (a) 所示。

(2) 连 B、$5'$点，然后过其他点分别作直线平行于 $B5'$，交 AB 于 4 个等分点，即为所求，如图 1-25 (b) 所示。

二、等分圆周及作正多边形

1. 五等分圆周及作圆内接正五边形

方法如图 1-26 所示。步骤如下：

(1) 已知圆 O，作半径 OF 的二等分点 G，以 G 为圆心、GA 为半径作圆弧，交直径于 H 点。

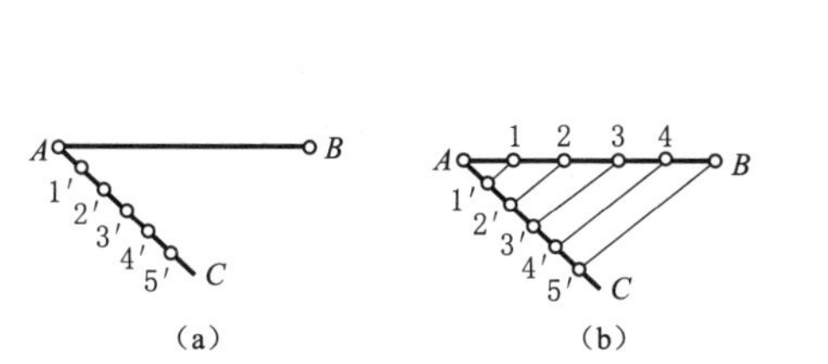

图 1-25　五等分线段

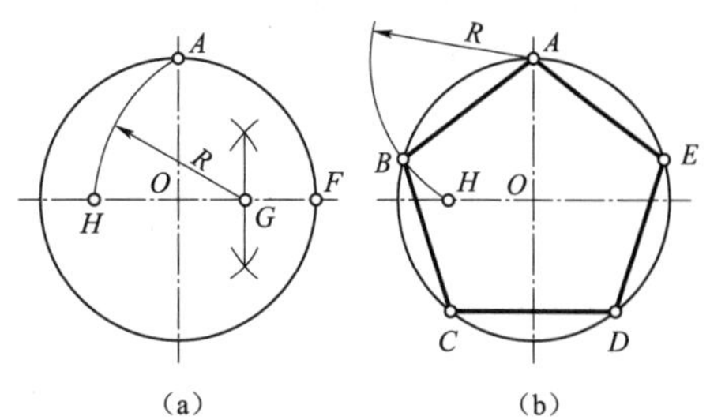

图 1-26　五等分圆周及作圆内接正五边形

（2）以 AH 为半径，分圆周为五等份，顺序将 A、B、C、D、E 五个等分点连接起来，即为所求圆内接正五边形。

2. 六等分圆周及作圆内接正六边形

方法如图 1-27 所示。

（1）已知半径为 R 的圆 O，以 R 划分圆周，得 A、B、C、D、E、F 六个点。

（2）顺序将六个等分点连接起来，即为所求圆内接正六边形。

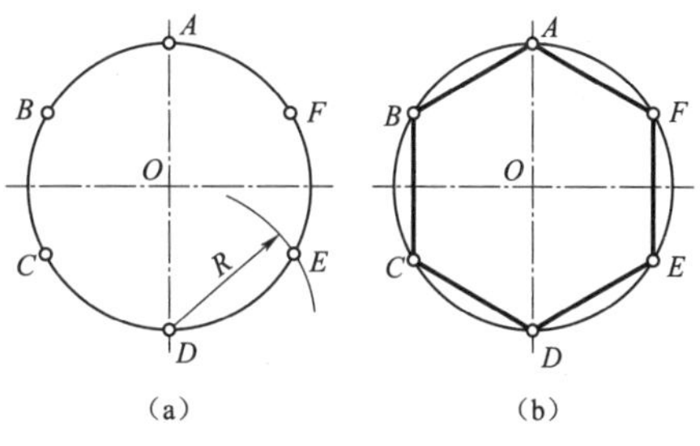

图 1-27　六等分圆周及作圆内接正六边形

1-3
圆弧连接

三、圆弧连接

绘制图样时，经常需要用一段圆弧光滑地连接相邻两已知线段。这种用圆弧与直线以及不同圆弧之间连接的问题，称为圆弧连接。圆弧连接实质上就是使连接圆弧与相邻线段（直线或圆弧）相切。因此在作图时要解决两个问题：①求出连接圆弧的圆心；②确定连接线段的切点即连接点。

圆弧连接的基本形式有四种，其作图方法如下。

1. 圆弧连接两直线

方法如图 1-28 所示。

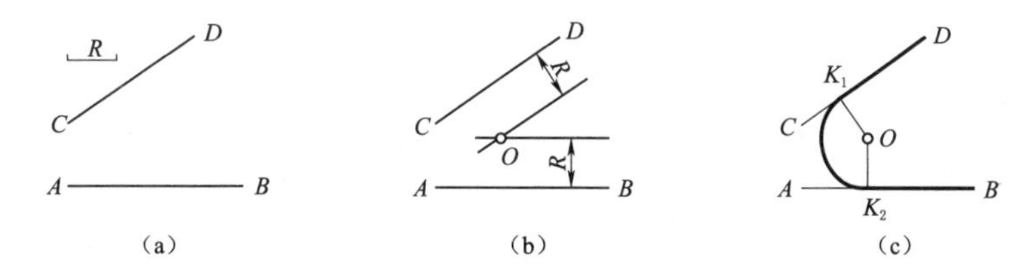

图 1-28　圆弧连接两直线

（1）已知两直线 AB 和 CD，以 R 为半径作两者之间的连接圆弧。

（2）分别作 AB 和 CD 距离为 R 的平行线，交于点 O。

（3）以 O 为圆心、R 为半径画圆弧，交 AB 和 CD 于切点 K_1、K_2，即为所求连接圆弧。

2. 圆弧连接直线和圆弧

方法如图 1－29 所示。

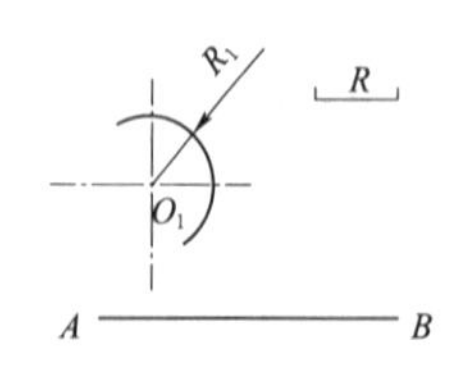

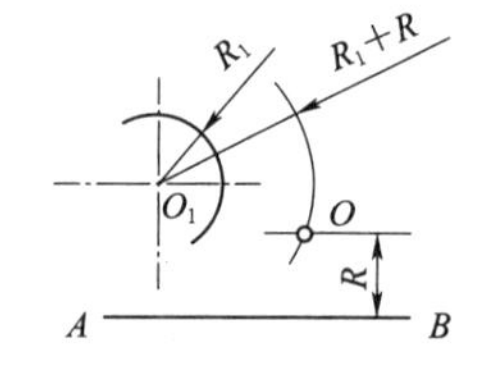

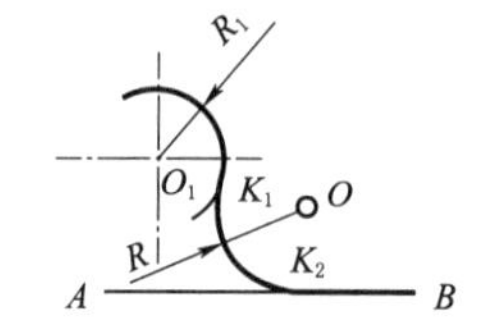

图 1－29 圆弧连接直线和圆弧

（1）已知直线 AB 和圆 O_1 上一段弧，以 R 为半径作两者之间的连接圆弧。

（2）作距离 AB 直线为 R 的平行线，以 O_1 为圆心、R_1+R 为半径画圆弧，交 AB 的平行线于点 O。

（3）以 O 为圆心、R 为半径画圆弧，交圆弧和 AB 于切点 K_1、K_2，即为所求连接圆弧。

3. 圆弧连接两已知圆弧（外连接）

方法如图 1－30 所示。

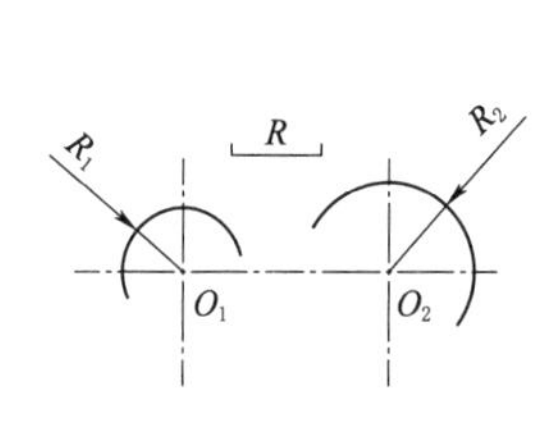

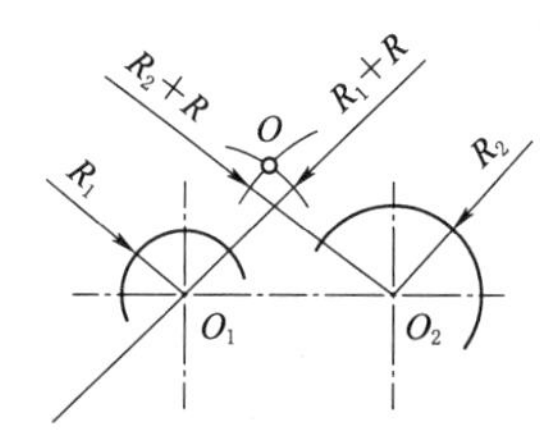

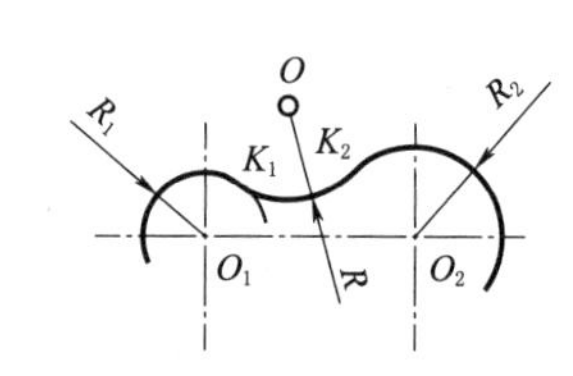

图 1－30 圆弧连接两已知圆弧（外连接）

（1）已知圆 O_1 和圆 O_2 上两圆弧，以 R 为半径作两者之间的外连接圆弧。

（2）分别以 O_1、O_2 为圆心，R_1+R、R_2+R 为半径画圆弧，交于点 O。

（3）以 O 为圆心、R 为半径画圆弧，交两已知圆弧于切点 K_1、K_2，即为所求连接圆弧。

4. 圆弧连接两已知圆弧（内连接）

方法如图 1－31 所示。

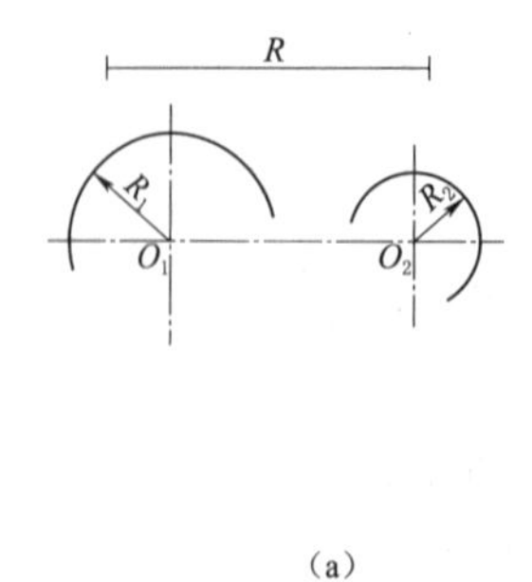

(a)

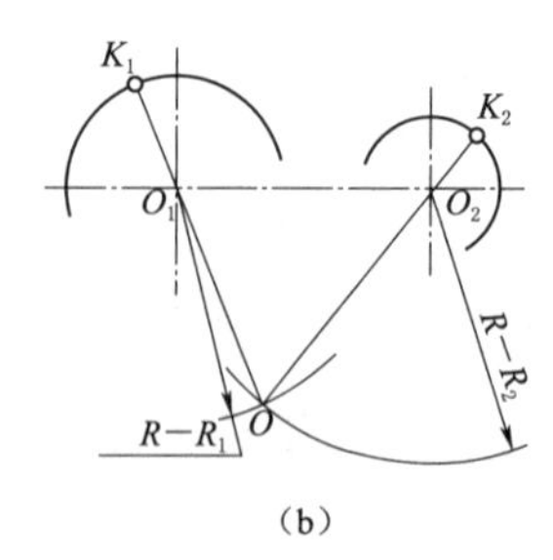

(b)

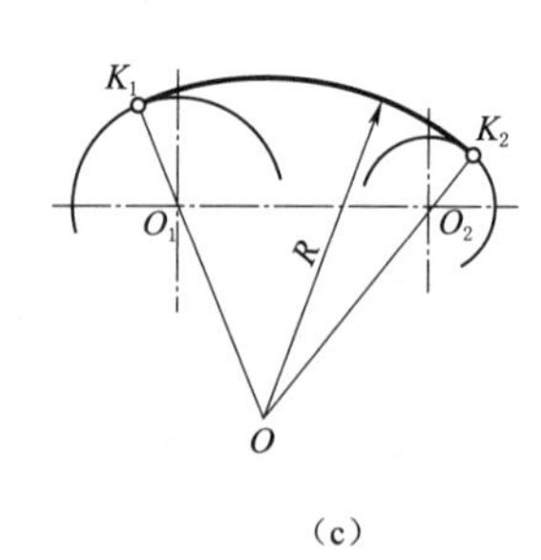

(c)

图 1－31 圆弧连接两已知圆弧（内连接）

（1）已知圆 O_1 和圆 O_2 上两圆弧，以 R 为半径作两者之间的内连接圆弧。

（2）分别以 O_1、O_2 为圆心，$R-R_1$、$R-R_2$ 为半径画圆弧，交于点 O。

（3）以 O 为圆心、R 为半径画圆弧，交两已知圆弧于切点 K_1、K_2，即为所求连接圆弧。

5. 圆弧连接两已知圆弧（内外连接）

方法如图 1-32 所示。

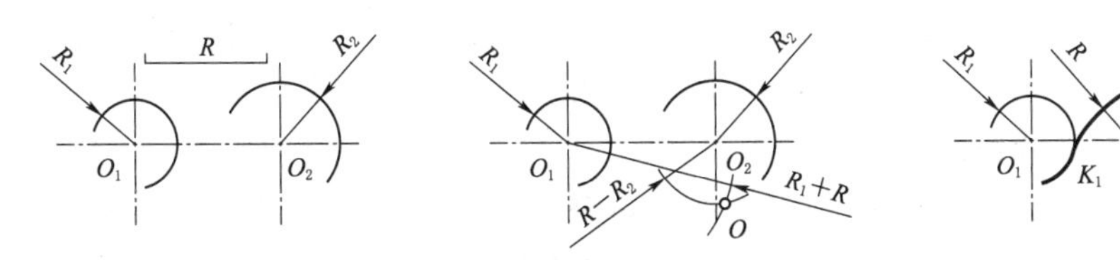

图 1-32 圆弧连接两已知圆弧（内外连接）

（1）已知圆 O_1 和圆 O_2 上两圆弧，以 R 为半径作两者之间的内外连接圆弧。

（2）分别以 O_1、O_2 为圆心，R_1+R、$R-R_2$ 为半径画圆弧，交于点 O。

（3）以 O 为圆心、R 为半径画圆弧，交两已知圆弧于切点 K_1、K_2，即为所求连接圆弧。

任务四 平面图形的画法

1-4 平面图形的画法——手柄

本任务主要学习平面图形的绘制方法和步骤，包括平面图形的尺寸分析、线段分析以及画图步骤。

平面图形由若干线段所围成，而线段的形状和大小是根据给定的尺寸确定的。构成平面图形的各种线段中，有些线段的尺寸是已知的，可以直接画出，有些线段需根据已知条件用几何作图方法来作出。因此，画图之前需对平面图形的尺寸和线段进行分析。

一、平面图形的尺寸分析

平面图形中所标注的尺寸，按其作用可分为定形尺寸和定位尺寸。

1. 定形尺寸

用来确定平面图形各组成部分的形状和大小的尺寸称为定形尺寸。例如线段的长度、圆弧的直径或半径和角度大小等尺寸，如图 1-33 中的 15、$\phi5$、$R10$、$R15$、$\phi20$ 等都是定形尺寸。

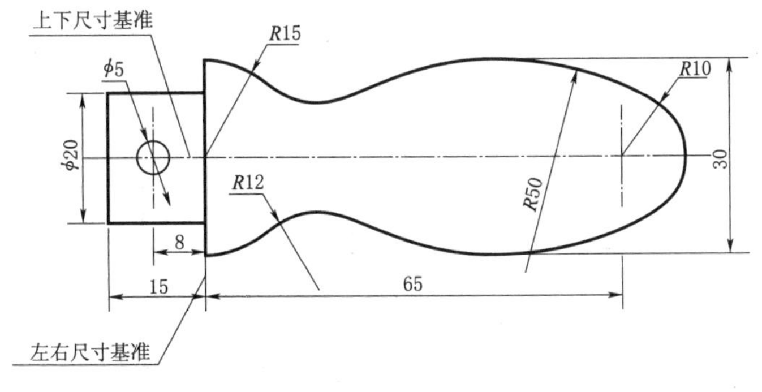

图 1-33 手柄平面图

2. 定位尺寸

用来确定平面图形各组成部分的相对位置的尺寸称为定位尺寸。如图 1-33 中的 8、65、30 分别是确定 $\phi5$、$R10$、$R50$ 的圆心位置的定位尺寸。

图形中有些尺寸既是定形尺寸，也是定位尺寸，具有双重作用。在尺寸分析时，应注意尺寸基准的确定，尺寸基准即标注主要尺寸的起点。一个平面图形应具有上下和左右两个方向的尺寸基准。通常以平面图形的对称线、底边、侧边、圆弧的中心线等作为尺寸基准。如图 1-33 手柄平面图中所指上下和左右尺寸基准。

二、平面图形的线段分析

平面图形中的线段，根据尺寸是否完整可分为以下三类：

(1) 已知线段。定形尺寸和定位尺寸齐全，根据给出的尺寸可以直接画出的线段称为已知线段。如图 1-33 中根据尺寸 $\phi20$、15、$R10$、$R15$、$\phi5$ 画出的直线、圆弧和圆。

(2) 中间线段。有定形尺寸，缺少一个定位尺寸，另一个需要依靠另一端相切或相接的条件才能画出的线段称为中间线段，如图 1-33 中的 $R50$ 圆弧。

(3) 连接线段。只有定形尺寸，缺少两个定位尺寸，需要依靠两端相切或相接的条件才能画出的线段称为连接线段，如图 1-33 中的 $R12$ 圆弧。

绘图时，一般先画出已知线段，再画中间线段，最后画连接线段。

三、平面图形的画图步骤

一般来说，绘制平面图形包括以下几个步骤：

(1) 对平面图形进行分析。

(2) 选定比例，确定图幅。

(3) 画作图基准线，如图 1-34 (a) 所示。

(4) 顺次画已知线段、中间线段、连接线段，如图 1-34 (b)、(c)、(d) 所示。

(5) 标注定形、定位尺寸，如图 1-33 所示。

(6) 加深，整理完成全图。

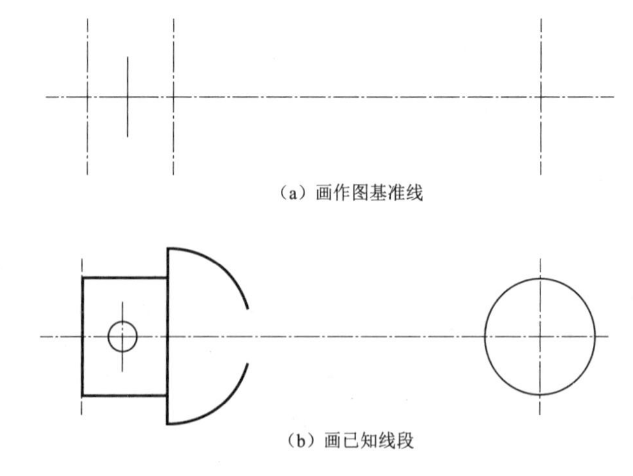

(a) 画作图基准线

(b) 画已知线段

图 1-34 (一) 手柄平面图绘制步骤

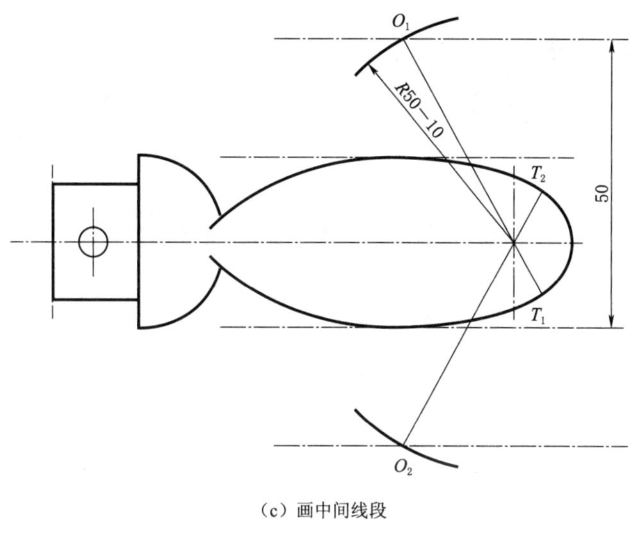

（c）画中间线段

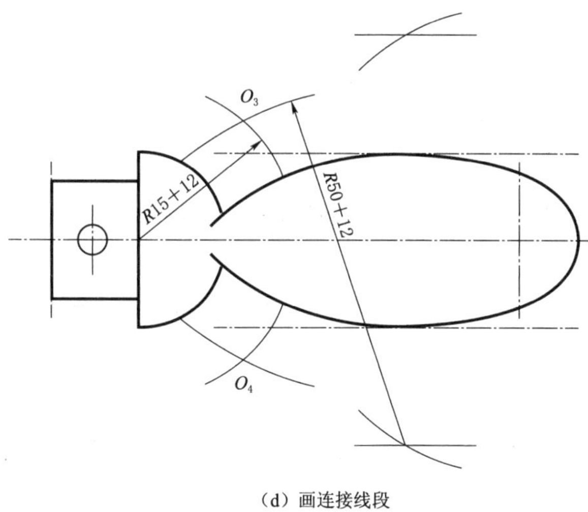

（d）画连接线段

图 1－34（二） 手柄平面图绘制步骤

项目二

投影的基本知识

【能力目标】

1. 了解投影法的分类及正投影的基本性质。
2. 掌握三视图的形成及投影规律。
3. 熟悉三视图的作图步骤。

【思政目标】

通过学习投影的概念和投影法的分类，培养学生对大自然的热爱，激发学生的学习兴趣，进而产生专业自豪感。

任务一 投影的概念及特性

本任务主要学习投影的概念、投影法的分类、正投影的基本特性及工程中常用的投影图。

2-1
投影的概念及投影法的分类

一、投影的概念

在日常生活中经常会看到这样的现象：物体在太阳光或灯光照射下，在地面或墙面上就会出现物体的影子，这就是一种投影现象。进而发现，随着光线照射角度或距离的改变，影子的位置和大小也会随之改变。人们根据影子的形状与物体间存在的这种对应关系，经过科学的抽象，总结其几何规律，提出了形成物体图形的方法即投影法。

所谓投影法，就是投射线通过物体，向选定的投影面投射，并在该面上得到图形的方法。用投影法得到的图形称作投影图或投影，如图 2－1 所示。

产生投影必须具备的三个基本条件是投射线、被投影的物体和投影面。

需要指明的是，生活中的影子和投影是有区别的，投影必须将物体的各个组成部分的轮廓全部表达出来，而影子只能表达物体的整体轮廓，并且内部为黑乎乎一片，如图 2－2 所示。

二、投影法的分类

根据投射中心与投影面距离远近的不同，投影法分为中心投影法和平行投影法两类。

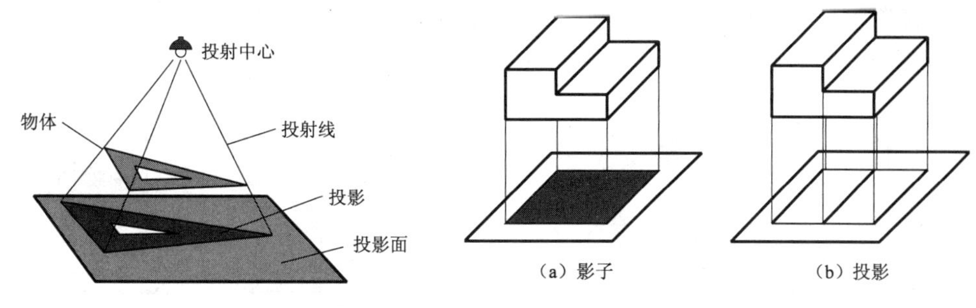

图 2-1 投影的产生

图 2-2 影子与投影的区别

1. 中心投影法

投射中心 S 在有限的距离内，投射线汇交于一点的投影法称为中心投影法。用这种方法作出的投影，称为中心投影，如图 2-3（a）所示。

2. 平行投影法

当投射中心距离投影面无限远时，投射线将依一定的投射方向平行地投射，用平行投射线作出的投影称为平行投影。这种方法称为平行投影法。

在平行投影法中，根据投射线与投影面的角度不同，又分为两种：

（1）正投影法。投射线与投影面相垂直的平行投影法称为正投影法。根据正投影法所得到的图形称为正投影图，如图 2-3（b）所示。

（2）斜投影法。投射线与投影面相倾斜的平行投影法称为斜投影法。根据斜投影法所得到的图形称为斜投影图，如图 2-3（c）所示。

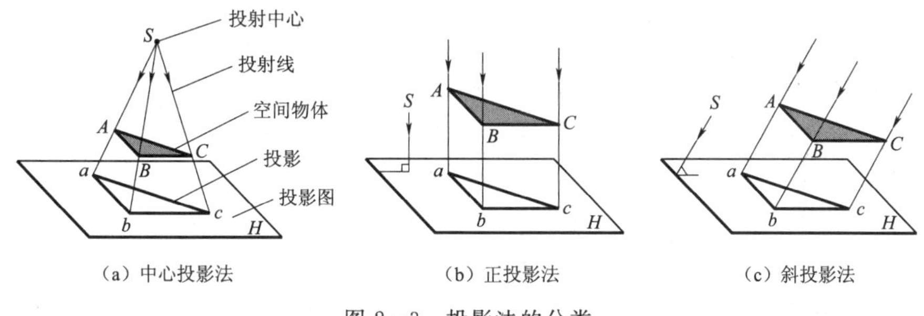

图 2-3 投影法的分类

正投影法是工程中应用最广的一种工程图样表示方法，正投影图是我们学习的主要内容。

三、正投影的基本特性

（1）真实性。当直线、平面与投影面平行时，投影反映实长、实形，这种投影特性称为真实性，如图 2-4 所示。

（2）积聚性。当直线、平面垂直于投影面时，投影积聚成点、直线，这种投影特性称为积聚性，如图 2-5 所示。

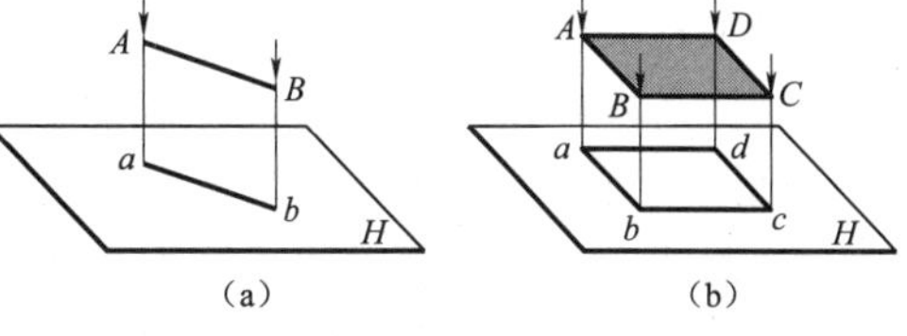

图 2-4 投影的真实性

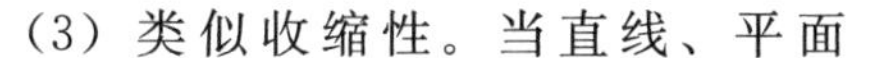

（3）类似收缩性。当直线、平面

倾斜于投影面时，投影仍是直线、平面（且边数不变），但小于实际大小，这种投影特性称为类似收缩性，如图 2 - 6 所示。

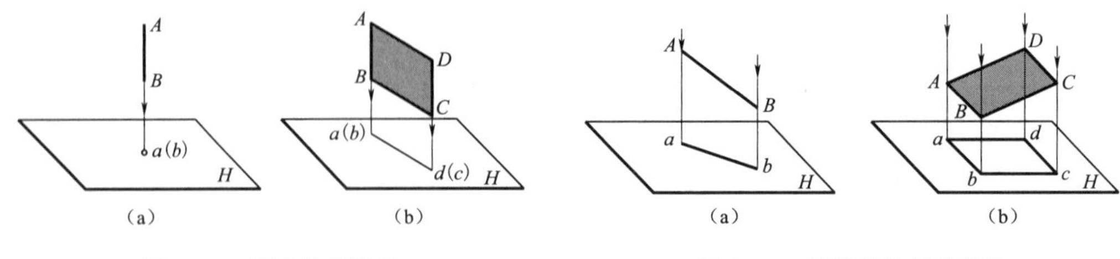

图 2 - 5 投影的积聚性

图 2 - 6 投影的类似收缩性

四、工程中常用的投影图

在实际工作中，由于表达目的和对象的不同，常用不同的投影法来表达不同的投影图，工程上常用到四种投影图，如图 2 - 7 所示。

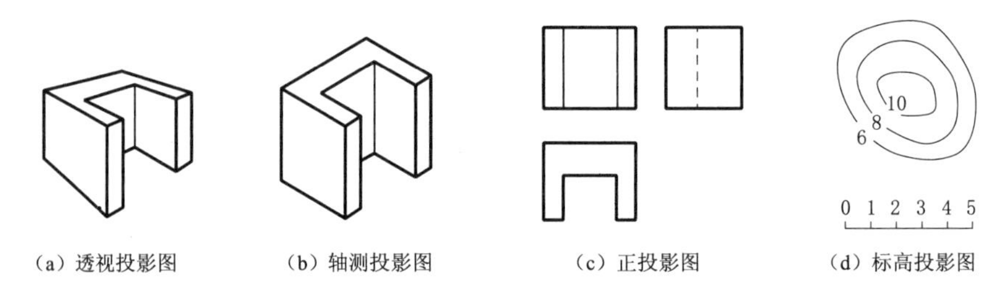

图 2 - 7 工程中常用的投影图

（1）透视投影图。利用中心投影法绘制的单面投影图，称为透视投影图，也可称为效果图。透视图存在消逝点，符合肉眼观察物体的近大远小规律，因此这种图有较强的立体感和真实感，常在初步设计阶段绘制，用于方案比较，以选取最佳方案。但这种图作图较繁，且无法准确反映物体的实际尺寸。

（2）轴测投影图。利用平行投影法绘制的单面投影图，称为轴测投影图（简称轴测图）。轴测图也有较强的立体感，但无透视图的消逝点，因此无近大远小的视觉感受。轴测图同样不具备较好的尺寸度量性，只能作为辅助图样，给排水、暖通等管道图常使用轴测图表示。

（3）正投影图。利用正投影法绘制的多面投影图，称为正投影图。正投影图通常采用物体多个面的正投影面进行表示，即在空间建立一个投影体系（如由三个两两垂直的投影面组成），将物体分别向各个投影面做投影，即得正投影图。正投影图度量性好，在工程上应用最广，且作图简便，但缺乏立体感。

（4）标高投影图。利用正投影法绘制的标有高度的单面投影图，称为标高投影图。这种图主要用于表示地形、道路和土工建筑物。作图时，假想用一组高差相等的水平面切割地形面，将所得的一系列交线（称为等高线）垂直投射在一个水平的投影面上，并用数字标出各等高线的高程，即为标高投影图。

任务二 物体的三视图

本任务主要学习正投影法的基本原理，包括三投影面体系的建立以及三视图的形成、展开及投影规律与画法。

如图 2-8 所示，两个不同的物体，它们在同一投影面上的投影完全相同，这说明仅有物体的一个投影图，一般不能确定物体的空间形状和大小。因此，在工程上常用多个投影图来表达物体的形状和大小，基本的表达方法是采用三面正投影图，在制图中称之为三视图。

一、三投影面体系的建立

在工程图样的绘制中，首先要建立一个三投影面体系，如图 2-9 所示，即三个相互垂直的投影面 H 面、V 面、W 面。其中，H 为水平投影面、V 为正立投影面、W 为侧立投影面。H、V、W 三个面的交线 OX、OY、OZ 称为投影轴，分别简称为 X 轴、Y 轴、Z 轴。三轴互相垂直相交于一点 O，称为原点。

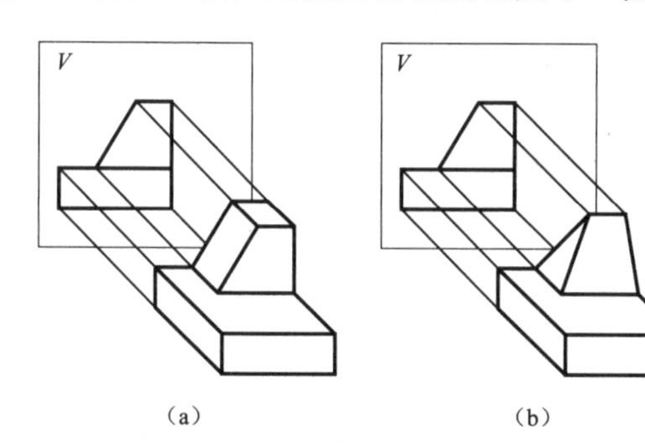

图 2-8 一个投影不能确定物体的形状和大小

图 2-9 三投影面体系

为了作图方便，对物体的长、宽、高三个方向的尺寸及上、下、左、右、前、后六个方位统一按下述方法确定：X 轴方向为物体的长度方向，确定左、右方位；Y 轴方向为物体的宽度方向，确定前、后方位；Z 轴方向为物体的高度方向，确定上、下方位。

二、三视图的形成

2-2 三视图的形成和规律

如图 2-10 所示，作物体的投影时，把物体放在三投影面体系中，并尽可能使物体的表面平行于相应的投影面，以便使它们的投影反映表面的实形。物体的位置一经放定，其长、宽、高及上下、左右、前后方位即确定，然后将物体向三投影面进行投射，即得物体的三视图。

（1）主视图，即从物体的前面向后看，在 V 面上得到的正面投影图。

（2）俯视图，即从物体的上面向下看，在 H 面上得到的水平投影图。

（3）左视图，即从物体的左面向右看，在 W 面上得到的侧面投影图。

三、三投影面的展开

如图 2-10 所示，三个视图分别位于三个投影面上，画图非常不便。在实际绘图时，这三个视图要画在同一张图纸上，为此要将投影面展开，如图 2－11 所示。展开时保持 V 面不动，将 H 面绕 OX 轴向下旋转 90°，将 W 面绕 OZ 轴向右旋转 90°，这样，三个视图便位于同一平面上，如图 2－12（a）所示。这时，Y 轴分为两条，随 H 面旋转的记为 Y_H，随 W 面旋转的记为 Y_W。通常绘制物体的三视图时，因物体与投影面的距离并不影响物体在这个投影面上的形状，故不需要画出投影面的边框，也可不画出投影轴，如图 2－12（b）所示。

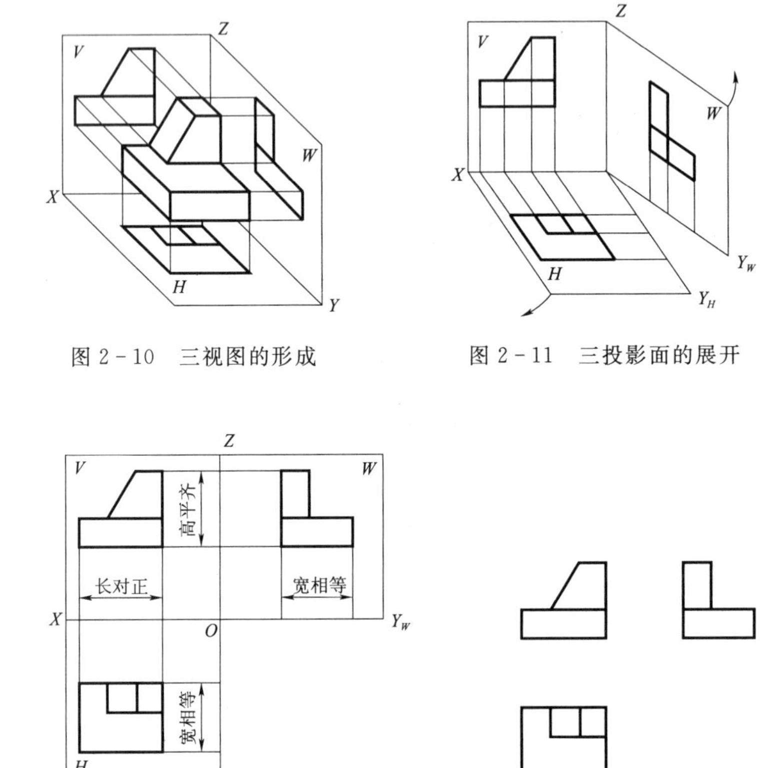

图 2－10 三视图的形成

图 2－11 三投影面的展开

图 2－12 展开后的三视图

四、三视图与空间物体的关系及投影规律

1. 三视图与空间物体的关系

由三视图的形成可知，每个视图都表示物体 2 个方向的尺寸和 4 个方位，如图 2－13 所示。

（1）主视图反映物体长和高方向的尺寸和上下、左右方位。

（2）俯视图反映物体长和宽方向的尺寸和左右、前后方位。

（3）左视图反映物体高和宽方向的尺寸和上下、前后方位。

应当注意：俯视图和左视图中远离主视图的一边是物体的前边，靠近主视图的一边是物体的后边。

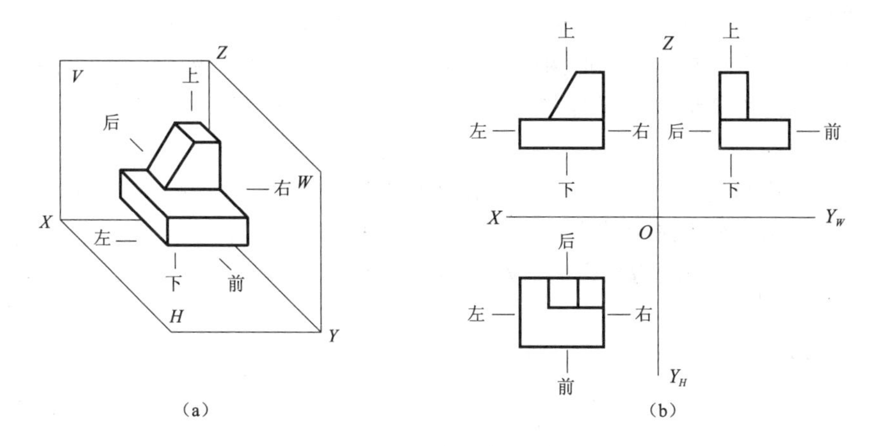

图 2-13　三视图与空间物体的关系

2. 三视图的投影规律

三视图表达的是同一物体，而且是物体在同一位置分别向三个投影面所作的投影，所以三视图间每对相邻视图同一方向的尺寸相等，因此必然具有以下所述的投影规律：主视图和俯视图长对正；主视图和左视图高平齐；俯视图和左视图宽相等。

三视图之间的投影规律，通常概括为：长对正、高平齐、宽相等。这个规律是画图和读图的根本规律，无论是整个物体还是物体的局部，其三视图都必须符合这个规律。

2-3
三视图的
画法

五、三视图的画法

【例 2-1】 画出如图 2-14 (a) 所示物体的三视图。

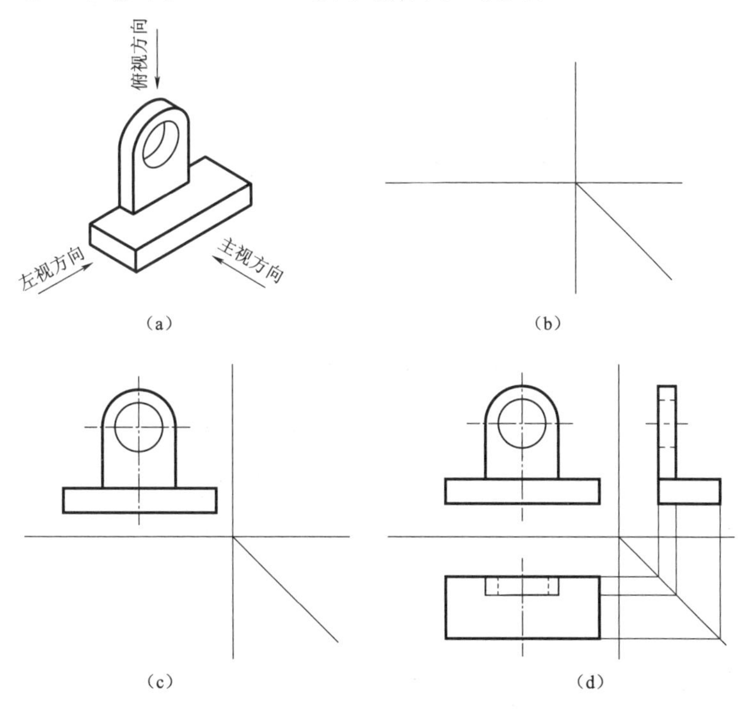

图 2-14　三视图的画法

形体分析：该物体是一个组合体，在四棱柱的上方放置一个曲面组合柱，在其正中的上方挖掉一个圆柱体。空心圆柱的轮廓素线在俯视图和左视图中为不可见轮廓素线。以最能表达物体形状特征的方向作为主视方向，如图中箭头所示。

作图步骤：

（1）用细线画出投影轴，在俯视图右侧画45°线，如图2－14（b）所示。

（2）根据轴测图中选定的主视方向，先画主视图，如图2－14（c）所示。

（3）根据“长对正、高平齐、宽相等”绘制其余两面投影，如图2－14（d）所示。

（4）检查后加深，完成全图。

项目三

点、直线、平面的投影

【能力目标】

1. 了解点、直线、平面是构成物体的基本几何元素。

2. 掌握点的投影规律、两点的相对位置关系及重影点的特点。

3. 掌握直线和平面投影理论以及各种位置直线和平面的投影特性及作图方法。

【思政目标】

通过学习点、直线、平面的投影特性，培养学生科学严谨、一丝不苟的良好职业素养，帮助其树立投身水利事业，建设富强、美丽中国的远大理想。

任务一　点　的　投　影

3－1
点的投影

本任务主要学习点的投影，包括空间点的位置和直角坐标、点的三面投影、点的投影规律、点的相对位置。

一、空间点的位置和直角坐标

空间点的位置可由其直角坐标值来确定，一般采用的书写形式为：$A(x, y, z)$。其中 x、y、z 均为该点至相应坐标面的距离数值。

x 表示空间点 A 到 W 面的距离；

y 表示空间点 A 到 V 面的距离；

z 表示空间点 A 到 H 面的距离。

二、点的三面投影

规定空间点用大写字母 A、B、C 等标记，在 H 面上的投影用小写字母表示，如 a、b、c 等；在 V 面上的投影用 a'、b'、c' 等表示；在 W 面上的投影用 a''、b''、c'' 等表示。为了便于进行投影分析，用细实线将点的相邻投影连起来，称为投影连线。

如图 3－1（a）所示，在三个投影面上分别得到相应的正视图 a'、俯视图 a、左视图 a''。

点 A 在 V 面上的投影 a'，由点 A 到 W、H 两个投影面的距离或坐标（x，z）决定；

点 A 在 H 面上的投影 a，由点 A 到 W、V 两个投影面的距离或坐标（x，y）决定；

点 A 在 W 面上的投影 a''，由点 A 到 V、H 两个投影面的距离或坐标（y，z）决定。

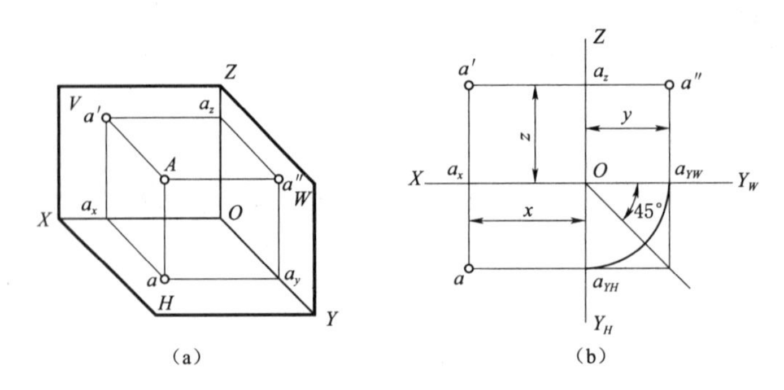

图 3－1　点的三面投影

三、点的投影规律

将三个投影面展开，得到点 A 的三视图，如图 3－1（b）所示。分析可得出点的投影规律：

（1）点的俯视图与正视图的连线垂直于 OX 轴，即 $aa'\perp OX$ 轴。

（2）点的正视图和左视图的连线垂直于 OZ 轴，即 $a'a''\perp OZ$ 轴。

（3）点的俯视图到 OX 轴的距离等于左视图到 OZ 轴的距离，即 $aa_x=a''a_z$。

【例 3－1】 已知空间点 A 到三个投影面 W、V、H 的距离分别为 10、15、20，画出其三面投影图和直观图。

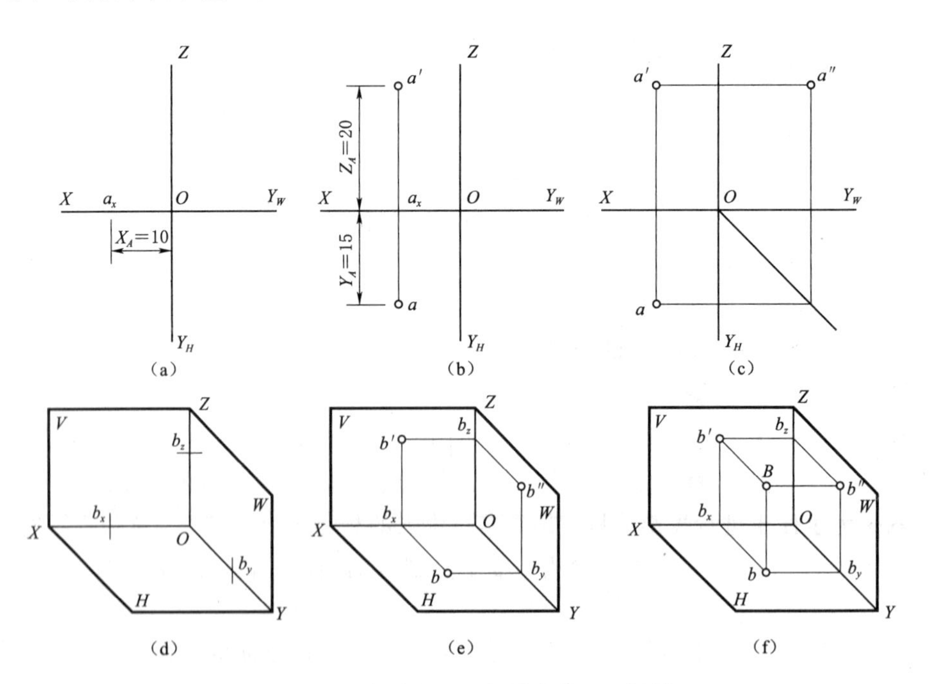

图 3－2　已知点的两面投影求第三面投影

四、点的相对位置

1. 两点的相对位置

空间两点存在左右、前后、上下的位置关系，空间位置关系也可以反映到三视图中，如图 3－3（a）所示。

分析两点的同面投影之间的坐标大小，可以判断空间两点的相对位置。坐标分别反映了点的左右、前后、上下位置。x 坐标值大的在左，y 坐标值大的在前，z 坐标值大的在上。如图 3－3（b）所示，点 A 在点 B 的左后上方。

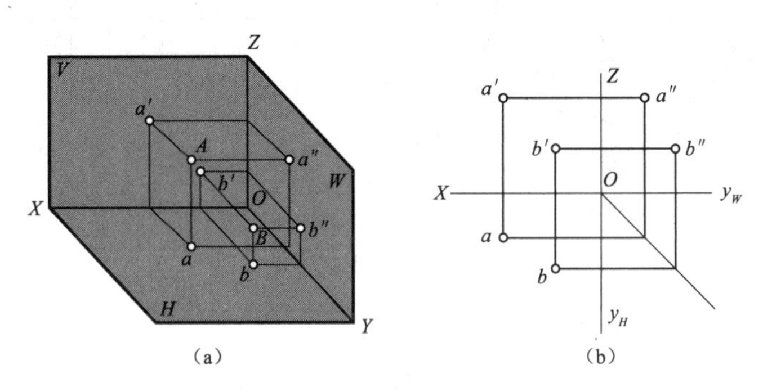

图 3－3　两点的相对位置

2. 重影点

当两点处于同一射线上时，它们在该投射线所垂直的投影面上的投影必然重合，这两点称为该投影面的重影点，如图 3－4 所示。

为区分重影点重合投影的可见性，将不可见的投影加括号表示。图 3－4（b）中 a、b 重合，从正视图可以看出点 A 比点 B 高，所以 a 可见，b 不可见，用（b）表示。

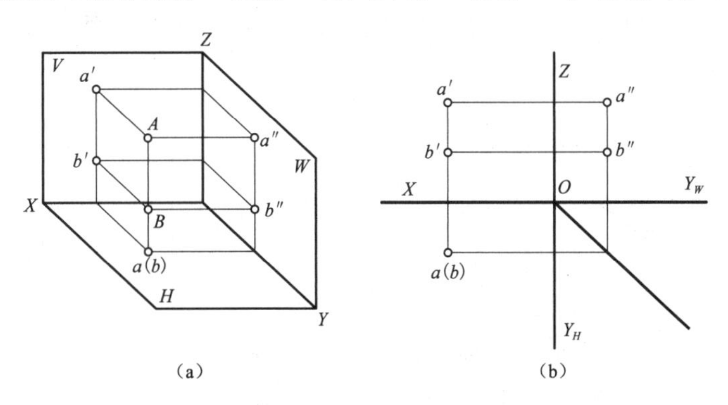

图 3－4　重影点

判断重影点重合投影的可见性，就是根据两点其他两投影的上下、左右、前后关系而决定的。

任务二　直线的投影

3－2
直线的投影

本任务主要学习直线的投影，包括各种位置直线的投影、直线上点的从属性和定比性、两直线的相对位置。

两点确定一条直线，因此绘制直线的投影，可先绘制直线上两点的投影，然后将同面投影用粗实线相连，即得到直线的投影，如图 3-5 所示。

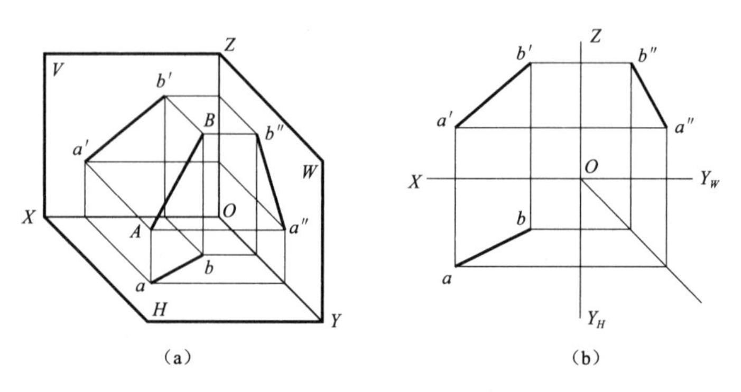

图 3-5 直线的投影

一、各种位置直线的投影

在三面投影体系中，直线按所处空间位置不同可分为三类：一般位置直线、投影面平行线、投影面垂直线。

1. 一般位置直线

倾斜于三个投影面的直线称为一般位置直线。

直线与其投影之间的夹角称为直线对该投影面的倾角，分别用 α、β、γ 表示。α 为直线与 H 面的倾角，β 为直线与 V 面的倾角，γ 为直线与 W 面的倾角。

一般位置直线与三个投影面都倾斜，因此在三个投影面的投影都是直线，不反映实长，且均与投影轴倾斜，投影与投影轴之间的夹角也不反映直线与投影面之间的夹角，如图 3-6 所示。

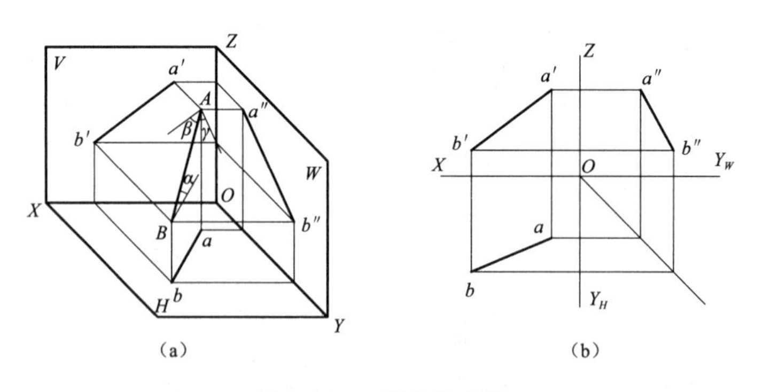

图 3-6 一般位置直线

2. 投影面平行线

平行于一个投影面，倾斜于其他两个投影面的直线称为投影面平行线。平行于 V 面的称为正平线，平行于 H 面的称为水平线，平行于 W 面的称为侧平线。它们的空间位置、投影图和投影特性见表 3-1。

表 3-1 **投影面平行线**

平行线种类	空间位置	投影图	投影特性
正平线	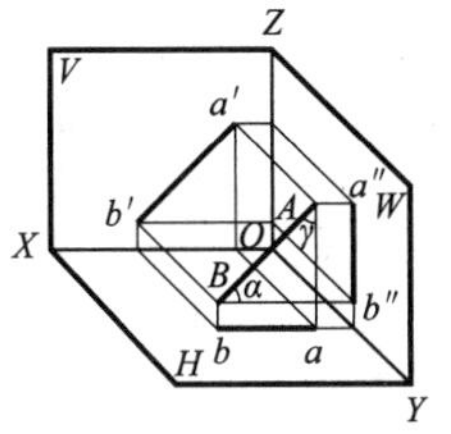	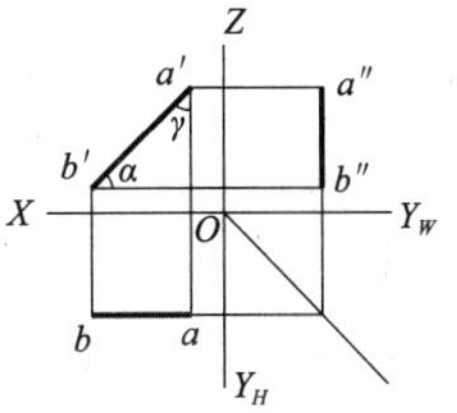	1. $a'b'=AB$； 2. $ab/\!/OX$， $a''b''/\!/OZ$； 3. 反映直线与其他两投影面的倾角 α 和 γ
水平线	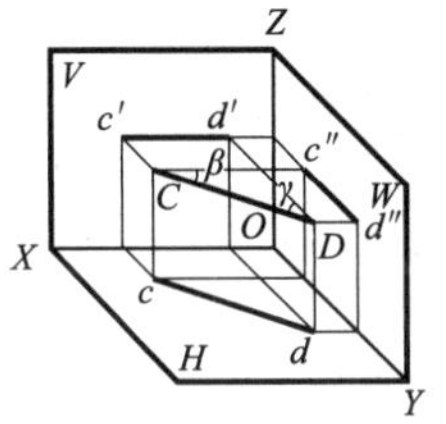	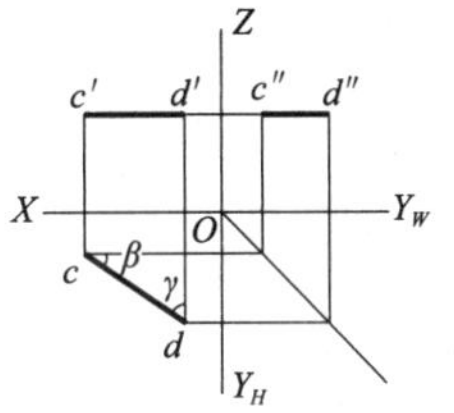	1. $cd=CD$； 2. $c'd'/\!/OX$， $c''d''/\!/OY_W$； 3. 反映直线与其他两投影面的倾角 β 和 γ
侧平线	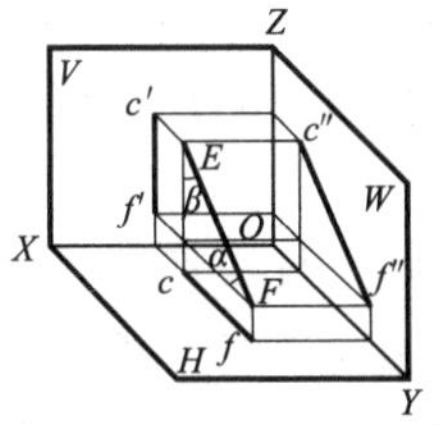	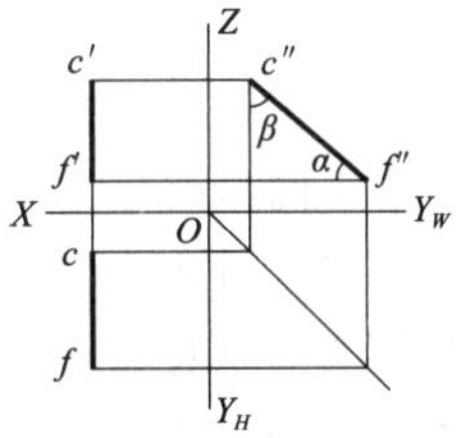	1. $c''f''=EF$； 2. $cf/\!/OY_H$， $c'f'/\!/OZ$； 3. 反映直线与其他两投影面的倾角 α 和 β

投影面平行线的投影特性是：直线在所平行的投影面上的投影为一斜线，反映实长，并反映直线与其他两投影面的倾角；其余两投影小于实长，且平行于相应投影轴。

3. 投影面垂直线

垂直于投影面的直线称为投影面垂直线。投影面垂直线垂直于一个投影面，同时平行于另外两个投影面。垂直于 V 面的称为正垂线，垂直于 H 面的称为铅垂线，垂直于 W 面的称为侧垂线。它们的空间位置、投影图和投影特性见表 3-2。

表 3-2 **投影面垂直线**

垂直线种类	空间位置	投影图	投影特性
正垂线	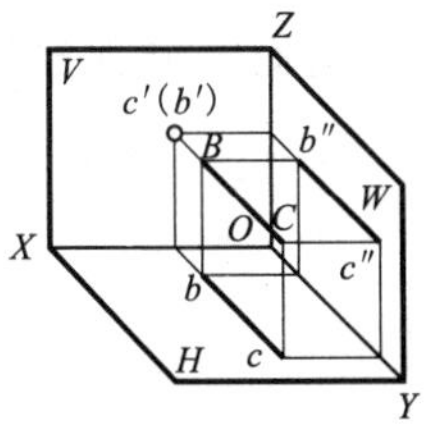	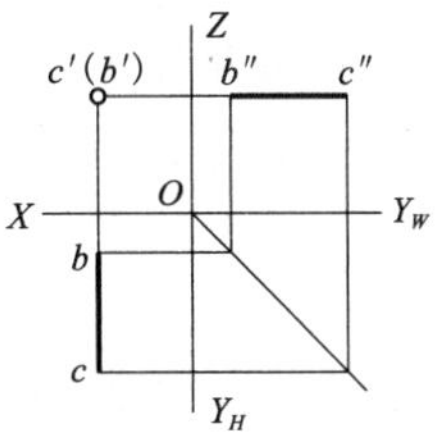	1. $c'b'$积聚为一点 2. $cb\perp OX$ $c''b''\perp OZ$ 3. $cb=c''b''=CB$

续表

垂直线种类	空间位置	投影图	投影特性
铅垂线	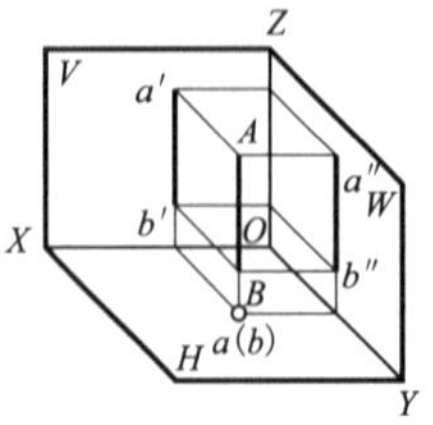	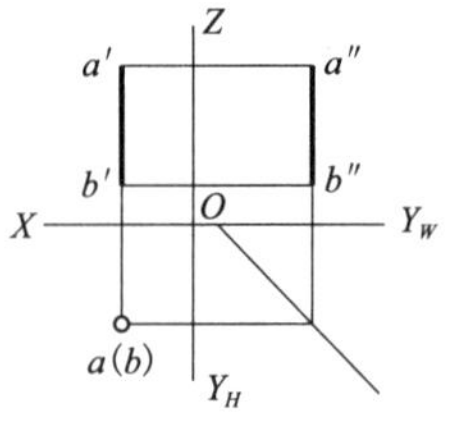	1. ab 积聚为一点 2. $a'b' \perp OX$ $a''b'' \perp OY_W$ 3. $a'b' = a''b'' = AB$
侧垂线	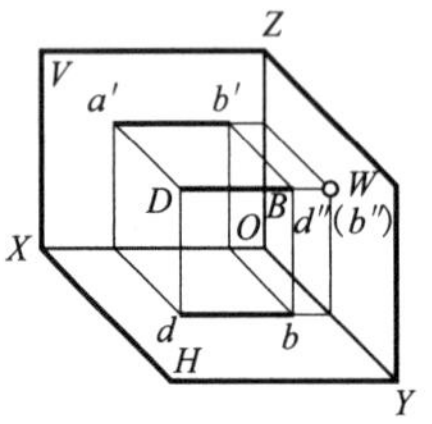	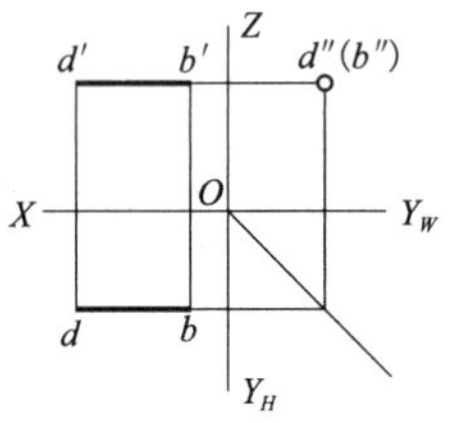	1. $d''b''$积聚为一点 2. $db \perp OY_H$ $d'b' \perp OZ$ 3. $db = d'b' = DB$

投影面垂直线的投影特性是：在与直线垂直的投影面上的投影积聚为一点，其他两投影反映实长，且垂直于相应两投影轴。

比较三类直线的投影特性可以看出：如果直线的两个投影都倾斜于投影轴，则一定为一般位置直线。如果直线的两个投影中有一个投影为斜线，或者直线的两个投影分别平行于第三投影面的两投影轴，则一定为投影面的平行线。如果直线的一个投影积聚为一点或者直线的两个投影分别垂直于第三投影面的两投影轴，则肯定为投影面的垂直线。

二、直线上点的从属性和定比性

（1）直线上点的从属性。直线上任一点的投影必在该直线的同面投影上，这个特性称为从属性。

（2）直线上点的定比性。若直线上的点将线段分成定比，则该点的投影也必将该直线的同面投影分成相同的定比，这个特性称为定比性。

三、两直线的相对位置

空间两直线的相对位置有平行、相交、交叉三种情况，前两种位置直线统称为同面直线，后一种称为异面直线。

1. 两直线平行

平行两直线的投影特性是：如果空间两直线平行，它们的同面投影必相互平行；反之，如果各组同面投影都互相平行，则两直线在空间必定互相平行。如图 3-7 所示。

2. 两直线相交

相交两直线必有一交点，交点为两直线的共有点。

相交两直线的投影特性是：如果空间两直线相交，它们的同面投影也必定相交，

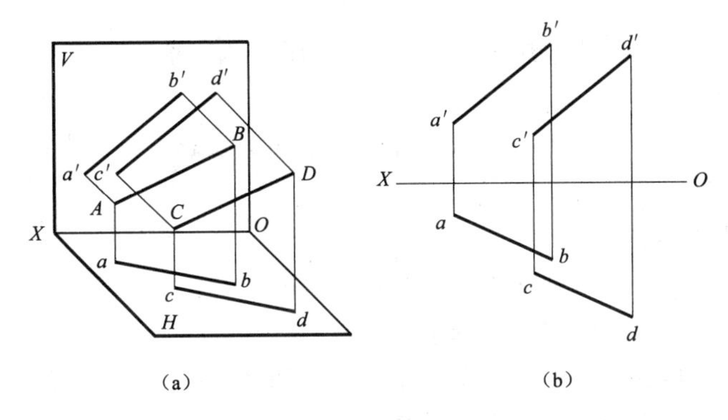

(a) (b)

图 3-7 两直线平行

且投影的交点符合点的投影规律；反之，如果两直线的各组同面投影都相交，且交点符合空间点的投影规律，则两直线在空间一定相交。如图 3-8 所示。

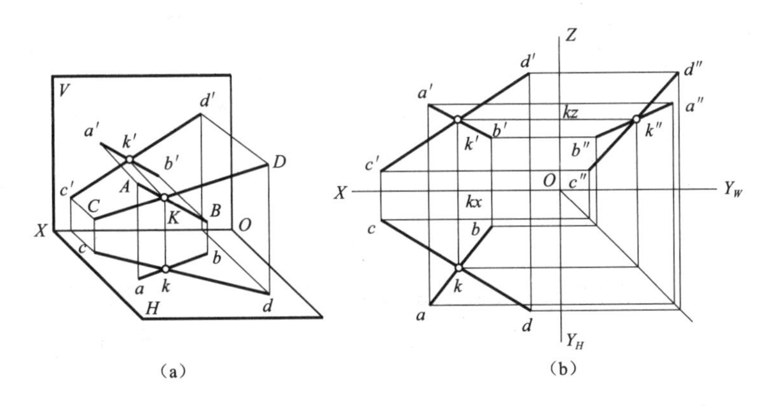

(a) (b)

图 3-8 两直线相交

3. 两直线交叉

两直线既不平行又不相交称为交叉。

空间交叉两直线的投影特性是：各面投影既不符合两直线平行的投影特性，也不符合两直线相交的投影特性。如图 3-9 所示。

交叉两直线的投影也可能有一组、两组甚至三组是相交的，但它们的交点不符合点的投影规律，是重影点的投影。

判断交叉两直线重影点可见性的步骤为：先从重影点画一根垂直于投影轴的直线到另一个投影中去，就可以将重影点分开成两个点，所得两个点中坐标值大的点为可见点，坐标值小的点为不可见点，不可见点的投影要加括号（）。如图 3-9 所示。

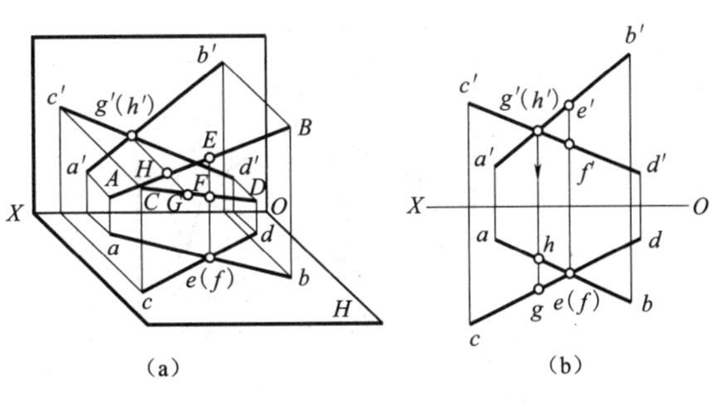

(a) (b)

图 3-9 两直线交叉

任务三　平面的投影

3-3
平面的投影

本任务主要学习平面的表示法、各种位置平面的投影、平面上的直线和点、平面内的投影面平行线。

一、平面的表示法

平面的空间位置可由下列任意一组几何元素确定：

(1) 不在同一直线上的三个点确定一个平面，如图 3-10 (a) 所示。

(2) 一条直线和直线外一点确定一个平面，如图 3-10 (b) 所示。

(3) 两条相交直线确定一个平面，如图 3-10 (c) 所示。

(4) 两条平行直线确定一个平面，如图 3-10 (d) 所示。

(5) 任意多边形确定一个平面，如图 3-10 (e) 所示。

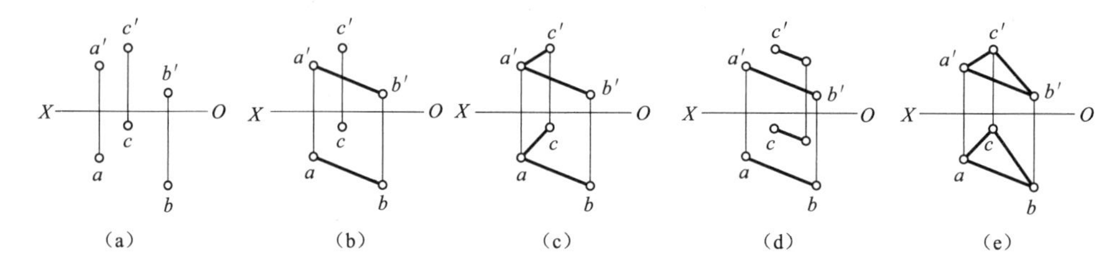

图 3-10　平面的表示方法

表示平面的五组几何要素是相互联系而又可转换的。用平面图形的投影表示平面是最形象的一种方法。画平面多边形的投影时，一般先画出各顶点的投影，然后将它们的同面投影依次连接即成。

二、各种位置平面的投影

在三投影面体系中，平面的位置有三类：一般位置平面、投影面平行面、投影面垂直面。后两类统称为特殊位置面。

1. 一般位置平面

与三个投影面都倾斜的平面称为一般位置平面，如图 3-11 所示。

一般位置平面的投影特性是：三个投影面的投影都是平面的类似形，且不反映实形。

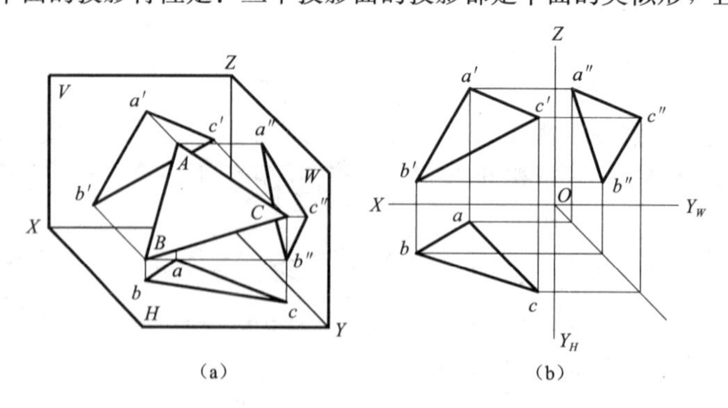

图 3-11　一般位置平面

2. 投影面平行面

平行于一个投影面的平面称为投影面平行面。投影面平行面可分为三种：正平面、水平面、侧平面。它们的空间位置、投影图和投影特性见表 3-3。

表 3-3　　投 影 面 平 行 面

平行面种类	空间位置	投　影　图	投影特性
正平面	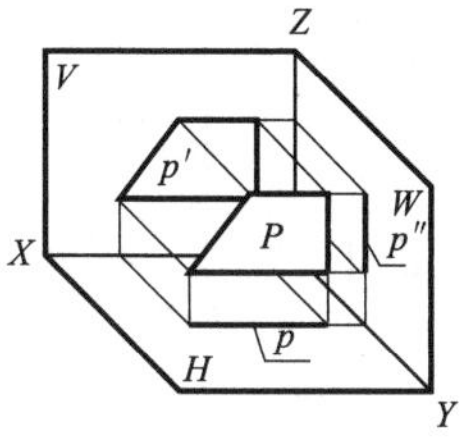	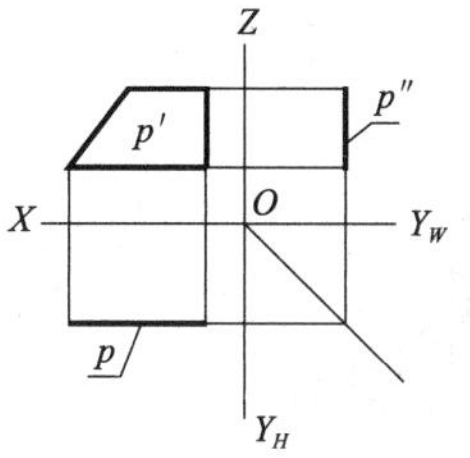	1. V 面投影反映平面实形； 2. H、W 面投影均积聚为直线，且分别平行于 OX、OZ 轴
水平面	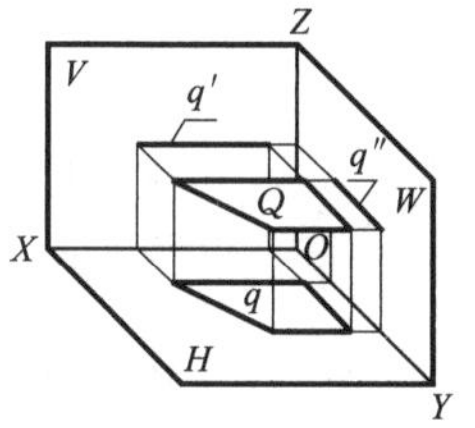	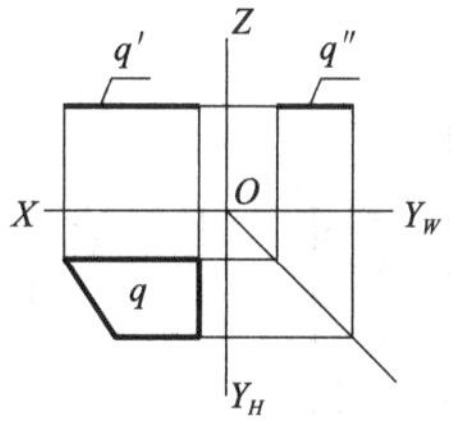	1. H 面投影反映平面实形； 2. V、W 面投影均积聚为直线，且分别平行于 OX、OY_W 轴
侧平面	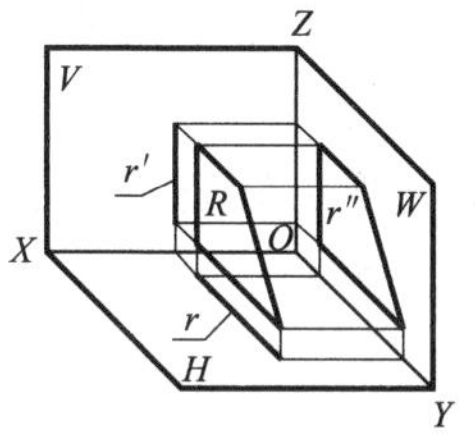	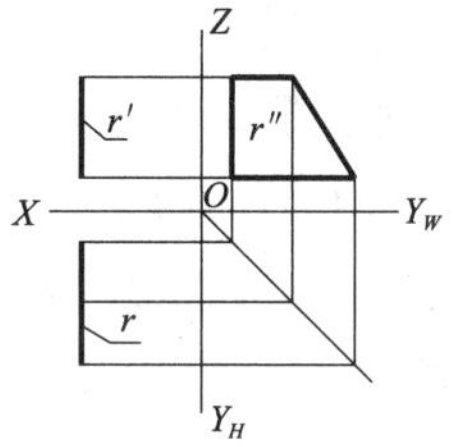	1. W 面投影反映平面实形； 2. V、H 面投影均积聚为直线，且分别平行于 OZ、OY_H 轴

投影面平行面的投影特性是：平面在所平行的投影面上的投影反映平面的实际形状，其他两个投影积聚成直线。

3. 投影面垂直面

垂直于一个投影平面且倾斜于另外两个投影面的平面，称为投影面垂直面。投影面垂直面可分为三种：正垂面、铅垂面、侧垂面。它们的空间位置、投影图和投影特性见表 3-4。

投影面垂直面的投影特性是：在与平面所垂直的投影面上的投影积聚为一斜线，该斜线与相应投影轴的夹角反映平面对其他两投影面的倾角。其余两投影均为类似形。

表 3-4 投影面垂直面

垂直面种类	空间位置	投影图	投影特性
正垂面			1. V 面投影积聚为斜线，并反映平面与投影面的倾角 α 和 γ； 2. H、W 面投影为该平面的类似形
铅垂面			1. H 面投影积聚为斜线，并反映平面与投影面的倾角 β 和 γ； 2. V、W 面投影为该平面的类似形
侧垂面			1. W 面投影积聚为斜线，并反映平面与投影面的倾角 α 和 β； 2. V、H 面投影为该平面的类似形

比较三类平面的投影特性可以看出：如果平面的投影中在某一投影面积聚为一斜线，其余两投影为类似形，则平面为该投影面的垂直面。如果平面的两个投影积聚为平行投影轴的直线，则平面为投影面的平行面。如果平面的三个投影均为类似图形，则平面为一般位置平面。如果平面的两个投影为类似图形，则要看该平面内有无第三投影面的垂直线，如果有则为垂直面，如果没有则为一般面。

三、平面上的直线和点

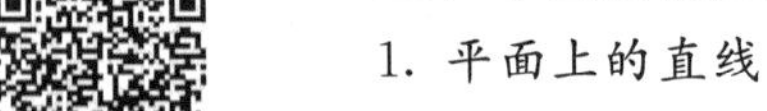

3-4
平面内的点

1. 平面上的直线

由几何学可知，直线在平面上的条件是：如果一直线通过平面上的两点，或者通过平面上的一点且平行于平面上的另一直线，则此直线必在该平面上。

2. 平面上的点

点在平面上的几何条件是：如果点在平面内的任一直线上，则该点必在此平面上。

要在平面上取点，一般应先在平面上作一条辅助直线，然后在辅助直线的投影上取得点的投影。这种作图方法称为辅助直线法。辅助直线法适用于一般位置平面，特殊位置平面可利用其积聚性直接求取。

【例 3-2】 如图 3-12（a）所示，K 点在△ABC 所确定的平面内，已知水平投影 k，求 k 点的正面投影 k'。

分析：既然 K 点在$\triangle ABC$ 所确定的平面内，则 K 点必在该平面内的一条直线上，该直线的水平投影必通过 k 点，所以 k'点必在该直线的正面投影上。

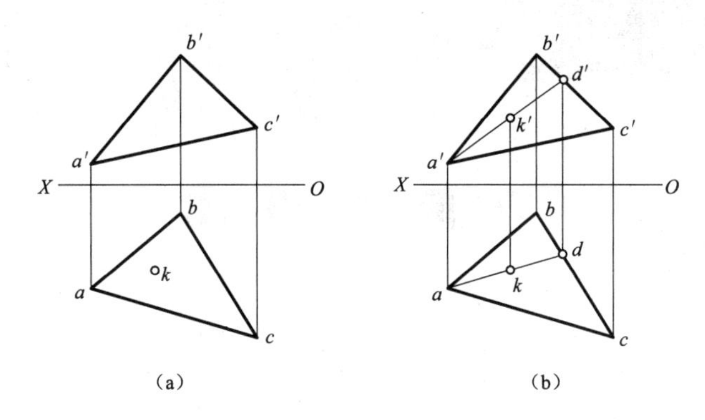

图 3-12　求平面内点的投影

作图步骤：

(1) 如图 3-12 (b) 所示，在水平投影中连接 ak，并延长交 bc 于 d 点，过 d 点向上作辅助直线交 $b'c'$于 d'点。

(2) 过 k 点向上作辅助直线交 $a'd'$于 k'点。

四、平面内的投影面平行线

平面内的投影面平行线既符合直线在平面上的几何条件，又具有投影面平行线的投影特性。

平面内的投影面平行线有以下三种：

(1) 平面内平行于 H 面的直线称为平面上的水平线。

(2) 平面内平行于 V 面的直线称为平面上的正平线。

(3) 平面内平行于 W 面的直线称为平面上的侧平线。

如图 3-13 所示，要在平面内作水平线，需先作水平线的 V 面投影，然后再作水平线的 H 面投影；要在平面内作正平线，需先作正平线的 H 面投影，然后作正平线的 V 面投影。

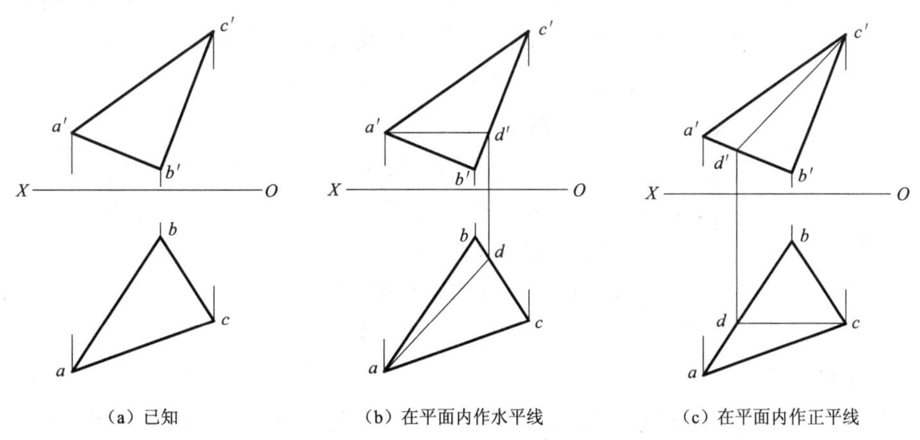

图 3-13　平面内的投影面平行线

项目四

立体的投影

【能力目标】

1. 掌握立体及其表面上点的投影。
2. 掌握简单体视图的画法和识图。
3. 掌握组合体视图的画法和识图。
4. 掌握组合体视图的尺寸标注。

【思政目标】

通过学习立体的投影，培养学生举一反三、触类旁通的思维能力，进而激发学生的创新能力，提高学生解决问题的能力和效率，将知识应用于实际工作中。

任务一　平面体及其表面上点的投影

4－1
平面体的
投影

本任务主要学习平面体的视图特征及其表面上点的投影。

工程建筑物的形状虽然多种多样，但一般都可以看成是由一些基本体组合而成的。这些基本体根据其表面性质不同，可分为平面体和曲面体两类，基本体分类如图 4－1 所示。

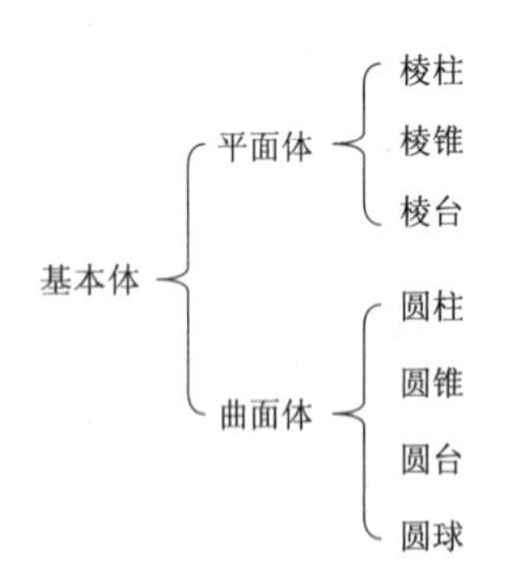

图 4－1　基本体分类

平面体的表面是由若干平面围成的，其侧面称为棱面，端面称为底面；棱面间的交线称为棱线，棱面与底面的交线称为底边。下面介绍这些常见的平面体视图特征。

一、棱柱

棱柱由两个底面和棱面组成，棱面与棱面的交线称为棱线，棱线互相平行。棱线与底面垂直的棱柱称为正棱柱。本书仅讨论正棱柱的视图。

（一）棱柱体的三视图

下面以正六棱柱为例进行说明。

1. 形体分析

如图 4－2 所示正六棱柱，它的上下底面为全等且相互平行的正六边形，六个棱面为全等的矩形且与底面垂直，六条棱线平行且相等，是正六棱柱的高。

2. 物体位置

将正六棱柱放置成上下底面与 H 面平行，前后两个棱面与 V 面平行。

3. 视图分析

（1）俯视图为正六边形，反映上下底面实形。正六边形的六条边，是垂直于 H 面的六个棱面的积聚投影，六个顶点是六条棱线的积聚投影。

（2）主视图为三个并列的矩形线框，中间的矩形线框是平行于 V 面的前后棱面实形的投影；左右两个矩形线框为其余倾斜于 V 面的四个棱面的投影；上、下两条水平线是上、下底面的积聚投影。

（3）左视图为两个并列的矩形线框，是六棱柱左右四个棱面投影的重合；前后两条铅垂线，是前后两个棱面的积聚投影；上下两条水平线分别是上、下底面的积聚投影。

4. 作图步骤

（1）画反映底面实形的俯视图，为正六边形。

（2）根据“长对正”和正六棱柱的高度画主视图。

（3）根据“高平齐、宽相等”画左视图。

（4）检查后加深，如图 4－2 所示。

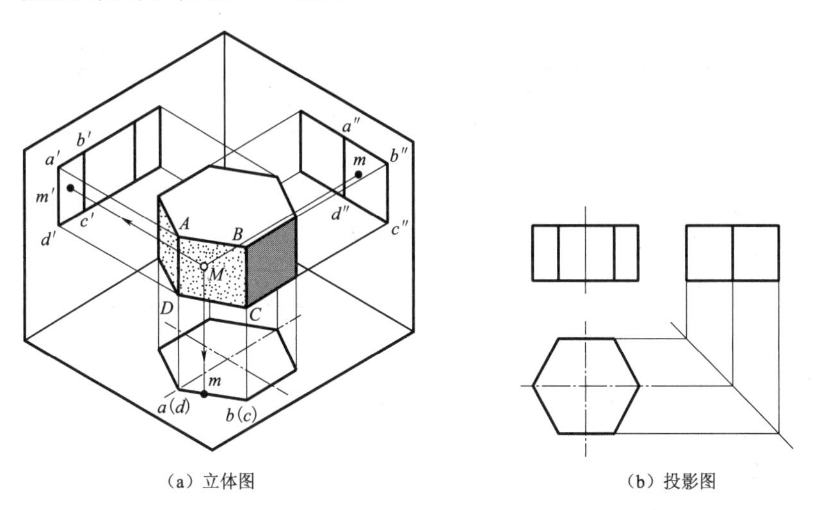

（a）立体图　　（b）投影图

图 4－2　正六棱柱的三视图

同理分析，可画出如图 4－3 所示各棱柱体的三视图。

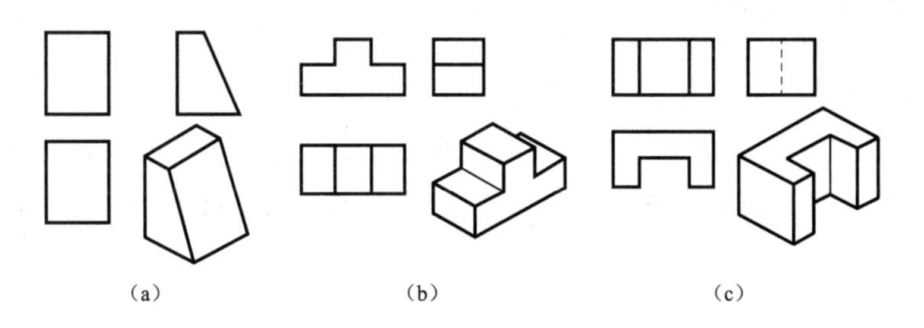

（a）　（b）　（c）

图 4－3　棱柱体的视图特征

由此可得出棱柱体三视图的视图特征为：两个视图为矩形线框（最外轮廓），第三视图为反映底面形状的多边形线框。

（二）棱柱体表面上点的投影

平面立体表面上取点实际就是在平面上取点。首先应确定点位于立体的哪个平面上，并分析该平面的投影特性，然后再根据点的投影规律求得。

【例 4-1】 如图 4-4（a）已知棱柱表面上点 M 的正面投影 m'，求作它的其他两面投影 m、m''。

分析：因为点 M 所在的面具有积聚性，可以利用积聚性法求点的投影。

作图步骤：

（1）先求水平投影 m。因为 m'可见，所以点 M 必在面 $ABCD$ 上。此棱面是铅垂面，其水平投影积聚成一条直线，故点 M 的水平投影 m 必在此直线上，如图 4-4（a）所示。

（2）再根据 m、m' 可求出 m''。

（3）判别可见性。由于 $ABCD$ 的侧面投影为可见，故 m''也为可见，如图 4-4（b）所示。

注意：当点的投影与积聚成直线的平面投影重影时，不加括号。

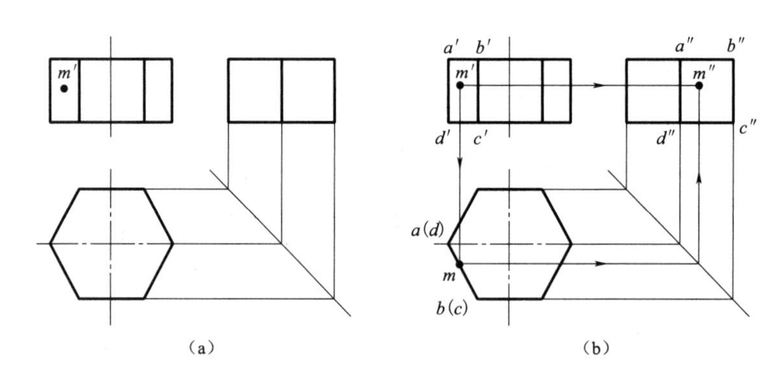

图 4-4 正六棱柱表面上的点

二、棱锥体

棱锥由底面和棱面组成，棱线汇聚于锥顶点。轴线（通过底面重心并与底面垂直）垂直于底面，且底面为正多边形的棱锥称为正棱锥体。

（一）棱锥体的三视图

下面以正三棱锥为例进行说明。

1. 形体分析

如图 4-5 所示正三棱锥，正三棱锥的底面为正三角形，三个棱面为全等的等腰三角形，轴线通过底面重心并与底面垂直，三条棱线汇交于锥顶点。轴线的高是正三棱锥的高。

2. 物体位置

将正三棱锥放置成底面与水平面平行，后棱面为侧垂面，其底面边线为侧垂线。

3. 视图分析

（1）俯视图为正三边形，是底面的投影，反映实形；锥顶点 S 的投影落在正三角形的重心上，其与三个角点的连线即三条棱线的投影。

（2）主视图为等腰三角形，其中底边为底面的投影；两条斜边、中间铅垂线是三条侧棱的投影。

（3）左视图为一斜三角形，其中底边为底面的投影；斜边 $s''a''$（c''）为正三棱锥后棱面的积聚投影，$s''b''$为前面棱线 SB 的投影，且反映实长。

4. 作图步骤

（1）画反映底面实形的俯视图，先画等边三角形 abc，由重心 s 连 sa、sb、sc。

（2）根据“长对正”和正三棱锥的高度画主视图。

（3）根据“高平齐、宽相等”画左视图。

（4）检查后加深，如图 4－5 所示。

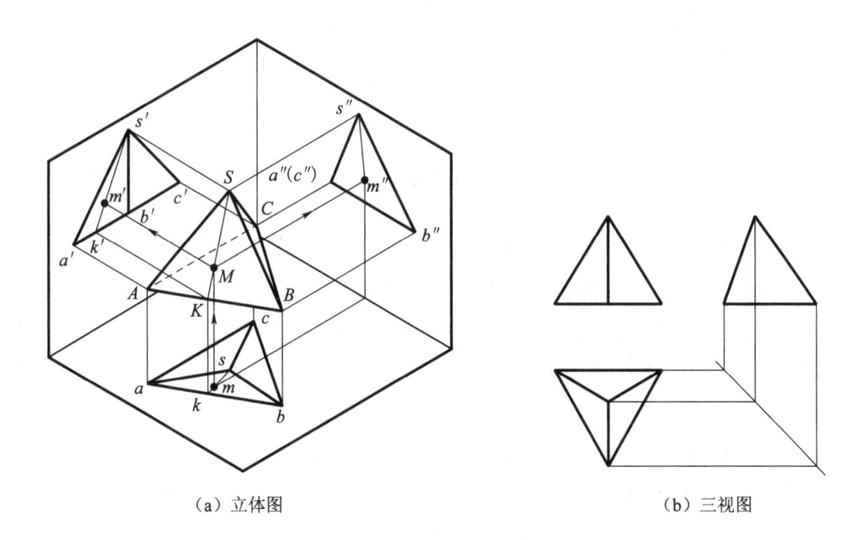

（a）立体图　　（b）三视图

图 4－5　正三棱锥的三视图

同理分析，可画出如图 4－6 所示各棱锥体的三视图。

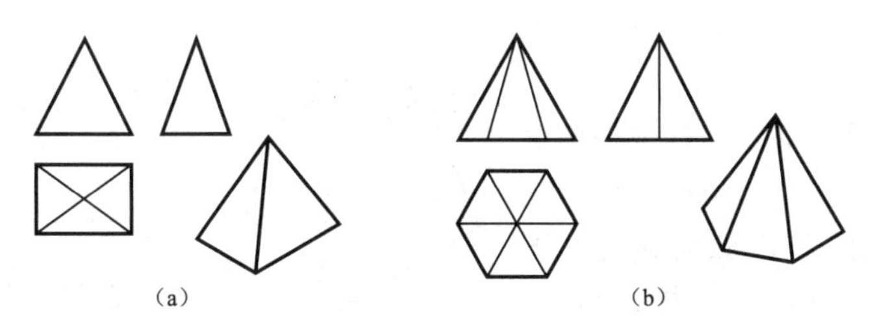

（a）　　（b）

图 4－6　棱锥体的视图特征

由此可得出棱锥体三视图的视图特征为：两个视图为三角形（或几个共顶点的三角形）线框，第三视图为多边形线框。

（二）棱锥体表面上点的投影

本任务用积聚性法和辅助线法完成。

积聚性法，即利用正三棱锥的棱面△SAC 为特殊位置面且具有积聚性的特性。

辅助线法，若点所在的立体表面为一般位置平面，可通过该点作一条辅助线，先求出辅助线的投影，再求点的投影。

【例 4－2】 如图 4－7（a）所示，已知正三棱锥表面上点 M 的正面投影 m' 和点 N 的水平面投影 n，求作 M、N 两点的其余投影。

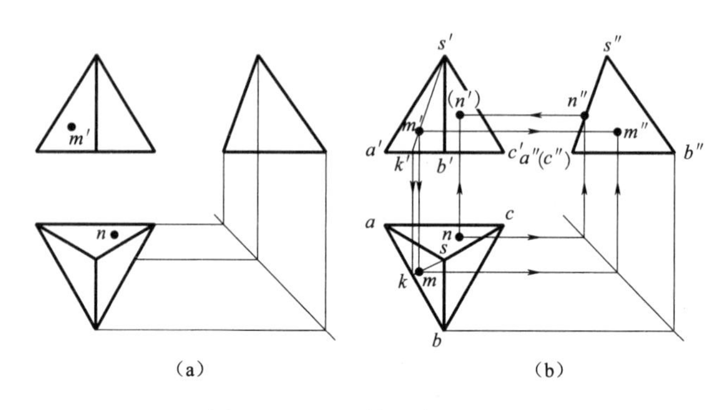

（a）（b）

图 4－7 正三棱锥表面上的点

分析：用辅助线法求点 M 的投影：因为 m' 可见，因此点 M 必定在△SAB 上。△SAB 是一般位置平面，采用辅助线法。

用积聚性法求点 N 的投影：因为点 N 不可见，故点 N 必定在△SAC 上。△SAC 为侧垂面，它的侧面投影积聚为直线段 $s''a''$（c''），因此 n'' 必在 $s''a''$（c''）上。

作图步骤：

（1）求点 M 的投影：过点 M 及锥顶点 S 作一条直线 SK，与底边 AB 交于点 K，如图 4－7（b）所示，即过 m' 作 $s'k'$，再作出其水平投影 sk。由于点 M 属于直线 SK，根据点在直线上的从属性质可知 m 必在 sk 上，求出水平投影 m，再根据 m、m' 可求出 m''。

（2）求点 N 的投影：先根据 n 求出 n'' [n'' 必在 $s''a''$（c''）上]，由 n、n'' 即可求出 n'。

三、棱台

棱台可以看成是由平行于棱锥底面的平面截切锥顶后形成的，棱台三视图的作图方法和步骤同棱锥。图 4－8 为四棱台的三视图，作图时需注意，要正确表达棱台的上下底面。

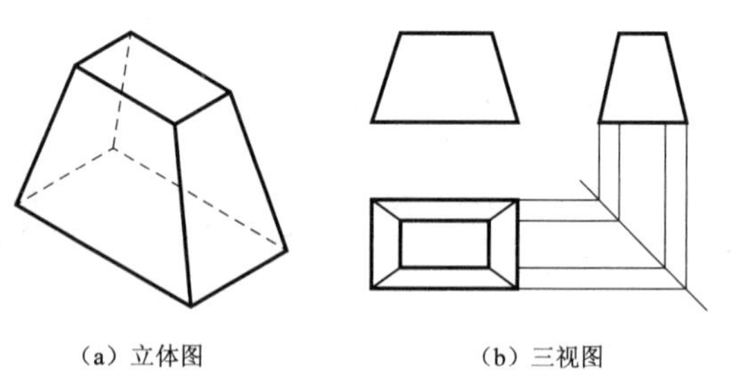
（a）立体图　（b）三视图

图 4－8 四棱台的三视图

由此可得出棱台三视图的视图特征为：两个视图为梯形线框（最外轮廓），第三视图为两个相似多边形线框，且对应角顶点有连线。

任务二　曲面体及其表面上点的投影

4-2
曲面体的投影

本任务主要学习曲面体的视图特征及其表面上点的投影。

曲面立体是由曲面或曲面与平面所围成的几何体，它们的曲表面均可看作是由一条动线绕某固定轴线旋转而成的，这类曲面体又称回转体，其曲表面称为回转面。

如图4-9所示，动线称为母线，母线在旋转过程中的任一具体位置称为曲面的素线。曲面上有无数条素线，起到轮廓作用的素线称为轮廓素线。

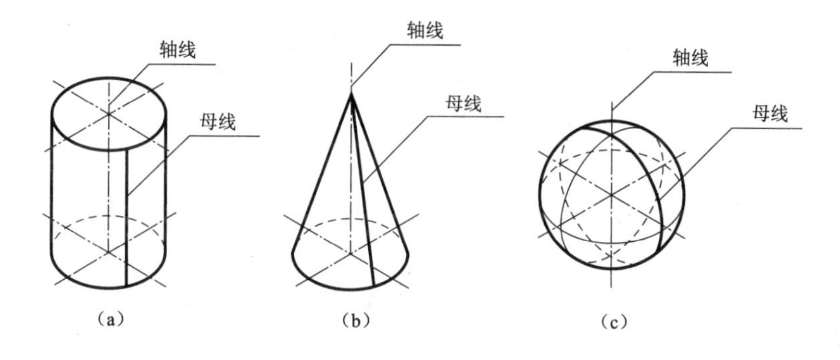

图4-9　曲面体

下面介绍这些常见曲面体的视图特征。

一、圆柱

（一）圆柱的三视图

1. 形体分析

如图4-10（a）所示，圆柱由圆柱面和两个底面组成。圆柱的上下两个底面为直径相同而且相互平行的两个圆面，轴线与底面垂直。轴线的高是圆柱的高。

2. 物体位置

将圆柱放置成轴线垂直于侧平面。

3. 视图分析

（1）左视图为一圆，反映左、右底面的实形；圆柱面的投影积聚在该圆周上。

（2）主视图为一矩形，左右边线为圆柱底面的积聚投影；上下两条边线是上下两条轮廓素线的投影。

（3）俯视图为一矩形，左右边线为圆柱底面的积聚投影；前后两条边线是前后两条轮廓素线的投影。

4. 作图步骤

（1）定中心线、轴线位置。

（2）画侧面投影，画出反映底面实形的图。

（3）根据“高平齐”和圆柱的长度画主视图的矩形线框。

（4）根据“长对正、宽相等”画俯视图的矩形线框。

(5) 检查后加深，如图 4-10 (b) 所示。

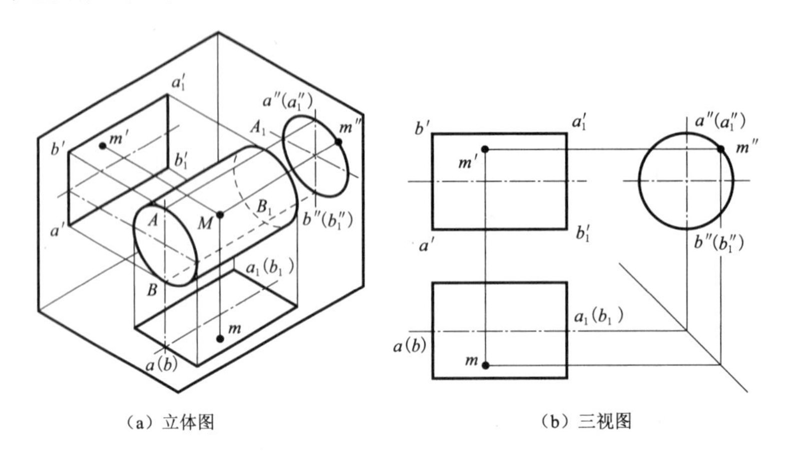

(a) 立体图　　(b) 三视图

图 4-10　圆柱的三视图

圆柱体三视图的视图特征是：两个视图为矩形线框，第三视图为圆。

(二) 圆柱表面上点的投影

【例 4-3】 如图 4-10 (b) 所示，已知圆柱面上点 M 的正面投影 m'，求作点 M 的其余两个投影。

分析：因为圆柱面的投影具有积聚性，圆柱面上点的侧面投影一定重影在圆周上。又因为 m' 可见，所以点 M 必在前半圆柱面的上边。

作图步骤：

(1) 利用积聚性法由 m' 求得 m''。

(2) 再由 m' 和 m'' 求得 m，如图 4-10 (b) 所示。

二、圆锥

(一) 圆锥的投影

1. 形体分析

圆锥由圆锥面和底面圆组成，轴线通过底面圆心并与底面垂直。

2. 物体位置

将圆锥放置成轴线与水平面垂直。

3. 视图分析

(1) 俯视图为一圆，这个圆既反映圆锥底面的实形，又是圆锥面的水平投影；圆锥顶点的水平投影位于该圆的圆心。

(2) 主视图为一等腰三角形，三角形的底边是圆锥底面的积聚投影；其左右两腰是圆锥面上的最左、最右两条轮廓素线的投影。

(3) 左视图为一等腰三角形，三角形的底边是圆锥底面的积聚投影；其前后两腰是圆锥面上的最前、最后两条轮廓素线的投影。

4. 作图步骤

(1) 定中心线、轴线位置。

(2) 画水平投影，画出反映底面实形的图。

(3) 根据“长对正”和圆锥的高度画正面投影三角形线框。

(4) 根据“高平齐、宽相等”画侧面投影三角形线框。

(5) 检查后加深，如图 4－11 所示。

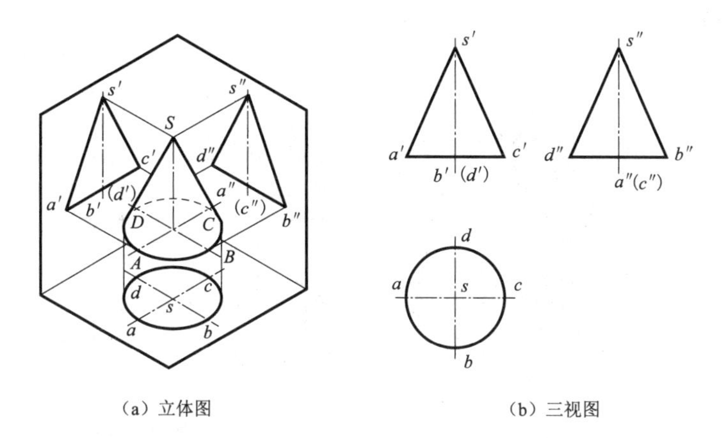

(a) 立体图　　(b) 三视图

图 4－11　圆锥的三视图

圆锥体三视图的视图特征是：两个视图为三角形线框，第三视图为圆。

(二) 圆锥表面上点的投影

本任务用辅助线法和辅助圆法两种方法完成。

【例 4－4】 如图 4－12 所示，已知圆锥表面上点 M 的正面投影 m'，求作点 M 的其余两个投影。

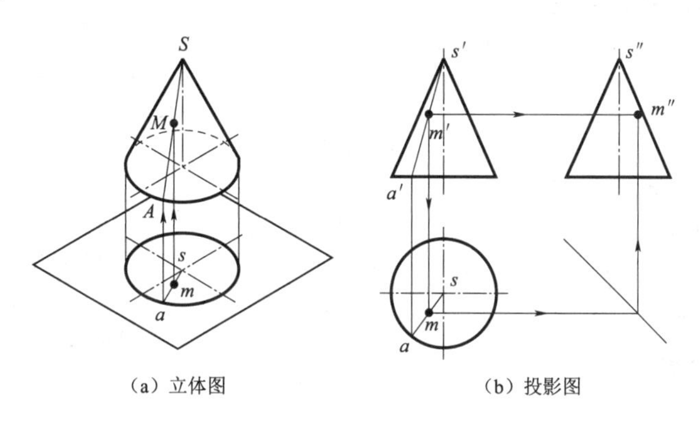

(a) 立体图　　(b) 投影图

图 4－12　用辅助线法求圆锥面上的点

分析：因为 m' 可见，所以点 M 必在前半个圆锥面的左边，故可判定点 M 的另两面投影均为可见。作图方法有两种。

作图步骤：

作法一：辅助线法。如图 4－12 (a) 所示，过锥顶 S 和点 M 作一直线 SA，与底面交于点 A。点 M 的各个投影必在此 SA 的相应投影上。在图 4－12 (b) 中过 m' 作 $s'a'$，然后求出其水平投影 sa。由于点 M 属于直线 SA，根据点在直线上的从属性质可知，m 必在 sa 上，求出水平投影 m，再根据 m、m' 可求出 m''。

作法二：辅助圆法。如图 4－13 (a) 所示，过圆锥面上点 M 作一垂直于圆锥轴线的辅助圆，点 M 的各个投影必在此辅助圆的相应投影上。在图 4-13（b）中过 m' 作水平线 $a'b'$，此为辅助圆的正面投影积聚线。辅助圆的水平投影为一直径等于 $a'b'$ 的圆，圆心为 s，由 m' 向下引垂线与此圆相交，且根据点 M 的可见性，即可求出 m。然后再由 m' 和 m 可求出 m''。

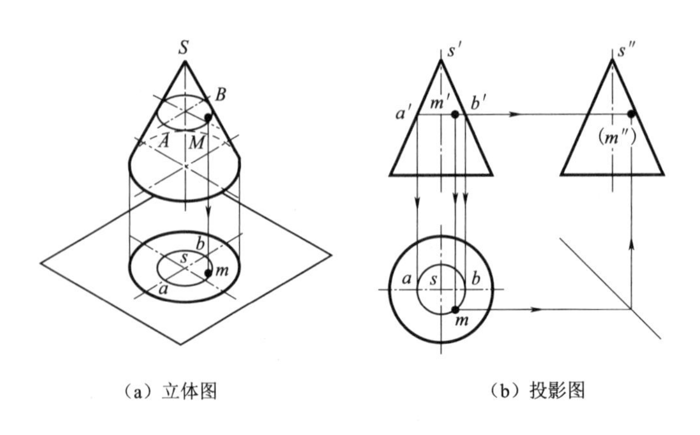

（a）立体图　　（b）投影图

图 4-13　用辅助圆法求圆锥面上的点

三、圆台

圆台可以看成是由平行于圆锥底面的平面截切锥顶后形成的，圆台两个底面为相互平行的圆。圆台三视图的作图方法和步骤同圆锥。图 4-14 为圆台的三视图。

圆台三视图的视图特征为：两个视图为梯形线框，第三视图为两个同心圆。

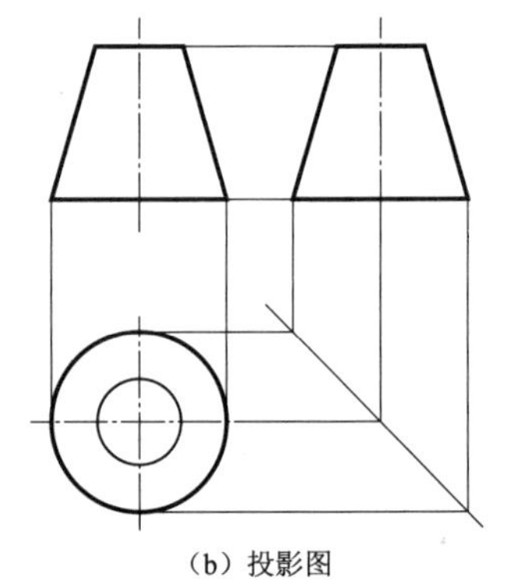

（a）立体图　　（b）投影图

图 4-14　圆台的三视图

四、圆球

圆球由球面组成。圆球的三个投影是三个全等的圆，其直径为球的直径。这三个圆是球面上不同位置轮廓素线的投影，如图 4-15 所示。

（一）圆球的投影

1. 形体分析

球面可看作是一个圆绕通过圆心的固定轴线回转而成的，此圆称为母线圆，母线圆的任一位置即为球表面的素线。

2. 视图分析

圆球的三个视图是三个直径相等的圆，其直径等于球的直径。但这三个圆分别表示三个不同方向的圆球面轮廓素线的投影。正面投影的圆是平行于 V 面的圆素线 A（它是前面可见半球与后面不可见半球的分界线）的投影。与此类似，侧面投影的圆是平行于 W 面的圆素线 C 的投影；水平投影的圆是平行于 H 面的圆素线 B 的投影。这三条圆素线的其他两面投影都与相应圆的中心线重合，不应画出。

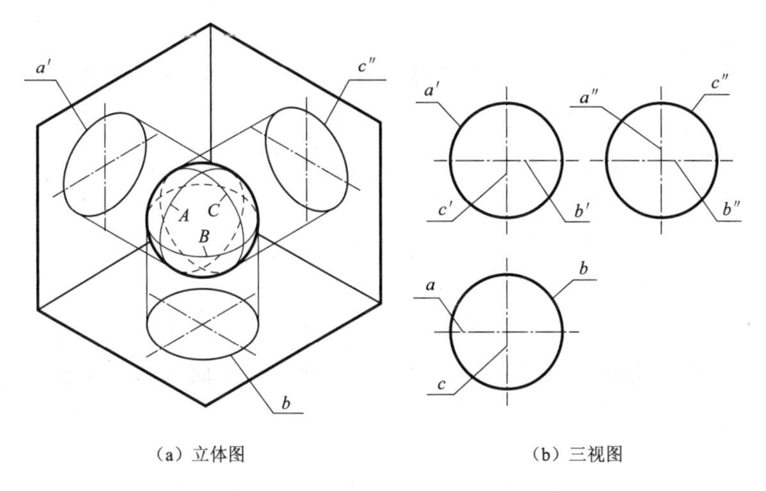

(a) 立体图　　(b) 三视图

图 4-15　圆球的三视图

3. 作图步骤

先画圆球的中心线，确定球心的三面投影，再画三个与圆球直径相等的外轮廓圆。

圆球三视图的视图特征为：三个视图均为直径相等的圆。

（二）圆球表面上点的投影

本任务用辅助圆法完成。圆球面的投影没有积聚性，求作其表面上点的投影需采用辅助圆法，即过该点在球面上作一个平行于任一投影面的辅助圆。

【例 4-5】 如图 4-16（a）所示，已知球面上点 M 的水平投影，求作其余两个投影。

作图步骤：

(1) 过点 M 作一平行于正面的辅助圆，它的水平投影为过 m 的直线 ab，正面投影为直径等于 ab 长度的圆。自 m 向上引垂线，在正面投影上与辅助圆相交于两点。又由于 m 可见，故点 M 必在上半个圆周上，据此可确定位置偏上的点即为 m'。

(2) 再由 m、m'可求出 m''，如图 4-16（b）所示。

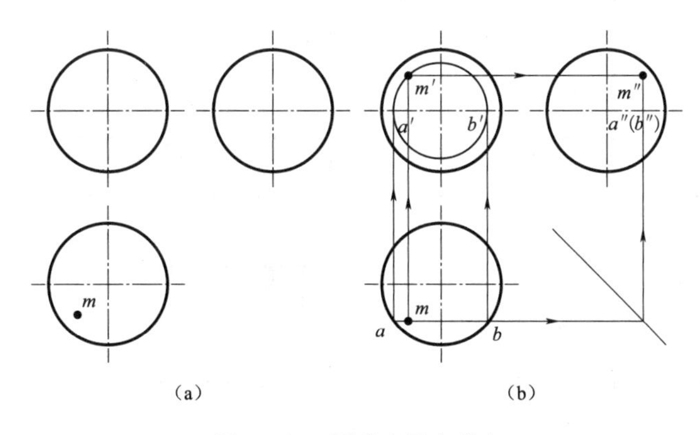

(a)　　(b)

图 4-16　圆球表面上的点

总结：

(1) 为方便记忆和使用，可将上述柱、锥、台、球三视图的投影特征简单地总结为：矩矩为柱，三三为锥，梯梯为台，三圆为球。

(2) 立体表面点的求法。根据立体表面点的分布特点，可将立体表面点分为以下三类：

Ⅰ类点：此类点分布在立体表面的轮廓线或底面边线上，可利用从属性和定比性直接求出。

Ⅱ类点：此类点分布在立体具有积聚性的表面上，可利用积聚性直接求出。

Ⅲ类点：此类点分布在立体一般位置面的表面上，平面体可采用辅助线法，曲面体可采用辅助线法和辅助圆法。

任务三 简单体的投影

本任务主要学习简单体的画法和识读。

4-3 简单叠加体三视图的画法

由较少的基本体进行简单的叠加或切割而形成的立体称为简单体。

一、简单叠加体三视图的画法

在画图前，应首先分析该立体是由哪些基本体组合而成的，其次分析各基本体之间的相互位置关系，最后逐个画出各基本体的三视图，检查无误后加深。

【例 4-6】 画出如图 4-17 (a) 所示物体的三视图。

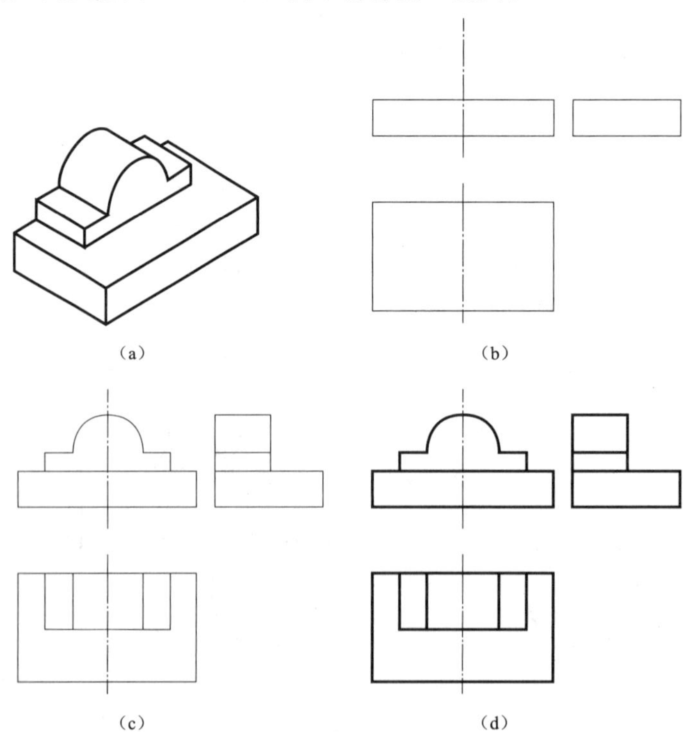

图 4-17 简单叠加体三视图的画法

分析：该物体由上、下两部分组成，上部是组合柱，下部是长方体，组合关系为左右对称，后面平齐。

作图步骤：

(1) 画对称基准线。

(2) 画下面长方体的三视图，如图 4-17 (b) 所示。

(3) 再画组合柱的三视图，如图 4-17 (c) 所示。

(4) 检查后加深，完成作图，如图 4-17 (d) 所示。

4-4
简单切割体三视图的画法

二、简单切割体三视图的画法

简单切割体可以看成是从基本体原体中切割去掉若干基本体切割部分而得到的，因此，绘制时先绘制出原体，再逐一绘制出被切割去掉的基本体，最后再擦掉切割去掉的部分，检查无误后加深。

【例 4-7】 画出如图 4-18 (a) 所示物体的三视图。

分析：该立体可以看成是从长方体原体中切割去掉两个长方体后得到的。

作图步骤：

(1) 先画原体长方体的三视图，如图 4-18 (b) 所示。

(2) 再画切去左前方小长方体的三视图，如图 4-18 (c) 所示。

(3) 再画切去后方小长方体的三视图，如图 4-18 (d) 所示。

(4) 检查后加深，完成作图。

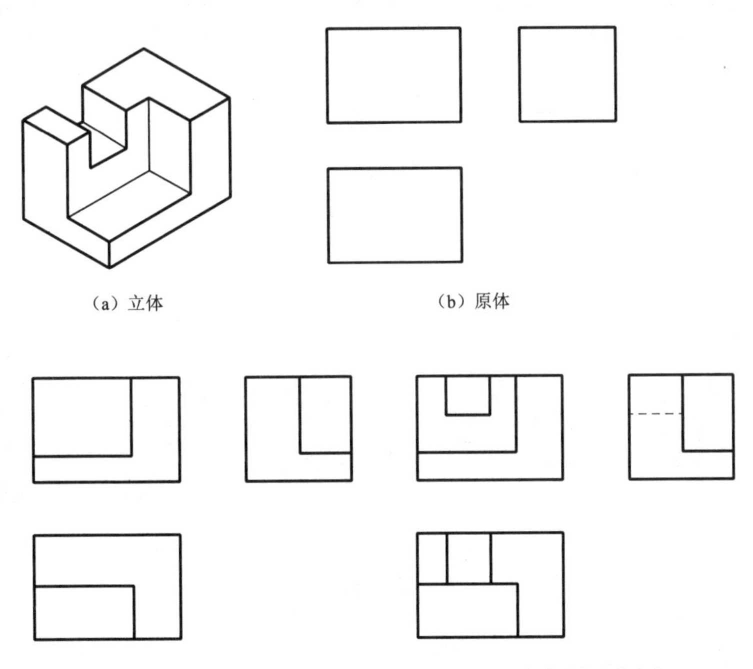

(a) 立体　(b) 原体

(c) 切去左前方小长方体　(d) 切去后方小长方体

图 4-18 简单切割体三视图的画法

三、简单体的识读

识读是根据视图想象出物体在空间的形状。识读简单体三视图时，不仅要熟练掌握和运用投影规律以及基本体的视图特征，还要掌握读图的方法。通过反复练习提高读图的能力。

读图时首先要弄清各个视图的投影方向和它们之间的投影关系，然后从一个反映物体形状特征的视图入手，再结合其他视图进行分析和判断，切忌只盯着一个视图读图。

如图 4－19 所示为五组简单体两面视图，其中（a）、（b）、（c）的主视图都是梯形，但由于它们的俯视图不同，所表达的物体空间形状一定不同。对照两个视图进行分析，可知（a）所表达的是一个四棱台，（b）所表达的是一个两头斜截的三棱柱，（c）所表达的是一个圆台。图中（c）、（d）、（e）的俯视图都是两个同心圆，但主视图不同，所以（d）所表达的是一个圆柱和一个圆台的组合体，（e）所表达的是一个空心圆柱，如图 4－20 所示。

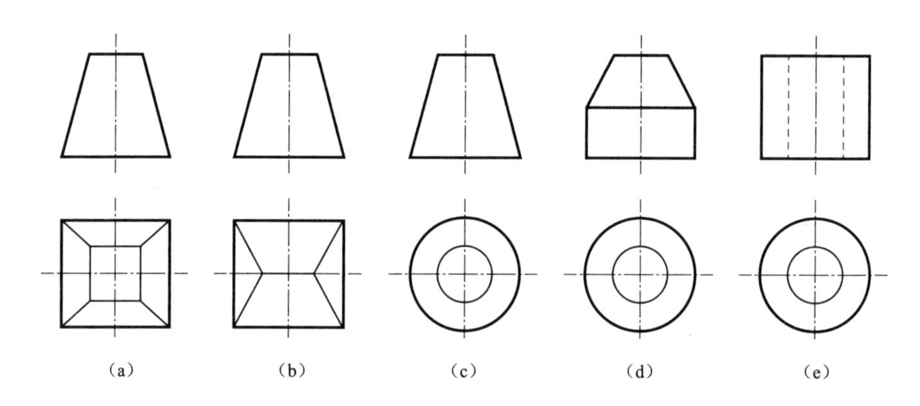

图 4－19 简单体的投影

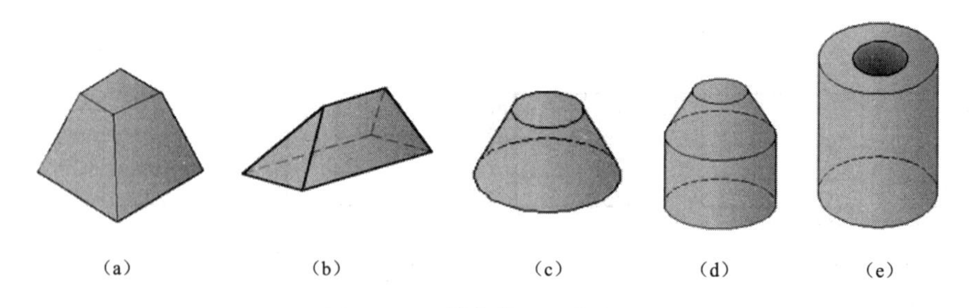

图 4－20 简单体的立体模型

【例 4－8】 识读图 4－21（a）所示立体三视图，想象出该立体的空间形状。

分析：该物体为简单切割体，未切割时的原体是长方体，上前方切去了一个三棱柱，又在后上方对称切割了一个倒梯形的槽口。

读图步骤如图 4－21（b）、（c）、（d）所示。

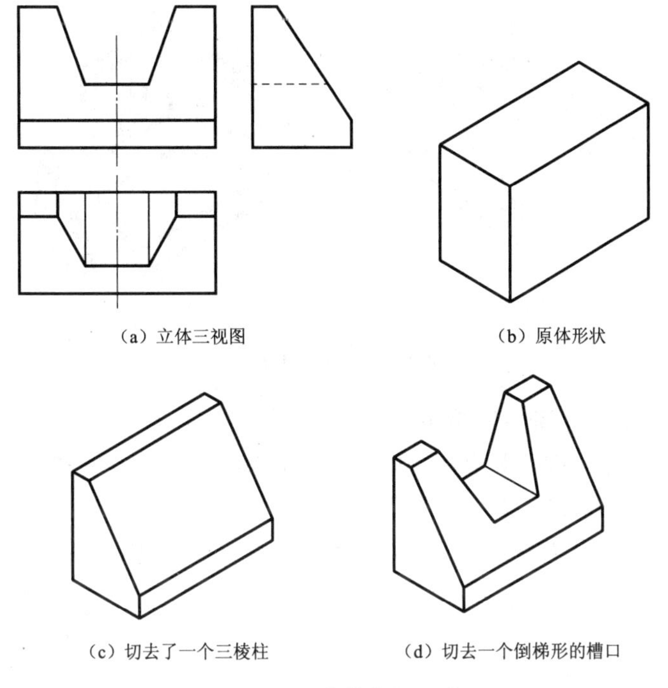

（a）立体三视图　（b）原体形状

（c）切去了一个三棱柱　（d）切去一个倒梯形的槽口

图 4－21　简单体的识读

任务四　组合体的形体分析

本任务主要学习组合体的形体分析。

一、形体分析法

形体分析法是组合体画图、读图、标注尺寸的基本方法。在画图和读图时假想将一个复杂的组合体分解为几个基本体，并分析它们的形状及其位置关系，这种思考方法称为形体分析法。形体分析主要弄清下面几个问题：物体是由哪些基本体组成的及其组合形式，各基本体间的相对位置，各基本体表面之间的连接关系等。

二、组合形式

为了便于分析，将组合体按组合形式分为叠加式、切割式、综合式三种，如图 4－22 所示。

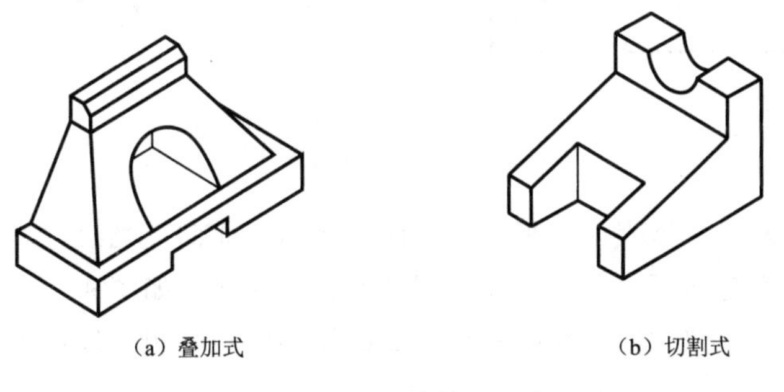

（a）叠加式　（b）切割式

图 4－22（一）　组合体的组合形式

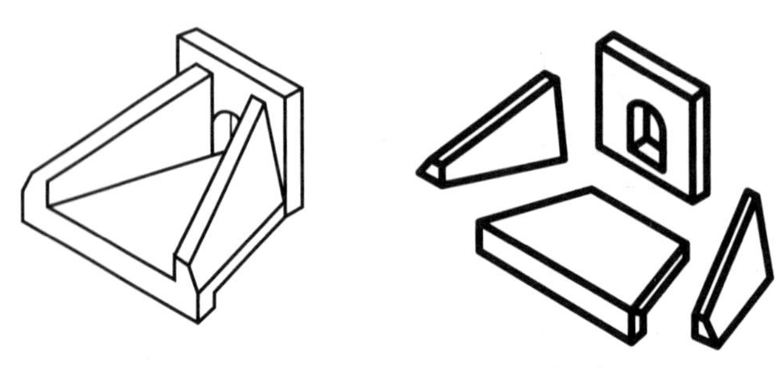

（c）综合式

图 4 - 22（二） 组合体的组合形式

三、基本体表面之间的连接关系

两基本体组合在一起，其表面之间的连接关系有不平齐、平齐、相切和相交四种表现形式。现将它们的画法介绍如下。

（1）不平齐。两基本体表面分界处不平齐应有轮廓线隔开，如图 4 - 23 所示。

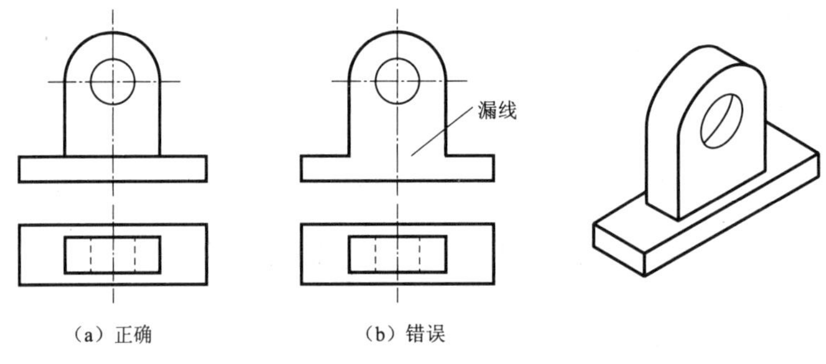

（a）正确　　（b）错误

图 4 - 23 不平齐的画法

（2）平齐。两基本体表面平齐处无线隔开，因为一个面只应是一个封闭线框，如图 4 - 24 所示。

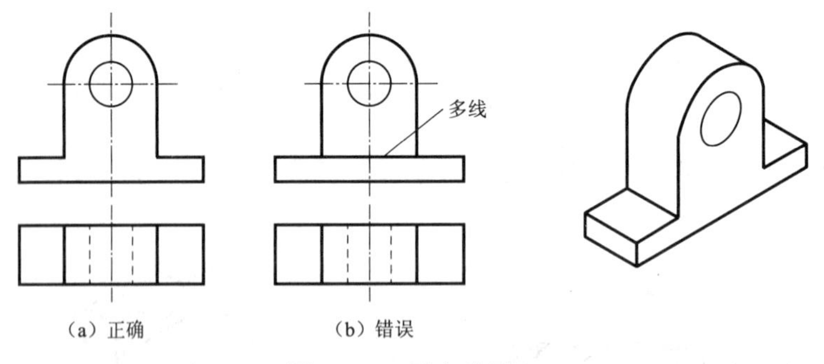

（a）正确　　（b）错误

图 4 - 24 平齐的画法

（3）相切。两基本体表面（平面与曲面、曲面与曲面）光滑过渡处无线隔开。当平面与曲面、曲面与曲面相切时，在相切处不存在交线。如图 4 - 25 所示，该物体由耳板和圆筒组成。画图时应注意，耳板顶面的投影应画至相切处，故画图时必须先找出切点。

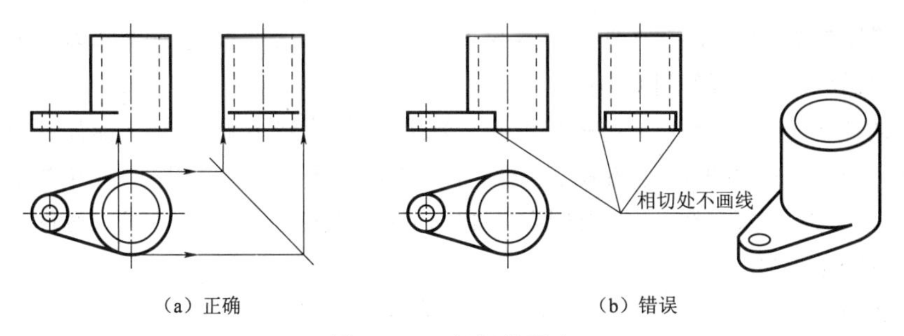

(a) 正确　　(b) 错误

图 4-25　相切的画法

(4) 相交。两基本体的平面与平面、平面与曲面、曲面与曲面相交，无论哪种情况相交处均应画出交线。如图 4-26 所示，耳板的前、后表面与圆筒表面的交线是直线。画图时，应从平面和柱面有积聚性的投影处入手画出交线的其余投影。

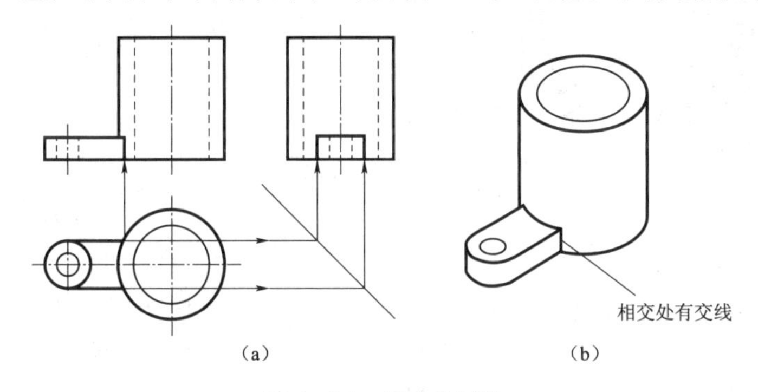

(a)　　(b)

图 4-26　相交的画法

任务五　组合体视图的画法

本任务主要学习组合体的画法。

画组合体视图时，采用的基本方法是形体分析法，它可以使复杂形体简单化。

一、画图步骤

(1) 形体分析。首先应对组合体进行形体分析，弄清它的各部分的形状特征、相对位置、组合形式以及各表面之间的连接关系。

(2) 选择主视图。确定组合体的安放位置，并首先选择主视图的方向。可将组合体的主要面或主要轴线放成平行或垂直于投影面，主视图的方向以能较多地反映物体各组成部分的形状特征和它们之间的相互关系为原则，同时还要考虑使其他两个视图上的虚线尽量减少。

(3) 定比例，选图幅，布置视图。根据实物的大小定出符合国家标准的作图比例和图纸幅面，图幅的大小应根据视图范围、尺寸标注和画标题栏等所需面积而定。布置视图时应力求图面匀称，视图之间的距离恰当并有足够的地方标注。

(4) 画图。先画出组合体的主要轴线、中心线和基准线，再画底面或端面有积聚性的投影等，然后逐步画出各部分的三视图。为了迅速而准确地画出组合体的三视图，应注意以下两点：

1）画图的先后顺序：一般是先画主要部分，后画次要部分；先画基本形体，再画切口、穿孔、圆角等细部结构。

2）画各部分的投影时，应从其反映形状特征的投影开始画起（如先画圆柱反映为圆的投影），三个视图配合着画完该部分。切记不要画完组合体的一个视图后，再画另一视图，对于截交线、相贯线更应如此，才能保证投影正确并提高画图速度。

4－5
闸室三视图
的画法

二、作图举例

【例 4－9】 画出图 4－27 所示闸室的三视图。

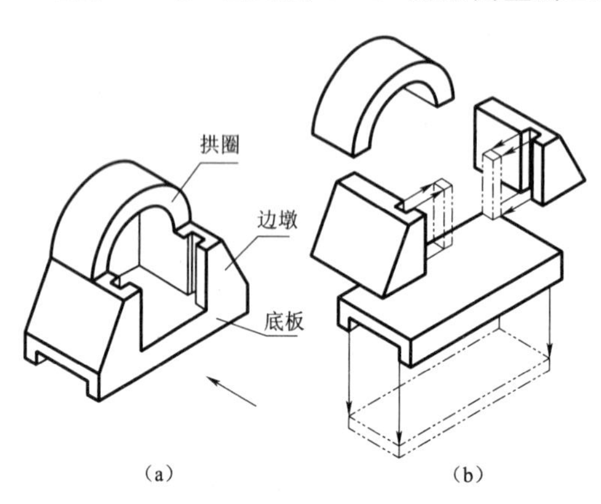

图 4－27 闸室的形体分析

（1）形体分析。该形体为一水闸闸室，如图 4－27 所示，把它分解为三个部分，即一块底板（形状为长方体，中部下方再切去一个小长方体），左、右两个对称边墩（形状为梯形柱体并在铅垂的一侧切去一个细长方体），上面放置一个拱圈（形状为空心的半圆柱体）。底板和边墩之间表面连接关系为平齐，边墩和拱圈之间表面连接关系为不平齐，各部分左右对称，后面平齐。

（2）选择视图。如图 4－27 所示，水闸闸室按使用时的工作位置放置，底板在最下部，两个边墩直立在底板上，拱圈在最上部，不可倒置。取箭头所指的方向作为正视图的投影方向，即可得到一个图形简单并能反映各部分形状特征和其相对位置的正视图。

（3）画图。如图 4－28 所示，首先画底板三视图，从反映形状特征的视图入手然后绘制其他视图，接着画边墩三视图，再画拱圈三视图，最后注意底板和边墩平齐共面无交线，俯视图中被拱圈遮住的线应改为虚线。完成后，应认真检查全图，再以实物与三视图对照。

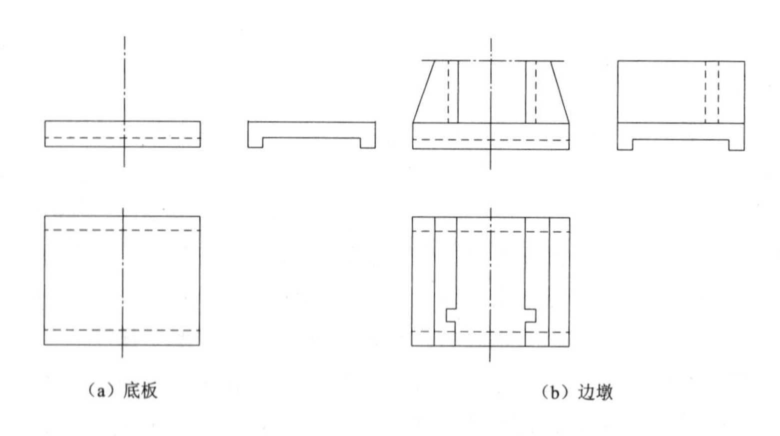

图 4－28（一） 闸室三视图的作图步骤

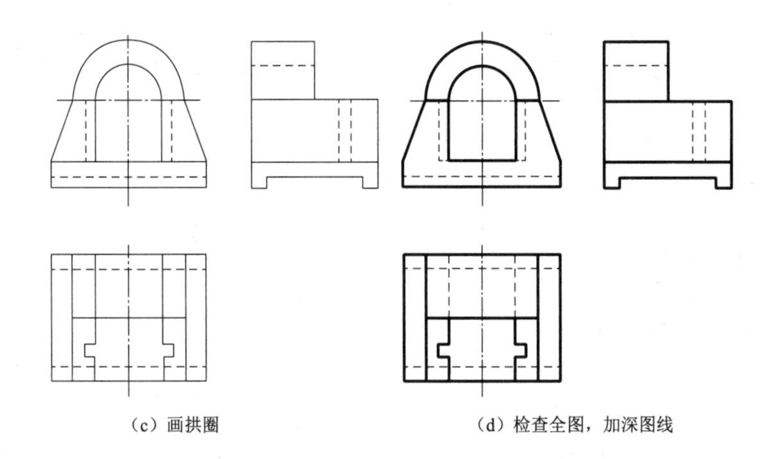

图 4-28（二） 闸室三视图的作图步骤

【例 4-10】 画出图 4-29 所示切割式组合体的三视图。

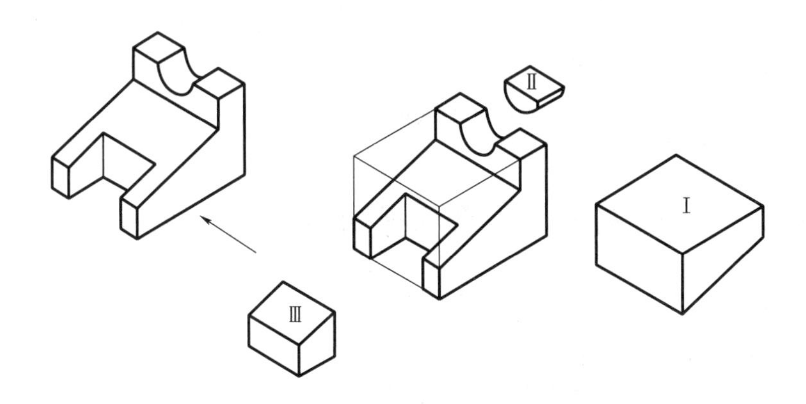

图 4-29 组合体的形体分析

注意：首先应从整体出发，逐步挖切，对于被切去的部分应先画出反映其形状特征的视图，即从有积聚性的投影入手，再画其他视图。

(1) 形体分析。该形体可以分析为由长方体三次切割而成，如图 4-29 所示。

(2) 选择视图。以箭头所指作为主视图的投影方向，可明显地反映形状特征，其他投影均无虚线，图纸利用也较合理。

(3) 画图。如图 4-30 所示，首先画出长方体的三视图，从主视图着手先切去梯形柱Ⅰ，并补全另两面视图；再切去半圆柱Ⅱ，应从投影特征明显的左视图入手，然后画主视图和俯视图；最后切去梯形柱槽口Ⅲ，先画俯视图（投影特征明显），再求出主视图、左视图中因切割而产生的交线。底稿画完后，应认真检查全图，按规定线型加深，最后完成全图。

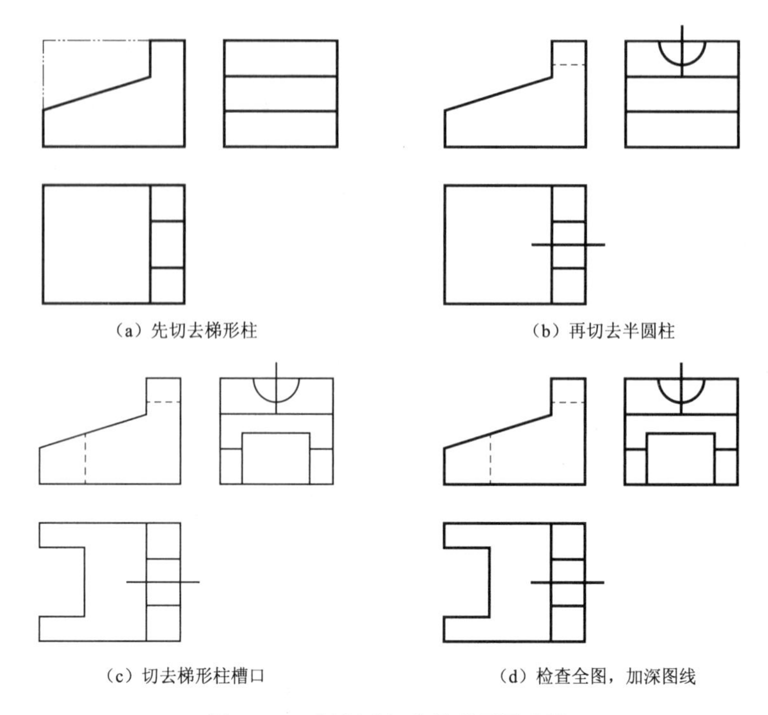

图 4－30 切割式组合体的画图步骤

任务六 组合体视图的尺寸标注

本任务主要学习组合体视图的尺寸标注。

一、尺寸标注的基本要求

组合体标注尺寸的目的是确定物体各部分形状的大小和相对位置。这是一项非常细致的工作，微小的疏忽、遗漏和含糊不清，都可能给施工带来严重的损失。在进行标注时要符合国家标准关于尺寸标注的规定并确保正确，然后要做到完整、清晰。

1. 完整

为了将尺寸标注得完整，在组合体视图上，一般需标注下列几类尺寸：

（1）定形尺寸。确定组合体各组成部分的长、宽、高三个方向的大小尺寸。

（2）定位尺寸。确定组合体各组成部分的相对位置的尺寸。

（3）总体尺寸。确定组合体外形的总长、总宽、总高尺寸。

标注定位尺寸时，首先要选择尺寸基准（即定位尺寸的起点）。组合体有长、宽、高三个方向的尺寸，每个方向至少有一个尺寸基准，通常以组合体上的对称面、底面、端面、回转体轴线等作为尺寸基准。对于较复杂的形体，在同一方向上除选定一个主要基准外，往往根据结构特点和测量方便还选一些辅助基准。

标注总体尺寸时，当组合体的一端或两端为回转体时，总体尺寸一般标注至轴线，否则会出现重复尺寸。

2. 清晰

为了将尺寸标注得清晰，应注意以下几点：

（1）尺寸尽量标注在反映形体特征最明显的视图上。

（2）直径尺寸尽量标注在投影为非圆的视图上，半径尺寸必须标注在投影为圆的视图上。同一形体的尺寸应尽量集中标注，以便读图时查找。

（3）尺寸尽量不在虚线上标注。

（4）尺寸尽量注在图形之外，避免尺寸线、尺寸界线与轮廓线相交，并布置在两视图之间，方便读图。

（5）在标注尺寸时，上述各点有时会出现不能完全兼顾的情况，必须在保证标注尺寸正确、完整、清晰的条件下合理标注。

二、叠加式组合体的尺寸标注

为了将叠加式组合体的尺寸标注齐全，应按下列步骤进行：

（1）对组合体进行形体分析。图 4-31 所示窨井由五个基本形体组合而成，底板和井身都是四棱柱，盖板是四棱台，连接井身的两个管子是圆柱体。

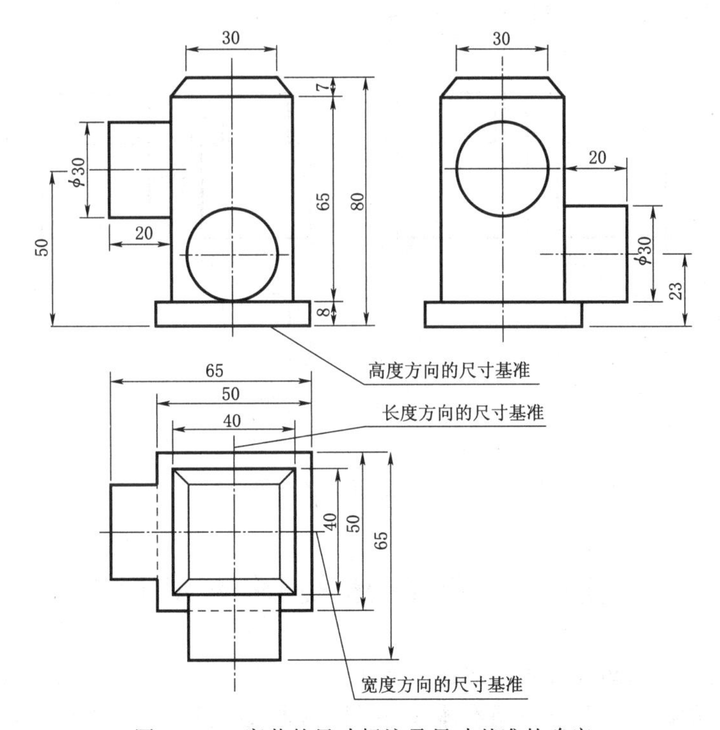

图 4-31　窨井的尺寸标注及尺寸基准的确定

（2）有序地标注每一组成部分的定形尺寸，图中的定形尺寸有：主视图中的 8、俯视图中的 50 是底板高、宽、长的尺寸；主视图中的 65、俯视图中的 40 是井身高、宽、长的尺寸；主视图中的 7 和主、左视图中的 30 是盖板的高和上底面的长、宽尺寸；主、左视图中的 ϕ30 和 20 是两管子的底面直径和高的尺寸。对于正方形尺寸，可分别注出长与宽，也可以简化注成 40×40、50×50 的形式。

(3) 标注定位尺寸。如图中的定位尺寸有：主、左视图中的 50、23 是两个管子高度的定位尺寸。井身及管子的前后左右位置可由中心线确定，不必再标注尺寸。

(4) 标注总体尺寸，并对照各形体的组合形式，调整或兼并某些尺寸（可与第三步同时进行）。俯视图中的 65、主视图中的 80 就是窨井外形的长、宽、高总体尺寸。

(5) 全面检查，补上可能遗漏的尺寸，去掉可能重复的尺寸。

三、切割式组合体的尺寸标注

标注切割式组合体尺寸时，应首先分析该切割体原体是什么，如何切割的，然后选定尺寸基准，最后再依次进行尺寸标注。

(1) 要标注的尺寸。包括该立体未切割前的原体尺寸和切口处各截平面的定位尺寸。

(2) 需要注意的问题。切口处截断面的形状不注尺寸，而由截平面与立体的相对位置来决定。

【例 4-11】 标注图 4-32 所示组合体的尺寸。

(1) 标注原体尺寸，如图 4-32 (a) 所示。

(2) 标注截平面的定位尺寸，如图 4-32 (b) 所示。

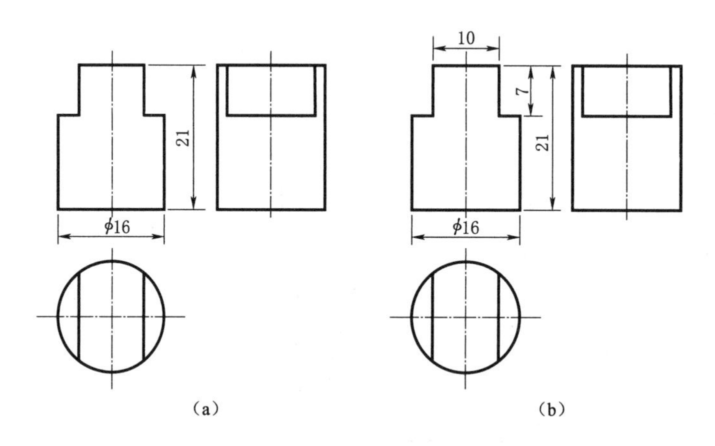

图 4-32 切割式组合体的尺寸标注

任务七 组合体视图的识读

本任务主要学习组合体视图的识读方法。

前面所讲的画图，是将空间形体画成投影图来表达其形状；而读图，是依据正投影原理由形体的投影图想象出其形状。读图是画图的反向思维，它们都是要在熟练掌握点、线、面、体等知识的基础上，通过正确的方法将所学知识结合起来，才能画好图、读懂图。相比较而言，读图训练能更有效地培养空间分析和想象能力。

一、读图的基本知识

(1) 读图时应有体的概念，不仅要熟悉常见基本几何体的投影特征，对于挖切后不完整的基本几何体也能较快看懂，如图 4-33 所示。

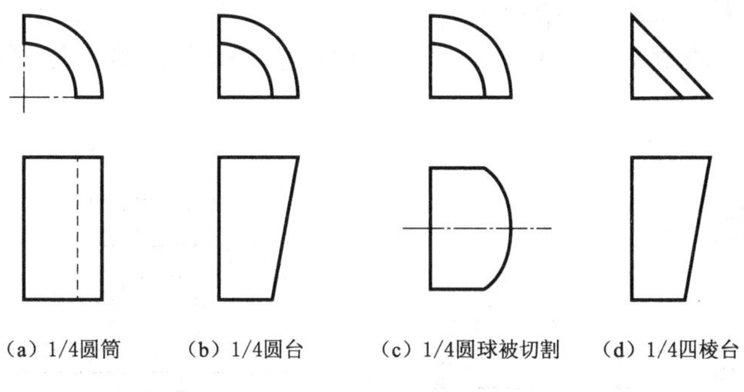

图 4-33 不完整基本体示例

(2) 读图一般要以主视图为中心，把几个视图联系起来分析，才能形成整体形象。如图 4-34 中，有些图形虽然有一个视图相同，但由于另一个视图不同，则表示的形体也不同。

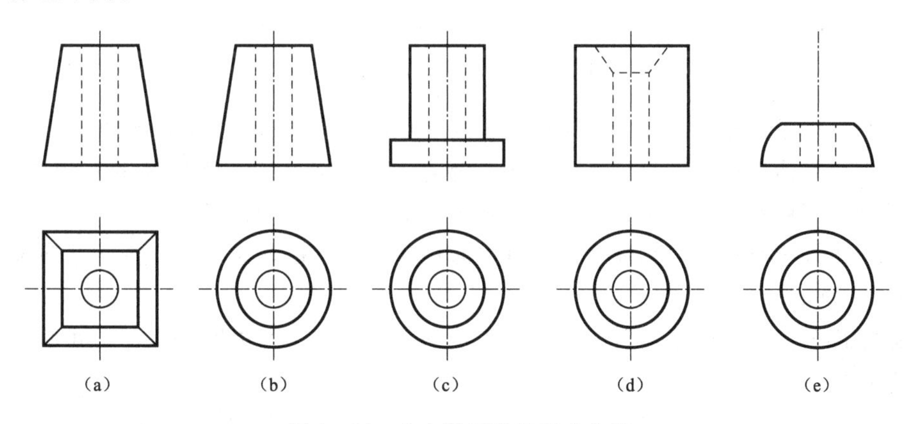

图 4-34 几个视图联系起来分析

二、读图的基本方法

读图的基本方法是形体分析法，遇到切割式组合体时用线面分析法。对于既有叠加又有切割的组合体，还需将两种方法结合起来运用。

1. 形体分析法

适用于由多个基本几何体组合而成的叠加式组合体。运用时关键在于掌握分解复杂投影图的方法。只有将复杂的图形分解成几个简单图形，通过对简单图形的识读并加以综合，才能快速读懂复杂图形。

归纳形体分析法读组合体的步骤如下：

(1) 看视图，分部分。明确各视图的名称、投影方向，了解物体的组合形式，统观三视图，根据图形特点，一般从主视图入手，大致分成若干个部分。

(2) 逐部分对投影，想形状。根据投影关系，按照“先主后次，先易后难；先弄清基本形体，再分析内部形状、切口、穿孔、圆角等细部结构”的顺序，找全各部分的三面投影，想出它们的形状。

(3) 综合想整体。想出各部分形状之后，再分析它们之间的相对位置和组合形式，最后综合想出组合体的整体形状。

【例 4-12】 根据图 4-35（a）所示涵洞进口挡土墙的三视图，读图想其空间形状。

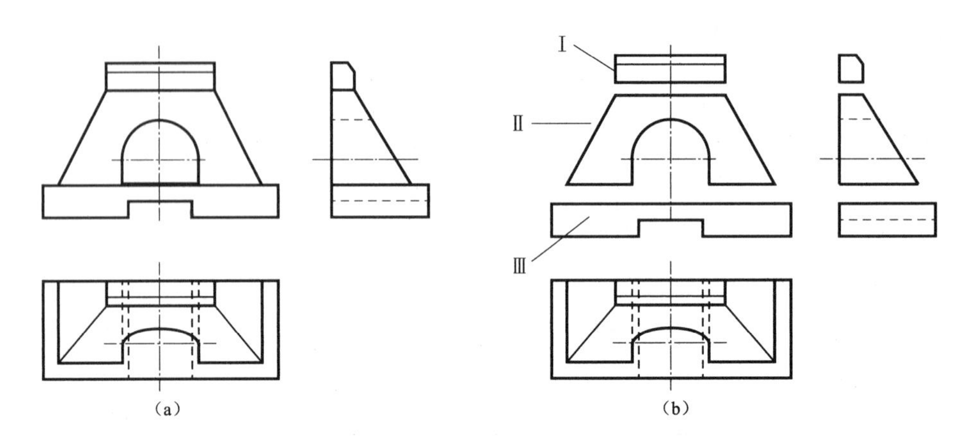

图 4-35 看视图，分部分

（1）看视图，分部分。首先弄清各视图名称、观看方向，建立起物图关系；然后分部分。该物体很显然是叠加体，从投影重叠较少、结构关系较明显的左视图入手，结合其他视图可将其分为上、中、下三部分，如图 4-35（b）所示。

（2）逐部分对投影，想形状。根据投影规律，由左视图入手逐个找全三部分的对应投影。可知：

第Ⅲ部分投影是两矩形线框，对应主视图为一倒凹字多边形线框，空间形状为倒放的凹形柱。

第Ⅱ部分投影是两梯形线框，对应俯视图为一对四边形线框，且对应顶点有连线，可看出是半四棱，其内虚线对应三投影，可知是在半四棱台中间挖穿一个倒 U 形槽口。

第Ⅰ部分投影是五边形线框，对应其余两视图都是矩形线框，故是直五棱柱。

（3）综合想整体。由正视图可以看出，半四棱台和直五棱柱依次放在凹形柱之上，且左右位置对称，看俯视图（或左视图）三部分后边平齐，综合想出组合体的整体形状，如图 4-36 所示。

2. 线面分析法

适用于物体上有较多斜面且与基本体形状相差较大的切割式组合体。读这类形体时要在掌握视图中图线和线框含义的基础上，利用线、面的投影规律，从视图的线框入手，找出每一个面的三面投影，分析每一个面的空间位置，以及他们之间的相互位置关系，最后综合想象出组合体的形状。

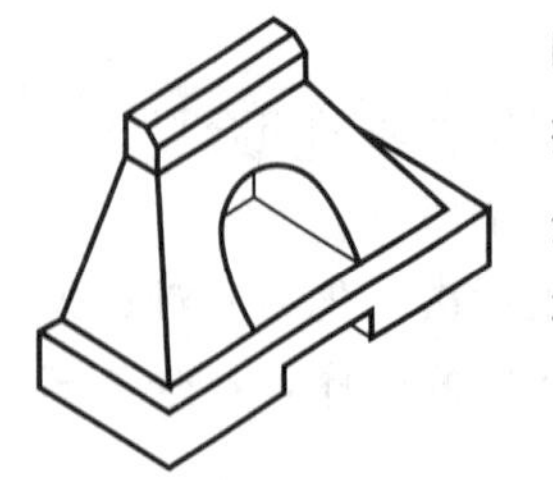

图 4-36 综合想出整体

线面分析法读图的一般步骤为：

（1）分线框。先将一个线框较多的视图分解为若干个线框。

（2）逐线框对投影，想形状。对于所分解的线框，根据平面的投影规律逐一找出其他投影；再根据平面的投影特性，判断各面的形状和空间位置。注意垂直面投影“无类似形必积聚”的应用。

（3）组合各面想整体。将上述各面按彼此的相对位置关系组合起来，就可得到整个物体的形状。

4－6
线面分析法读图——八字翼墙

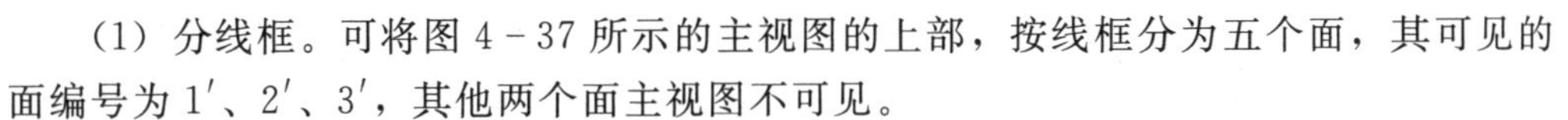

【例 4－13】 根据图 4－37 所示八字翼墙的三视图，读图想其空间形状。

形体分析法看全貌：根据主、左视图可知，组合体分为上下两部分，下部主、左视图均为矩形，俯视图是一个斜梯形，可判断其为一块梯形柱底板。上部形体通过形体分析法不易看清，则需采用线面分析法读图。

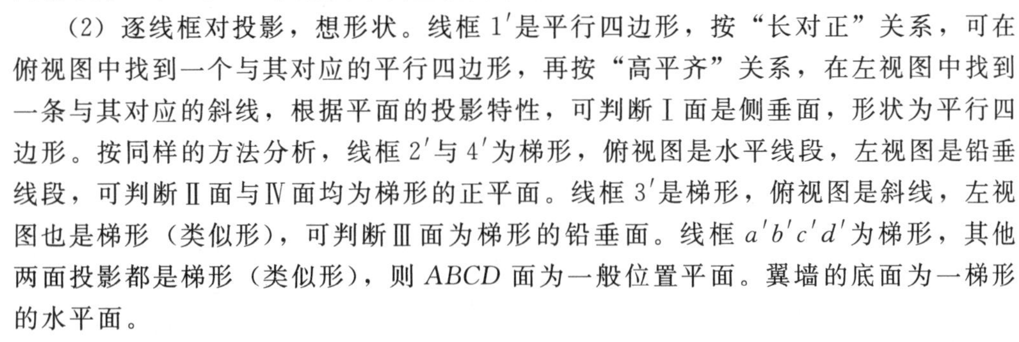

（1）分线框。可将图 4－37 所示的主视图的上部，按线框分为五个面，其可见的面编号为 1′、2′、3′，其他两个面主视图不可见。

（2）逐线框对投影，想形状。线框 1′是平行四边形，按“长对正”关系，可在俯视图中找到一个与其对应的平行四边形，再按“高平齐”关系，在左视图中找到一条与其对应的斜线，根据平面的投影特性，可判断Ⅰ面是侧垂面，形状为平行四边形。按同样的方法分析，线框 2′与 4′为梯形，俯视图是水平线段，左视图是铅垂线段，可判断Ⅱ面与Ⅳ面均为梯形的正平面。线框 3′是梯形，俯视图是斜线，左视图也是梯形（类似形），可判断Ⅲ面为梯形的铅垂面。线框 $a'b'c'd'$ 为梯形，其他两面投影都是梯形（类似形），则 $ABCD$ 面为一般位置平面。翼墙的底面为一梯形的水平面。

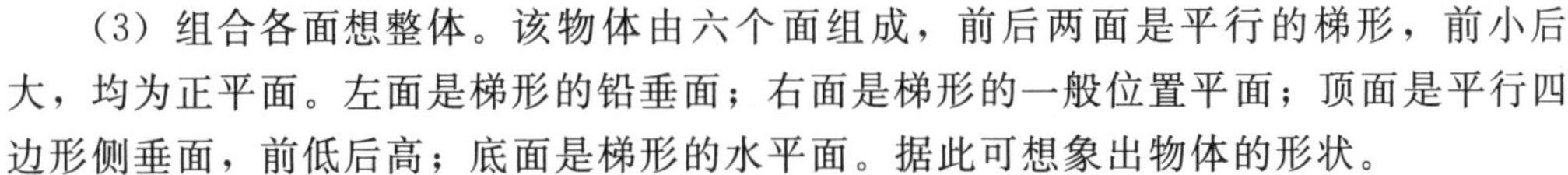

（3）组合各面想整体。该物体由六个面组成，前后两面是平行的梯形，前小后大，均为正平面。左面是梯形的铅垂面；右面是梯形的一般位置平面；顶面是平行四边形侧垂面，前低后高；底面是梯形的水平面。据此可想象出物体的形状。

最后再回到形体分析法综合想象整体。梯形柱底板在下，翼墙在上，后面平齐。该组合体的形状如图 4－38 所示。

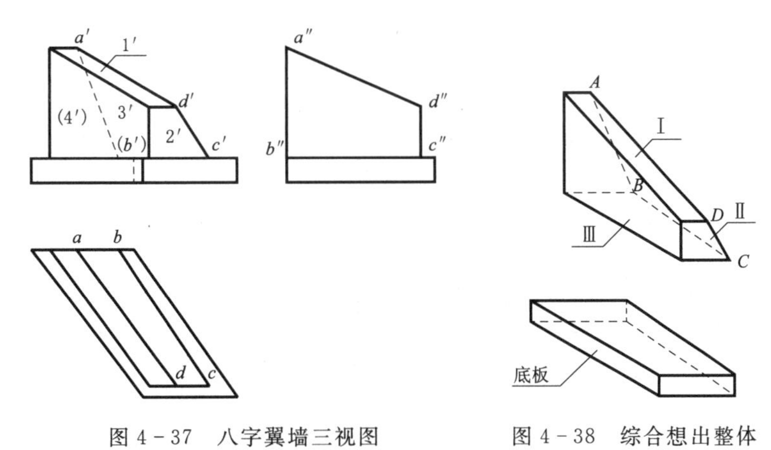

图 4－37 八字翼墙三视图　　图 4－38 综合想出整体

归纳识读组合体的步骤如下：

（1）形体分析看全貌。根据外轮廓想象其基础形体。

（2）线面分析看细节。分析基础形体被哪些平面所切。在分析各平面的投影特性时，要从平面投影积聚成的直线出发，在其他两视图上找出对应的线或线框。如为垂直面，则对应的是一对边数相等的类似形；如为平行面，则对应的是一直线和一平面图形。

（3）综合归纳想整体。在判断各表面的空间位置和形状后，根据视图搞清面与面的相对位置，最后综合想出组合体的形状。

项目五

轴　测　图

【能力目标】

1. 了解轴测图的概念、分类、特性。
2. 掌握正等轴测图的轴间角、轴向伸缩系数。
3. 掌握规范绘制平面体和曲面体轴测图的方法。

【思政目标】

通过学习绘制轴测投影的方法，提高学生几何构形的能力，培养学生一步一个脚印的工作作风以及精益求精的工匠精神。

任务一　轴测投影的基本知识

本任务主要学习轴测投影的基本知识，包括轴测图的形成、轴测投影的特性、轴测图的分类。

正投影图虽然能够准确、完整地表达出物体的形状和大小，但是多面正投影中每个方向的视图只能表达物体长、宽、高三个方向中任意两个方向的尺度，且缺乏立体感，不容易理解。

轴测图是根据平行投影法的原理投射所得的，能同时反映物体长、宽、高三个方向尺度的单面投影图。轴测图具有立体感，正好弥补了正投影图的不足，可以有效地辅助读图。

5-1
轴测图的
基本知识

一、轴测图的形成

如图 5-1 所示，将空间物体连同其所在的直角坐标系沿不平行于任一坐标面的方向，用平行投影法将其投射到单一投影面上所得到的具有立体感的图形就是轴测图。轴测图是单面投影图，即只需一个投影面，但物体相对于投影面必须处于倾斜位置，这样物体的长、宽、高三个方向的尺寸在投影图上才能都有所反映，得出的图形才会具有立体感。换言之，三视图的投影是垂直于投影面进行观察的，而轴测图是不垂直于投影面进行观察的，看到的物体自然就具有立体感了，如图 5-2 所示。

二、轴测图的相关概念及分类

1. 轴测图的相关概念

(1) 轴测投影面：用于投影形成轴测图的投影面 p。

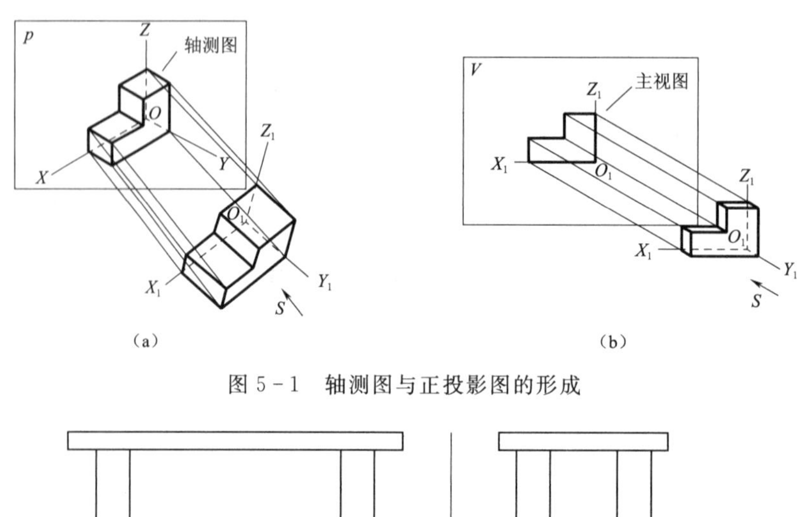

(a) (b)

图 5-1 轴测图与正投影图的形成

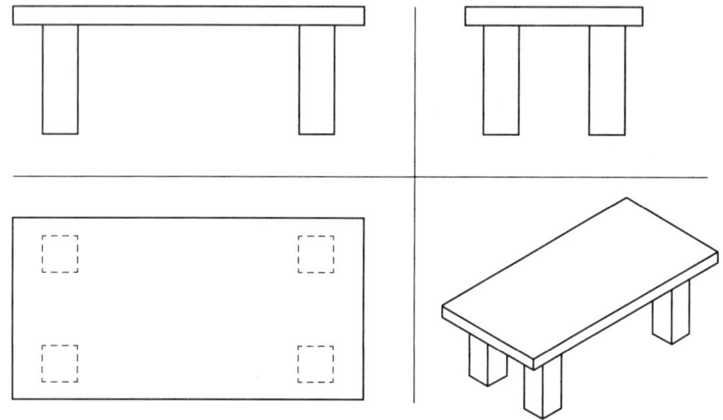

图 5-2 三视图与轴测图视觉效果

(2) 轴测轴：空间中的三条投影轴 O_1X_1、O_1Y_1、O_1Z_1 投影到轴测投影面上后所得到的投影 OX、OY、OZ。

(3) 轴间角：相邻的两条轴测轴之间的夹角。

(4) 轴向伸缩系数：线段在轴测图中沿轴测轴方向的投影长度与其真实长度之比。

OX、OY、OZ 三条轴测轴的轴向伸缩系数分别用 p_1、q_1、r_1 表示，由于部分轴测图的真实伸缩系数不是整数，不方便计算和绘图，因此实际工作中会用简化伸缩系数 p、q、r 来代替。

2. 轴测图的分类

轴测图的分类见表 5-1。

表 5-1　　轴测图的分类

分类依据	形成条件	具体类型
投影法	正投影法	正轴测图
	斜投影法	斜轴测图
轴向伸缩系数	$p_1=q_1=r_1$	等轴测图
	$p_1=q_1\neq r_1$ 或 $p_1\neq q_1=r_1$ 或 $p_1=r_1\neq q_1$	二等轴测图
	$p_1\neq q_1\neq r_1$	三等轴测图

斜轴测图中由于轴测投影面一般都平行于某个投影面，所以在命名时会加上该投影面的名称，如正面斜二轴测图、水平斜二轴测图等。工程中常见轴测图的相关参数及示例图形见表 5－2。

表 5－2　　常见轴测图的相关参数及示例图形

种　类	轴间角及伸缩系数	示 例 图 形
正等轴测图	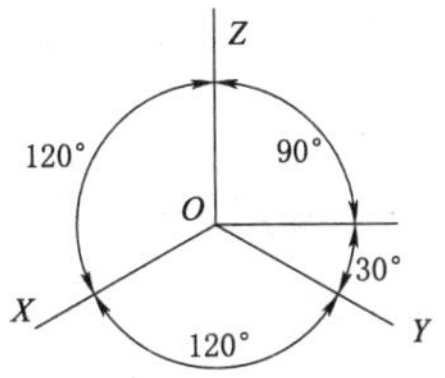 Z，X，Y，O；120°，90°，30°，120°；简化伸缩系数 $p=q=r=1$	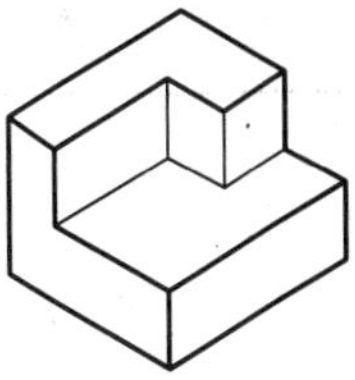
正面斜二轴测图	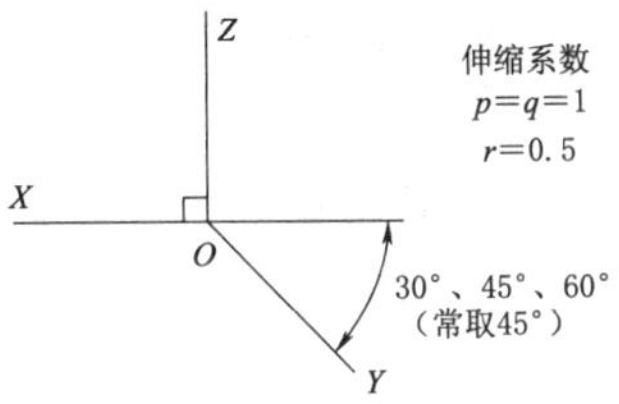 Z，X，Y，O；伸缩系数 $p=q=1$ $r=0.5$；30°、45°、60°（常取45°）	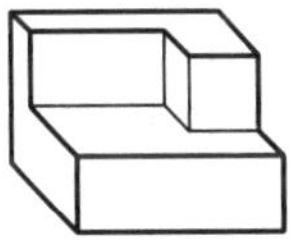
水平斜二轴测图	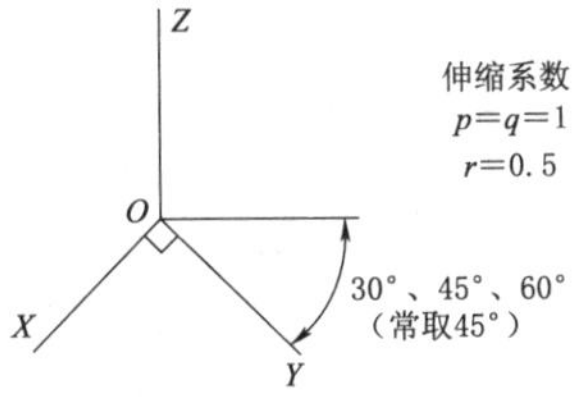 Z，X，Y，O；伸缩系数 $p=q=1$ $r=0.5$；30°、45°、60°（常取45°）	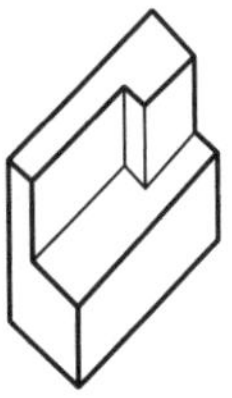

三、轴测图的特性

1. 平行性

物体上互相平行的线段，在轴测图上也互相平行；物体上平行于投影轴的线段，在轴测图中平行于相应的轴测轴。

2. 等比性

物体上互相平行的线段，在轴测图中具有相同的伸缩系数；物体上平行于投影轴的线段，在轴测图中与相应的轴测轴有相同的轴向伸缩系数。

值得注意的是，如果物体上有不平行于任何投影轴的斜线，绘制其轴测图时，应先找到其两个端点的轴测图位置，然后连接成直线即可。

任务二　正 等 轴 测 图

本任务主要学习正等轴测图的画法，包括平面体和曲面体的正等轴测图的画法。

5－2 平面体正等轴测图画法

一、绘制平面体的正等轴测图

1. 棱柱体

根据柱体的形状特征，一般应先绘制其可见特征面，再绘制可见棱线，然后连接不可见特征面的可见轮廓线，这样的方法称为特征面法。

【例 5-1】 绘制图 5-3 所示形体的正等轴测图。

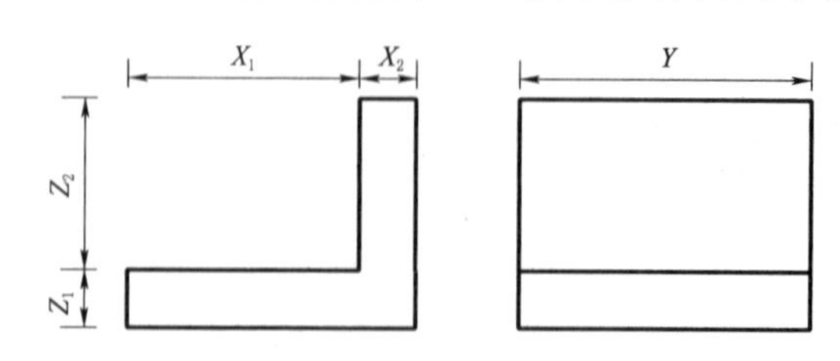

图 5-3 柱体两面视图

分析：应读懂图 5-3 所示形体为 ∟ 形棱柱，该棱柱具有两个全等的 ∟ 形线框特征面，可用特征面法进行绘制。

作图步骤：

(1) 建立正等轴测图的 X 和 Z 两条轴测轴，从 O 点沿着 X 轴方向分别量取 X_1 和 X_2 两个长度后，作 Z 轴的平行线，沿着 Z 轴量取 Z_1 和 Z_2 两个长度后，作 X 轴的平行线，绘制出 ∟ 形特征面，如图 5-4 (a) 所示。

(2) 从特征面的各个顶点处沿着 Y 轴方向量取 Y 长度，绘制可见的棱线，如图 5-4 (b) 所示。

(3) 连接所画棱线的端点，得出不可见特征面的可见轮廓线，并且加粗，完成作图，如图 5-4 (c) 所示。

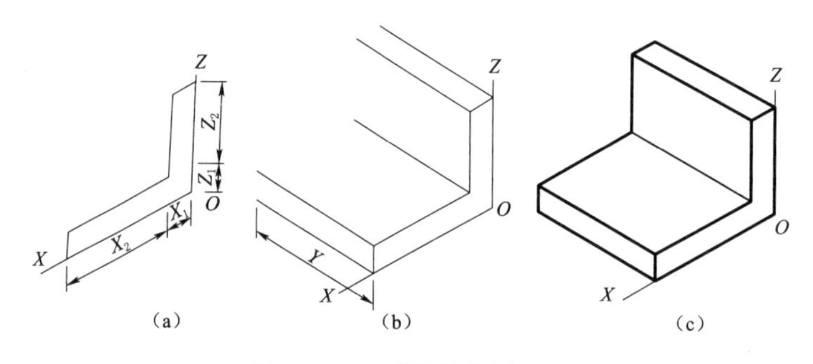

图 5-4 ∟ 形棱柱作图过程

2. 棱锥体

根据棱锥体的形状特征，一般应先绘制其特征面，再定出其锥顶的位置，然后连接锥顶到特征面的所有可见棱线。

【例 5-2】 绘制如图 5-5 所示形体的正等轴测图。

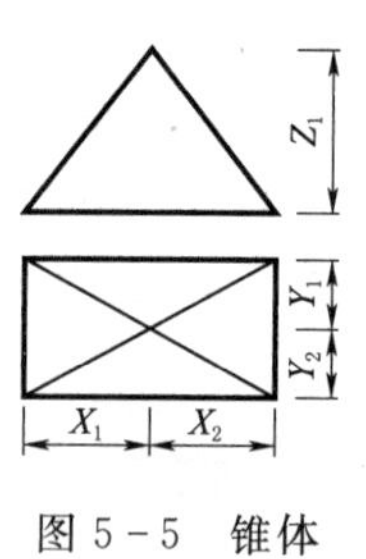

图 5-5 锥体两面视图

分析：应读懂图 5-5 所示形体为四棱锥，其特征面为矩形，应先绘制其特征面，再定出锥顶，然后连接可见棱线。

作图步骤：

(1) 建立正等轴测图的 X 和 Y 两条轴测轴，从 O 点沿着 X 轴方向分别量取 X_1 和 X_2 两个长度后，作 Y 轴的平行线，沿着 Y 轴量取 Y_1 和 Y_2 两个长度后，作 X 轴的平行线，绘制出矩形特征面的轴测图及其中心位置，如图 5-6 (a) 所示。

(2) 从矩形特征面的中心位置沿着 Z 轴方向向上量取锥顶到底面的高度值 Z，定出锥顶的位置，如图 5-6 (b) 所示。

(3) 连接锥顶到底部特征面的所有可见棱线，并且加粗，完成作图，如图

5－6（c）所示。

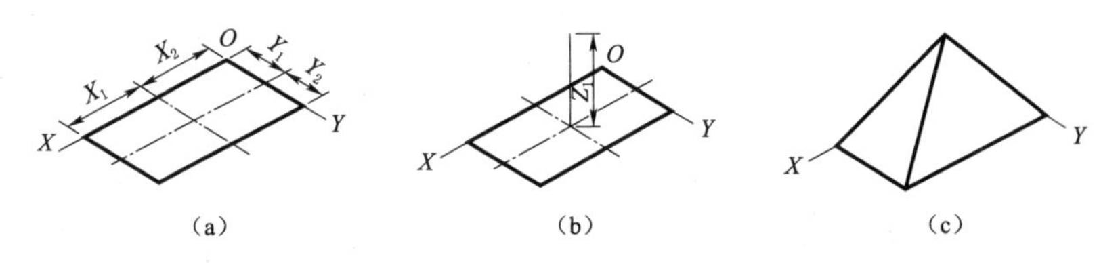

图 5－6　四棱锥体作图过程

棱台的绘制与棱锥的绘制步骤基本一致，区别在于棱锥是找到锥顶即可连接棱线，而棱台是找到上底面中心点后，再继续绘制出上底面特征面，才能连接各条可见的侧棱。

3．平面组合体

平面组合体一般可以看成是由基本体或简单体经过叠加或切割的方式变形而成的，因此在绘制此类形体的轴测图时也可以按照其假想的形成过程来绘制。无论是叠加形成，还是切割形成，进行叠加或切割时，首先应对叠加部分或切割部分进行定位，然后确定其形状和尺寸。

【例 5－3】 绘制如图 5－7 所示形体的正等轴测图。

分析：这个形体可以看成是以一个∟形柱作为原体，在后面的左上角部位切去了一个四棱柱，在∟形柱体右侧部位叠加了个三棱柱。因此，作图时应该先绘制∟形柱体，然后确定四棱柱切去的位置，绘制切掉的四棱柱，再确定三棱柱叠加的位置，绘制叠加的三棱柱。

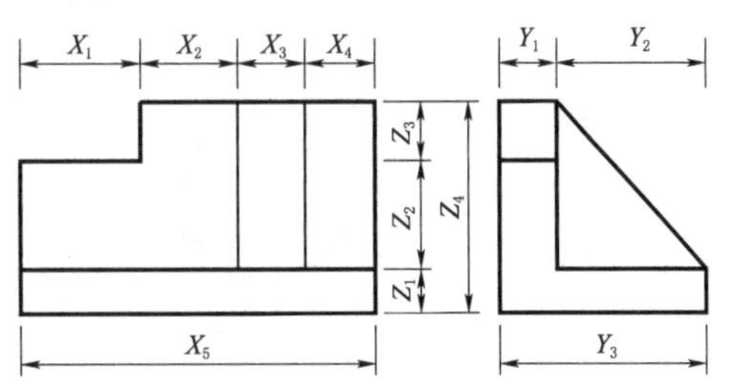

图 5－7　组合体两面视图

作图步骤：

（1）按特征面法绘制出∟形棱柱的正等轴测图。从三视图中量取 X_5、Y_3 和 Z_4 三个长度，绘制出∟形棱柱体的正等轴测图，如图 5－8（a）所示。

（2）因为 X_1 和 Z_3 两个尺寸既是定形尺寸，又是定位尺寸，所以只需量取 X_1 和 Z_3 两个长度值即可确定所切四棱柱的位置及其长、高值，其宽度值就等于∟形棱柱立板的厚度，如图 5－8（b）所示。

（3）量取 X_4，以确定三棱柱叠加位置。再量取 X_3 确定其长度，而其特征面三角形的宽度和高度可在∟形棱柱体上直接找到，根据所量取尺寸绘制三棱柱部位，如图 5－8（c）所示。

（4）擦掉多余的线条，将轮廓线加粗，完成作图，如图 5－8（d）所示。

二、绘制曲面体的正等轴测图

1．绘制圆的正等轴测图

平行于坐标面的圆的正等轴测图都是椭圆，如图 5－9 所示，作图时一般用四段圆弧来近似代替，这种绘制近似椭圆的方法称为四心圆法。

【例 5－4】 绘制如图 5－10（a）所示水平圆的正等轴测图。

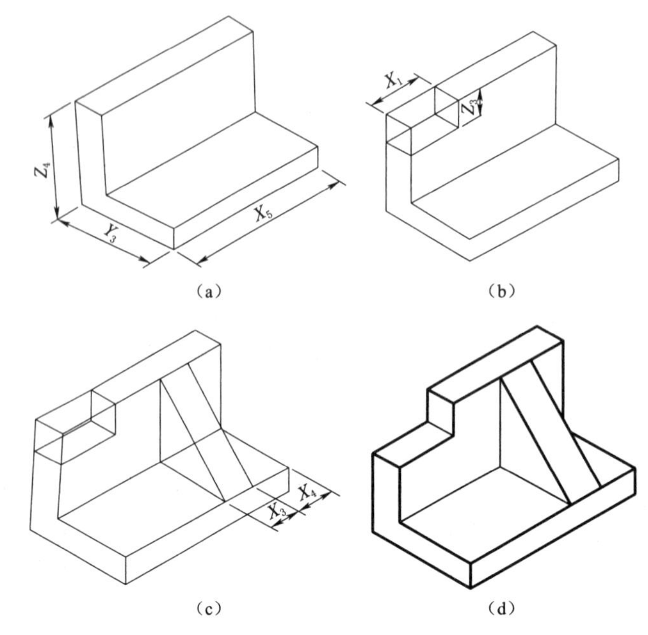

图 5－8　组合体两面视图

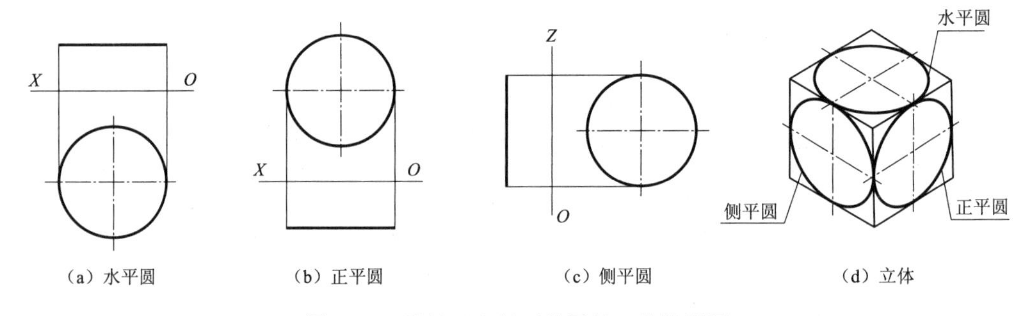

图 5－9　平行于坐标面的圆的正等轴测图

5－3
水平圆正等轴测图画法

分析：水平圆平行于 H 面，其外切正方形分别平行于 X 轴与 Y 轴。利用四心圆法绘制其正等轴测图时，应先根据 X 轴和 Y 轴绘制出其外切正方形的正等轴测图，然后找到四个圆弧的圆心位置和半径值，作出四段圆弧即可。

作图步骤：

(1) 画出水平圆的两条中心线，分别平行于 X 轴与 Y 轴，然后量取水平圆的半径值，在中心线上找到 A、B、C、D 四点，然后过这四点分别作中心线的平行线，绘制出水平圆的外切正方形的轴测图（菱形），如图 5－10（b）所示。

(2) 菱形的两个钝角顶点（1、2 两点）为四个圆心中的其中两个。然后过 1、2 两点分别连接对边中点，连线的交点（3、4 两点）为另外两个圆心，如图 5－10（c）所示。

(3) 以 1、2 为圆心，$1B$ 为半径作出两段大圆弧，然后以 3、4 为圆心，$3B$ 为半径作出两段小圆弧，四段圆弧相切连接，擦掉多余的弧线，加粗图线，完成作图，如

图 5－10（d）所示。

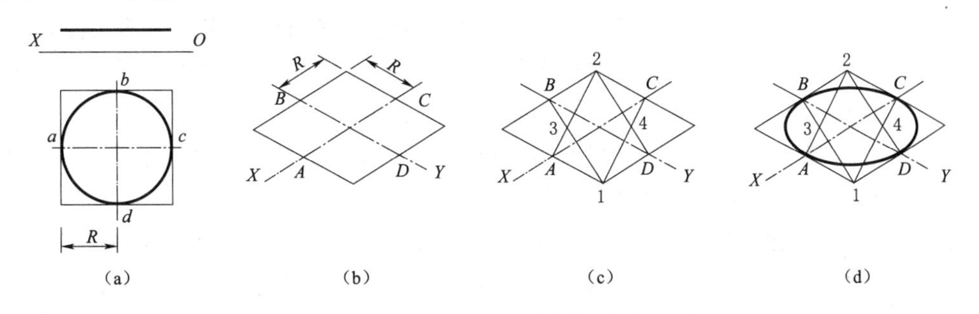

图 5－10　水平圆的正等轴测图作图过程

2．绘制竖直放圆柱体的正等轴测图

圆柱体有两个全等的圆形底面，两底面间应用公切线进行连接。当按步骤绘制出一个底面的正等轴测图后，可以用移心法将关键的圆心向另两个底面的方向移动柱体高度值，继续绘制另外一个底面的正等轴测图。

【例 5－5】　绘制如图 5－11（a）所示竖直放圆柱体的正等轴测图。

分析：先用四心圆法绘制其可见的上底面圆的正等轴测图，然后用移心法将关键圆心移动到下底面位置，绘制出下底面圆的正等轴测图，连接上公切线即可。

5－4
圆柱正等轴测图画法

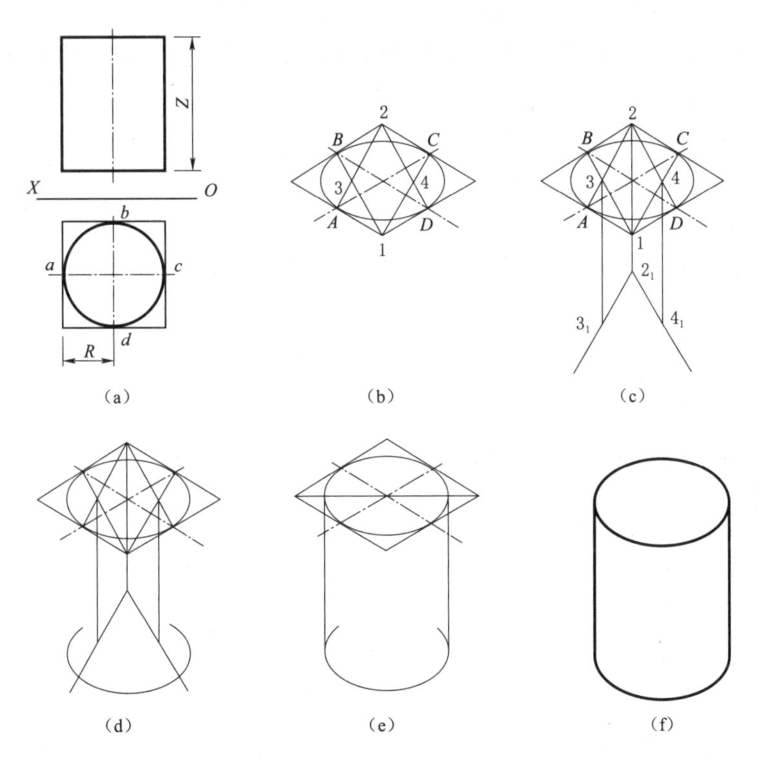

图 5－11　竖直放圆柱体正等轴测图作图过程

作图步骤：

（1）根据四心圆法绘制出圆柱体上底面水平圆的正等轴测图，如图 5－11（b）

所示。

(2) 分别将2、3、4三个圆心沿着 Z 轴方向向下移动柱体高度值 Z，得到 2_1、3_1、4_1 三个点，即为下底面水平圆正等轴测图的三个圆心，连接 2_1 与 3_1、2_1 与 4_1，并且延长以作为圆弧分界线，如图5-11 (c) 所示。

(3) 以 2_1 为圆心，$2A$ 长度值为半径绘制大圆弧，以 3_1 和 4_1 为圆心，$3A$ 长度值为半径绘制两段小圆弧，如图5-11 (d) 所示。

(4) 连接上底面位置菱形的两个锐角，与上底面的两段小圆弧相交，分别过两个交点作 Z 轴的平行线与下底面小圆弧相切得到公切线，如图5-11 (e) 所示。

(5) 擦掉多余的线条，加粗图线，完成作图，如图5-11 (f) 所示。

3. 绘制带圆角组合体板的正等轴测图

组合体中的圆角部位就是1/4圆柱体与棱柱体组合而成，而绘制1/4圆正等轴测图可以简化作图过程，即只找该段圆弧对应的圆心以绘制其正等轴测图。

【例5-6】 绘制如图5-12 (a) 所示带圆角组合体板的正等轴测图。

分析：首先根据特征面法绘制出无圆角的四棱柱板，然后根据四心圆法演变出的简化作图方法作出圆角部位的正等轴测图。

作图步骤：

(1) 根据特征面法作出四棱柱的正等轴测图，如图5-12 (b) 所示。

(2) 在俯视图中量取圆角部位的半径值 R，在四棱柱圆角部位量取 R 值找到圆弧切点位置 A、B、C、D 四点，分别过 A、B、C、D 四点作所在轮廓的垂线，相交得到1、2两点，即为圆心位置，然后以1点为圆心，$1A$ 为半径作大圆弧；以2为圆心，$2D$ 为半径作小圆弧，如图5-12 (c) 所示。

(3) 将1、2两点以及 A、B、C、D 四点沿着 Z 轴方向向下移动板厚值 Z，得到圆角部位下底面的圆心和切点位置，再作出下底面的两段圆弧，如图5-12 (d) 所示。

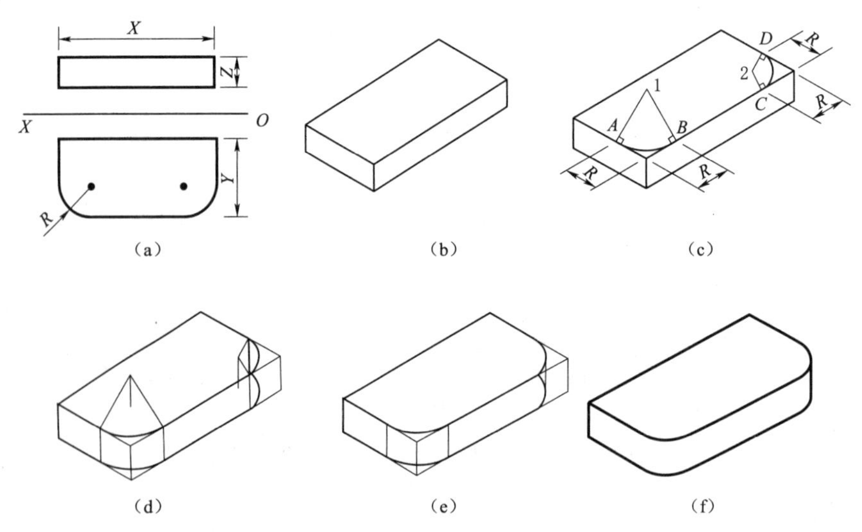

图5-12 带圆角组合体板的正等轴测图作图过程

(4) 作四棱柱右侧圆角的公切线，如图 5 - 12 (e) 所示。

(5) 擦掉多余的线条，加粗图线，完成作图，如图 5 - 12 (f) 所示。

任务三　正面斜二轴测图

本任务主要学习正面斜二轴测图的画法，包括平面体和曲面体的正面斜二轴测图的画法。

一、绘制平面体的正面斜二轴测图

正面斜二轴测图与正等轴测图的轴测轴方向不相同，最关键的是 Y 轴方向的伸缩系数为 0.5，而 X 轴和 Z 轴的都为 1，并且 X 轴和 Z 轴的轴间角为 90°，因此凡是平行于 V 面的立体表面在绘制正面斜二轴测图时，其形状和投影到 V 面的形状完全相同。绘图方法也可以采用特征面绘图法、叠加法和切割法。

【例 5 - 7】 绘制如图 5 - 13 (a) 所示组合体的正面斜二轴测图。

分析：该图所示组合体可看作原体为四棱柱，在左前方切割掉一个小四棱柱，在右后方叠加一个梯形棱柱。因此，绘制该形体的具体步骤可与形体构成分析的步骤相同，先绘制原体四棱柱，然后找到小四棱柱切割位置，绘制小四棱柱，再确定梯形棱柱的具体位置并按尺寸绘制其正面斜二轴测图。

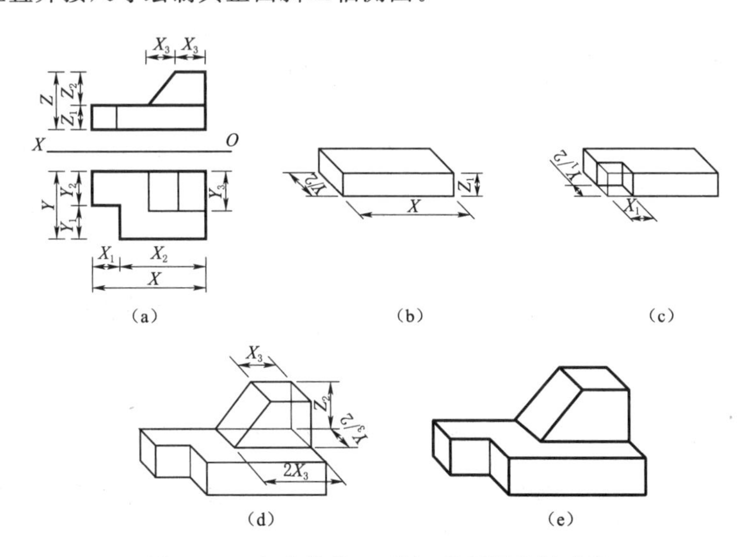

图 5 - 13　组合体的正面斜二轴测图作图过程

作图步骤：

(1) 量取 X、$Y/2$ 和 Z_1 三段距离，根据正面斜二轴测图的三条轴测轴的方向，绘制出原体四棱柱的正面斜二轴测图，如图 5 - 13 (b) 所示。

(2) 量取 X_1 和 $Y_1/2$ 两段距离，在原体左前部位绘制出要切割掉的四棱柱，如图 5 - 13 (c) 所示。

(3) 量取 X_3、$2X_3$、$Y_3/2$、Z_2 四段距离，在原体右后部位绘制出叠加的梯形棱柱，如图 5 - 13 (d) 所示。

(4) 擦掉多余的线条，加粗图线，完成作图，如图 5-13 (e) 所示。

二、绘制曲面体的正面斜二轴测图

1. 绘制圆的正面斜二轴测图

在正面斜二轴测图中，正平圆反映实形，可以直接用圆规画出，而水平圆和侧平圆却是椭圆。需要注意，斜二轴测图中，Y 轴的伸缩系数是 0.5，所以在画近似椭圆时，不能再用四心圆法，可采用坐标法绘制。

【例 5-8】 绘制如图 5-14 (a) 所示水平圆的正面斜二轴测图。

分析：坐标法的原理，就是在圆周上找到若干个点，然后在斜二轴测图中将这些点的位置绘制出来，将各个点连接成曲线。

作图步骤：

(1) 等分圆周的竖直直径。此处应注意等分数量越多，所找到的点越多，作图越精确，但是作图过程就相对越麻烦，因此应该选择合适的数量。本例中，将竖直直径八等分，然后过每个等分点作水平直径的平行线交于圆周，如图 5-14 (b) 所示。

(2) 按斜二轴测图的 X 轴和 Y 轴方向绘制出水平直径和竖直直径。注意竖直直径的长度应为原长的 1/2，并将竖直直径八等分找到等分点，如图 5-14 (c) 所示。

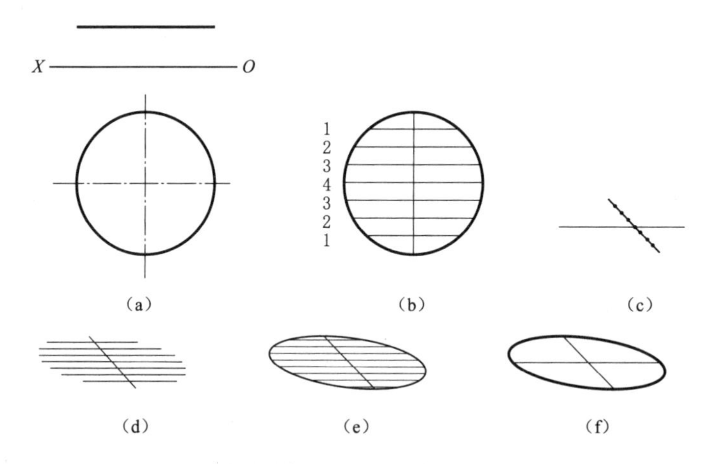

图 5-14 水平圆正面斜二轴测图作图过程

(3) 量取视图中过各个等分点作的水平线段的长度值，并将其绘制到斜二轴测图中的对应位置上，如图 5-14 (d) 所示。

(4) 用曲线将各条线段的端点依次连接得到水平圆的正面斜二轴测图，如图 5-14 (e) 所示。擦掉多余线条，加粗图线，完成作图，如图 5-14 (f) 所示。

2. 绘制带圆角组合体的正面斜二轴测图

在实际应用中，往往不是用到完整的圆，而是圆弧，因此在绘制其正面斜二轴测图时，应考虑只找该部分圆弧所对应的坐标点，这样可以简化绘图过程。

【例 5-9】 绘制如图 5-15 (a) 所示带圆角组合体的正面斜二轴测图。

分析：该组合体有两部分曲面体。立板为半圆柱，其底面为正面半圆，可直接用圆规绘制斜二轴测图；底板为四棱柱带一圆角，圆角部分的底面为 1/4 水平圆，这部分应该采用坐标法绘制斜二轴测图。

注意：由于只需要 1/4 水平圆，因此坐标法中的坐标点不用全部找出，只需要找到该部分圆弧对应的坐标点即可。

作图步骤：

（1）在视图中将圆角部分的圆弧段的竖直半径进行四等分，然后过等分点绘制水平线段与圆周相交找到 4 个交点，如图 5-15（a）所示。

（2）量取 X、$Y/2$、Z 三个长度值，绘制出底板四棱柱的正面斜二轴测图，并在左前方的顶面上，找出圆角圆心位置，并绘制水平及竖直半径，然后将竖直半径四等分，并将俯视图中过等分点作的 4 条水平线段长度量取到正面斜二轴测图中，作出 4 条平行于水平半径的线段，并将各线段的端点依次连接起来，绘制出 1/4 水平圆的正面斜二轴测图，如图 5-15（b）所示。

（3）将曲线上各坐标点竖直向下移动 Z，得到下底面的各坐标点，然后用曲线将各个坐标点依次连接起来得到下底面曲线，如图 5-15（c）所示。

（4）量取 $Y_1/2$ 长度值，在四棱柱后侧棱线中点处沿 Y 轴方向找到正平半圆柱前底面的圆心 O_2，O_1 是其后底面圆心。以 $X/2$ 长度值为半径，绘制出两个正平半圆，如图 5-15（d）所示。

（5）从 O_1 和 O_2 分别沿 45°方向作斜线，与圆弧产生两个交点，连接起来即为公切线，如图 5-15（e）所示。

（6）擦掉多余线条，加粗图线，完成作图，如图 5-15（f）所示。

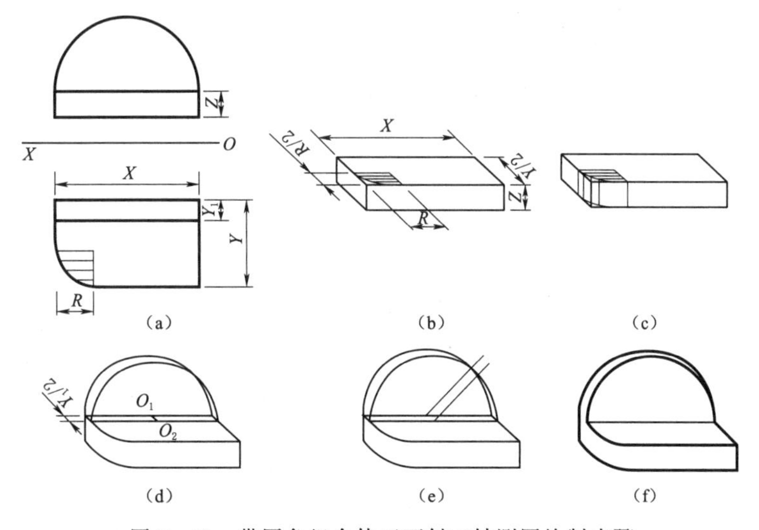

图 5-15 带圆角组合体正面斜二轴测图绘制步骤

三、轴测图的选择

轴测图能比较直观地表达出物体的立体形状，但选用不同的轴测图和不同的观看方向，效果是不一样的。选择轴测图时，一般从两个方面来考虑。

（1）作图要简便。当物体单一方面具有圆或圆弧及其他复杂形状时，采用正面斜二轴测图作图比较方便。当物体多个坐标面上有圆或圆弧时，用正等轴测图较好。

（2）直观性要好。有些物体外形轮廓的交线，在正等轴测图上与 Z 轴平行，它的正等轴测图的多条轮廓线均重合在一条直线上，大大降低了直观效果，这时可采用正面斜二轴测图。

说明：同一种轴测图由于投影方向不同，轴测轴的位置就有所不同，画出的轴测图表达效果就不一样。

项目六

工程形体的表达方法

【能力目标】

1. 掌握视图、剖视图和断面图的概念、画法及适用条件。
2. 掌握视图、剖视图和断面图的标注方法。
3. 能够规范绘制视图、剖视图和断面图。

【思政目标】

通过学习工程形体的表达方法，让学生按照制图标准和规范要求表达工程图样，培养学生爱岗敬业的职业品质，树立正确的职业道德观念。

任务一　视　　图

本任务主要学习视图的概念、位置关系、有关规定画法和简化画法。

视图是物体向投影面投影时所得的图形。在视图中一般只用粗实线画出物体的可见轮廓，必要时可用虚线画出物体的不可见轮廓。常用的视图有基本视图、局部视图和斜视图。局部视图和斜视图统称为特殊视图。

一、基本视图

在工程制图中，将工程物体向投影面投射所得到的图形称为视图。对于形状比较复杂的物体，用两个或三个视图不能完整、清楚地表达它们的内外形状时，可在原有三个投影面的基础上，再增设三个投影面（分别与 H、V、W 平行），组成一个正六面体。以正六面体的六个面作为基本投影面，物体向基本投影面投射所得到的视图，称为基本视图，如图 6-1 所示。

6-1
基本视图

其中，把由前向后投射得到的视图称为主视图；把由上向下投射得到的视图称为俯视图；把由左向右投射得到的视图称为左视图；把由下向上投射得到的视图称为仰视图；把由右向左投射所得到的视图称为右视图；把由后向前投射所得到的视图称为后视图。

基本投影面按图 6-2（a）展开后，各基本视图的配置关系如图 6-2（b）所示。显然，基本视图之间仍保持"长对正、高平齐、宽相等"的关系。

在六个基本视图中，主视图、俯视图、左视图所表示的方位关系与前述的三面投影相同。右视图表示物体的上下、前后关系，仰视图表示物体的左右、前后关系，后

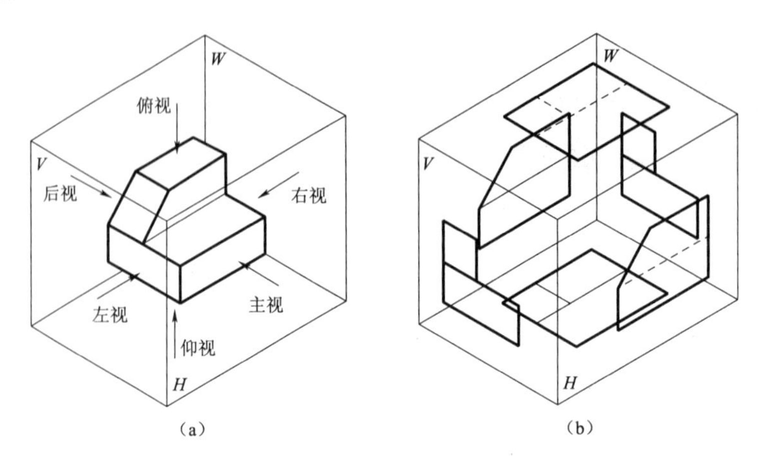

图 6－1 基本视图的形成

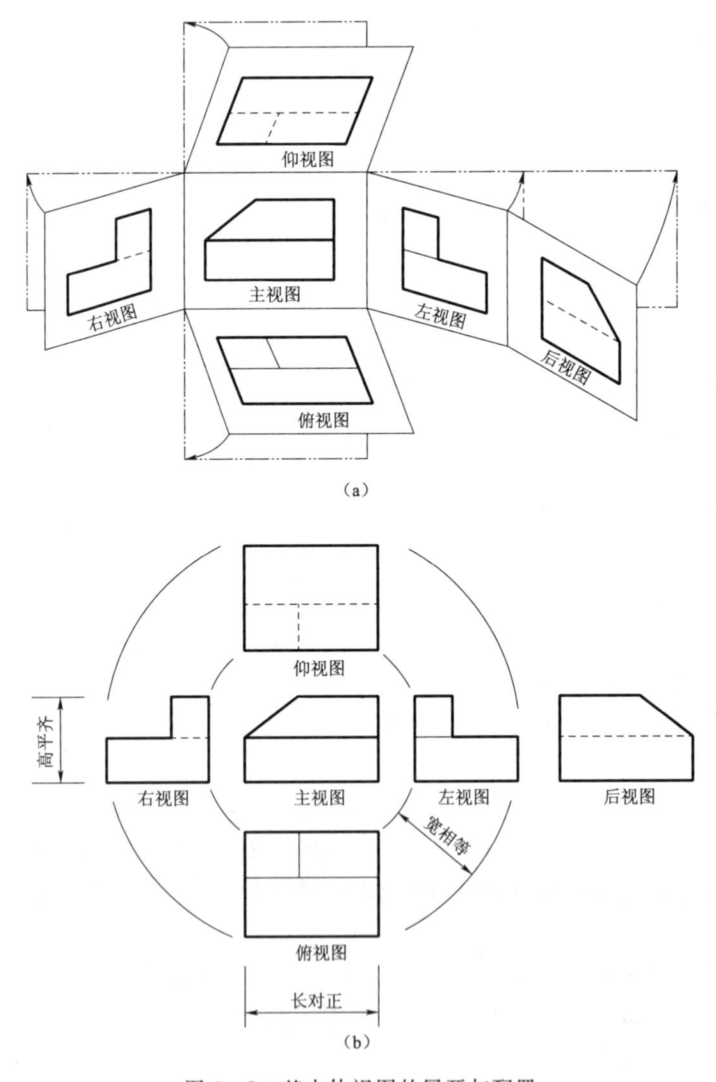

图 6－2 基本体视图的展开与配置

视图表示物体的上下、左右关系。

六个基本视图按展开后的位置配置称为按投影关系配置。在同一张图纸内基本视图按投影关系配置时一律不标注视图名称。如果不能按投影关系配置时，应进行标注。在视图的上方标出“×”（“×”为大写拉丁字母），并在图名下方绘一粗横线，其长度以图名所占长度为准。在相同的视图附近用箭头指明投影方向，并注上相同的字母。

实际画图时，一般物体不需要全部画出六个基本视图，而是根据物体的形状特点，选择其中的几个基本视图来表达物体的形状。

二、局部视图

如图 6-3 所示物体，用主视图、俯视图两个基本视图已把主体结构表达清楚，只有箭头所指的槽和凸台的形状尚未表达清楚。如果再画出左视图和右视图则大部分重复，如图 6-3 所示仅画出所需要表达的那一部分，则简洁明了。这种只将物体的某一部分向基本投影面投影所得的视图称为局部视图。

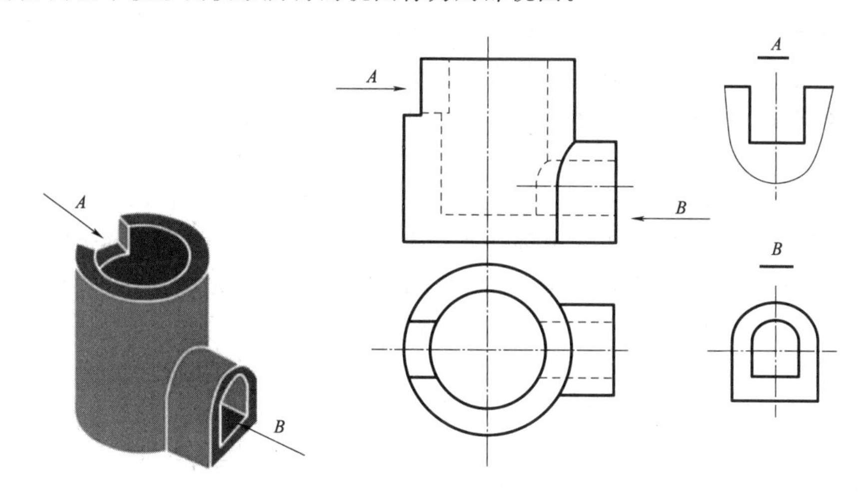

图 6-3　局部视图

局部视图不仅减少了画图的工作量，而且重点突出，表达比较灵活。但局部视图必须依附于一个基本视图，不能独立存在。

画局部视图时应注意以下几点：

(1) 局部视图只画出需要表达的局部形状，其范围可自行确定。

(2) 局部视图的断裂边界用波浪线表示。但当所表达的局部结构是完整的且外轮廓线又封闭时，波浪线可省略不画。注意波浪线要画在工程形体的实体部分。

(3) 局部视图应尽量按投影关系配置，如果不便布图，也可配置在其他位置。

(4) 局部视图无论配置在什么位置都应进行标注，标注的方法是：在局部视图的上方标出视图的名称“×”（“×”为大写拉丁字母），在基本视图上画一箭头指明投影部位和投影方向，并注写相同的字母。

6-2
斜视图

三、斜视图

当物体上的表面与基本投影面倾斜时，在基本投影面上就不能反映表面的真实形状，为了表达倾斜表面的真实形状，可以选用一个平行于倾斜面并垂直于某一个基本投影面的平面为投影面，画出其视图，如图 6－4 所示。这种将物体向不平行于任何基本投影面的平面投影所得的视图称为斜视图。

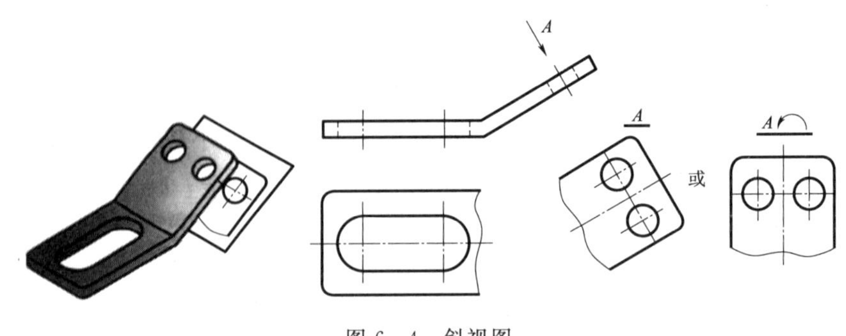

图 6－4 斜视图

画斜视图时应注意以下几点：

(1) 斜视图只要求画出倾斜部分的真实形状，其余部分不必画出。斜视图的断裂边界仍以波浪线表示，其画法与局部视图相同。

(2) 斜视图一般按投影关系配置，必要时也可配置在其他适当的位置。在不致引起误解时，允许将图形转正。

(3) 画斜视图时，必须进行标注。标注方法是：在斜视图的上方标出视图的名称“×”（“×”为大写拉丁字母），在基本视图上画一箭头指明投影部位和投影方向，并注写相同的字母。如将斜视图转正，标注时应在斜视图上方标注“A⌒”字样。

注意：在斜视图的标注中字母和文字都必须水平书写。

任务二 剖 视 图

本任务主要学习剖视图的概念、画法和类型。

物体的三面投影图在表达内部结构比较复杂的形体时，就会有很多虚线相互重叠、交错，让人难以分辨，也不便于尺寸标注。三面投影图只能很好地表达形体的外部形状，对于内部形状比较复杂的形体可用国家制图标准中规定的剖视图来表达。

6－3
剖视图的
标注及画法

一、剖视图的概念

假想用剖切平面剖开物体，将处在观察者和剖切平面之间的部分移去，而将其余部分向基本投影面投影所得的图形称为剖视图，简称剖视，如图 6－5 所示。

二、剖视图的标注与画法

1. 剖视图的标注

为了说明剖视图与有关视图之间的投影关系，便于读图，一般均应加以标注。标注中应注明剖切位置、投影方向和剖视图的名称，如图 6－6 所示。

(1) 剖切位置和投影方向。其用剖切符号表示，剖切符号由剖切位置线和剖视方向线组成一直角，均以粗实线绘制。剖切位置线的长度宜为 5～10mm，剖视方向线的长度宜为 4～6mm。绘图时，剖切符号不宜与轮廓线接触。

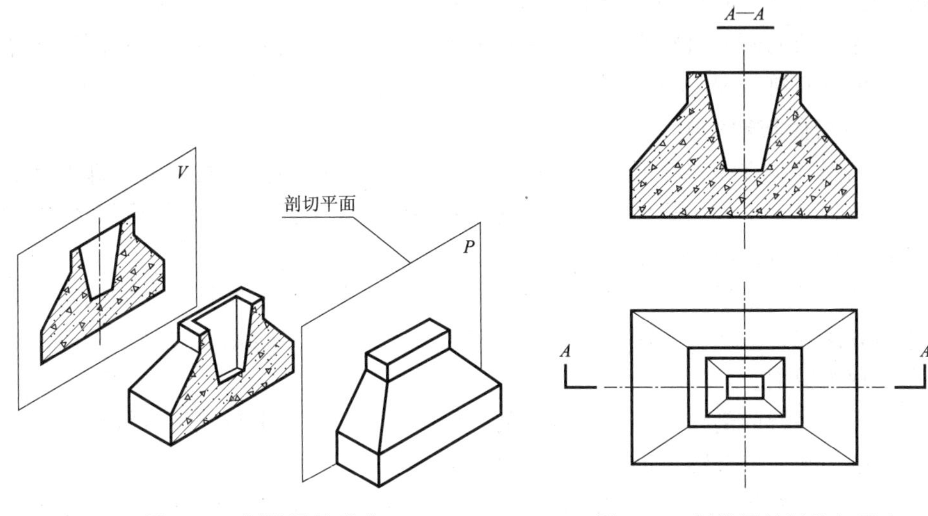

图 6-5　剖视图的形成　　　　图 6-6　剖视图的标注与画法

（2）剖切符号的编号。其宜采用阿拉伯数字或拉丁字母，若有多个剖视图，应按顺序由左至右、由上至下连续编号，编号应写在剖视方向线的端部，并一律水平书写。

（3）剖视图的名称。它与剖切符号的编号对应，剖视图的名称写在相应剖视图的上方，注出相同的两个字母或数字，中间加一条横线，如“A—A”“1—1”。

注意：剖视图一般均需要标注剖切符号和剖视图名称。但当剖切平面与物体的对称面重合，剖视图又按投影关系配置时，投影关系比较明确，可以省略标注。

2. 剖视图的画法

画剖视图的要点如下：

（1）确定剖切位置。为了表达物体内部结构的真实形状，剖切面的位置一般应平行于投影面，且与物体内部结构的对称面或轴线重合。

（2）画剖视图轮廓线。先画剖切面与物体接触部分的轮廓线，然后再画剖切后的可见轮廓线，在剖视图中凡剖切面切到的断面轮廓线以及剖切面后的可见轮廓线，都用粗实线画出。

（3）画断面材料符号。在剖视图上，剖切面与物体接触的部分称为断面。国家标准规定，在断面上应画出该物体的材料符号，这样便于想象出物体的内外形状，并可区别于视图。

3. 画剖视图应注意的问题

（1）明确剖切是假想的。剖视图是把物体假想“切开”后所画的图形，除剖视图外，其余视图仍应完整画出。

（2）不要漏线。剖视图不仅应该画出与剖切面接触的断面形状，而且要画出剖切面后的可见轮廓线。但是对初学者而言，往往容易漏画剖切面后的可见轮廓线，应特别注意。

（3）合理地省略虚线。用剖视图配合其他视图表示物体时，图上的虚线一般省略不画。但如果画出少量的虚线可以减少视图数量，而且又不影响视图的清晰时，也可以画出少量的虚线。对已表达清楚的结构，在其他视图中虚线应省略。

（4）正确绘制断面材料符号。在剖视图上画断面材料符号时，应注意同一物体各剖视图上的材料符号要一致，即斜线方向一致、间距相等。

三、剖切面与剖切方法

物体的形状是多种多样的，有时仅有一个剖切平面并不能将物体的内部形状表达清楚，因此，对于不同的物体结构，可选用不同的剖切平面，根据剖切平面的数量和相互关系，可以得到不同的剖切方法。

（1）单一的剖切平面——单一剖、斜剖。用一个平行于基本投影面的剖切平面剖开物体的方法称为单一剖，用一个垂直于（但不平行）基本投影面的剖切平面剖开物体的方法称为斜剖。

（2）几个平行的剖切平面——阶梯剖。用两个或两个以上相互平行且平行于基本投影面的剖切平面剖开物体的方法称为阶梯剖。

（3）两相交的剖切平面——旋转剖。用两个相交的剖切平面剖开物体的方法称为旋转剖。

（4）组合的剖切平面——复合剖。用上述两种或多种剖切面组合的剖切面剖开物体的方法称为复合剖。

四、工程上常见的几种剖视图

在工程设计中，应根据所表达的工程形体特点，选择适当的剖切方法和剖切范围来表达其内部结构。这样所画出的剖视图实际上是不同的剖切方法与不同类型剖视图的组合，下面介绍几种工程上常用的剖视图。

1. 全剖视图

用单一剖的方法把物体完全剖开后所得的剖视图称为单一全剖视图，简称全剖视图。

图 6－7 所示为一钢筋混凝土闸室，假想用一平行于正投影面的剖切平面，通过闸室的前后对称中心剖开，移去前半部分，将后半部分向正投影面投影。剖切前，主视图中闸底板、闸门槽、启闭台板和操作板均为虚线。剖切后，这些部位的轮廓线均可见，应用粗实线画出，但前面的边墙剖切后被移去，因此，在主视图上应不画这条水平位置的可见轮廓线。对于后面边墙顶面的轮廓线，由于它在左视图中已表达清楚，所以可省略虚线。最后在断面上画上断面材料符号，就得到了闸室全剖的主视图。

6－4
半剖视图

2. 半剖视图

当物体具有对称平面时，用单一剖的方法把物体完全剖开，向垂直于对称面的投影面上投影，以对称线为界，一半画成剖视，一半画成视图，这样组合的图形称为单一半剖视图，简称半剖视图。

图 6－8 所示为钢筋混凝土杯形基础，由于它前后、左右均对称，所以主视图、左视图作全剖后均可采用半剖视图表示，使其内外形状均可表达清楚。

画半剖视图时应注意以下几点：

（1）在半剖视图中，半个剖视图和半个视图的分界线必须用点画线画出，其不能

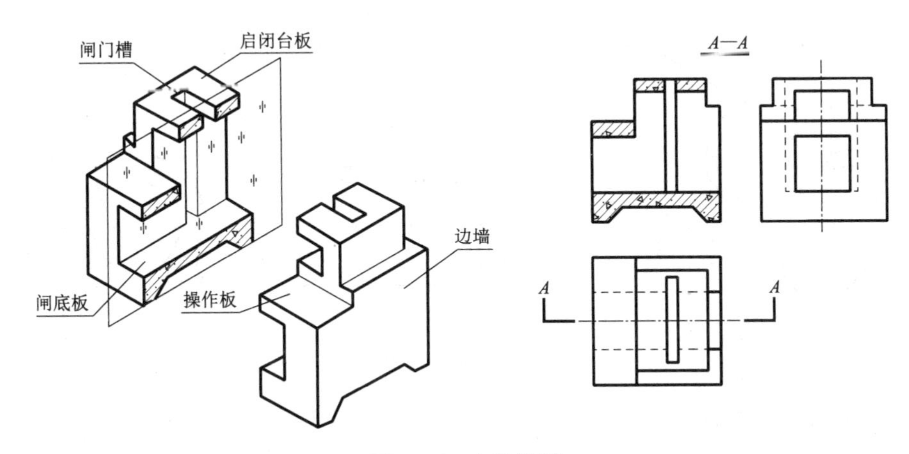

图 6-7　全剖视图

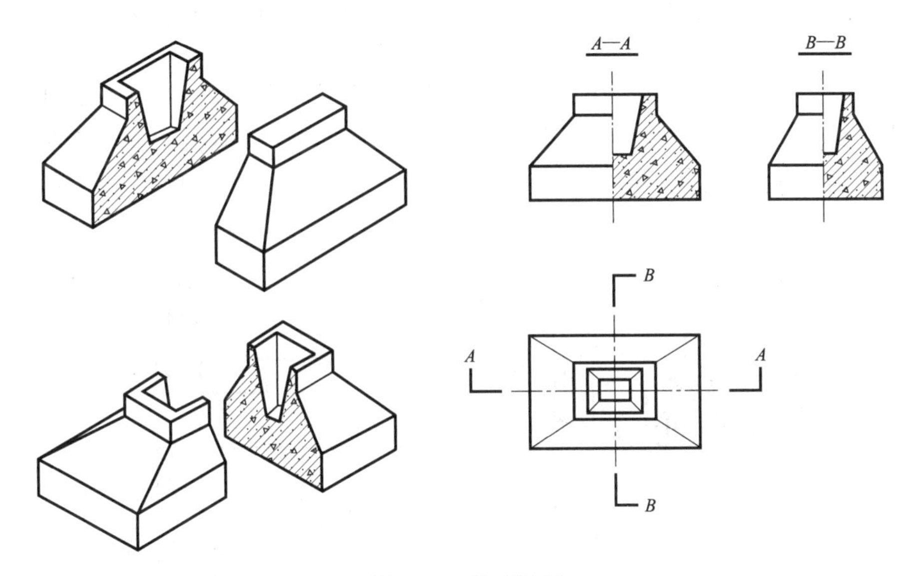

图 6-8　半剖视图

与可见轮廓线重合。

（2）由于所表达的物体是对称的，所以在半个视图中应省略表示内部形状的虚线。

（3）剖视部分习惯上画在物体的右边或前面。

（4）半剖视图的标注方法与全剖视图相同。

3. *局部剖视图*

6-5
局部剖视图

用单一剖的方法把物体局部剖开，画出其剖视图，其余部分仍画外形视图，这种剖视图称为局部剖视图。

图 6-9 所示是一混凝土水管，为了表达其接头处的内外形状，且保留外形轮廓，主视图采用了局部剖视图，在被剖切开的部分画出管子的内部结构和断面材料符号，其余部分仍画外形视图。

画局部剖视图时应注意：①局部剖视图的剖切范围用波浪线表示，一般不再进行标注；②波浪线不可与图形轮廓线重合，并且波浪线要画在物体的实体部分，不应画

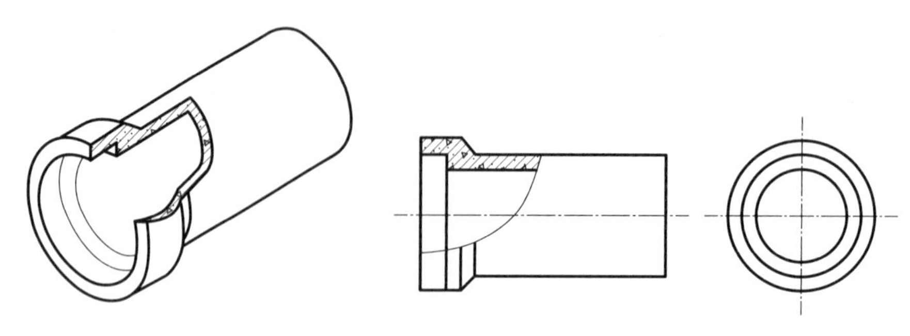

图 6-9 局部剖视图

在空心处或图形之外。

4. 阶梯剖视图

用阶梯剖的方法把物体全部剖开后所得的剖视图称为阶梯全剖视图，简称阶梯剖视。

图 6-10 中的物体，其上有三个大小和深度各不同的孔，用一个剖切平面不能将其表达清楚。假想用两个平行于基本投影面（正面）的剖切平面分别通过各种孔的轴线剖切物体，将每一剖切面后的剩余部分按单一全剖视的方法画出，即得阶梯剖视图。

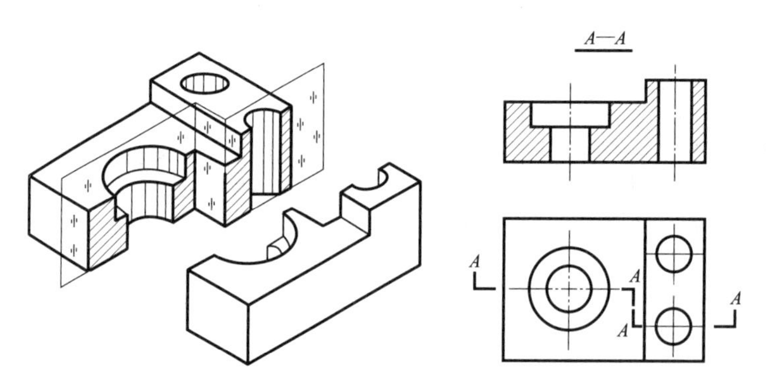

图 6-10 阶梯剖视图

画阶梯剖视图时应注意以下几点：

（1）剖切平面的转折处不应与视图中的轮廓线重合，在剖视图上不应画出两剖切平面转折处的投影。

（2）在图形内不应出现不完整的要素，仅当两个要素上具有对称线或轴线时，可以各画一半，此时应以对称线或轴线为界。

（3）阶梯全剖视图必须进行标注，标注方法是：在剖视图上方标出“×—×”剖视图的名称，并在邻近的视图上画出每个剖切平面和转折处的剖切位置线，一般在剖切位置线的最外端画出剖视方向线，每处注写一个剖切符号的编号。

5. 旋转剖视图

用旋转剖的方法将物体全部剖开所得的剖视图称为旋转全剖视图，简称旋转剖视。

图 6－11 所示的集水井，有两个进水管的轴线是斜交的（一个平行于正投影面，一个不平行于正投影面），如果用一个剖切平面则不可能看到此部分的真实形状。假想用两个相交于进水管轴线的平面剖开物体（即沿着两个水管的轴线把集水井切开），然后将被倾斜的剖切平面剖开的结构及其有关部分旋转到与选定的投影面（正投影面）平行时，再进行投影，即得旋转剖视，它将集水井内部形状真实地表达出来。

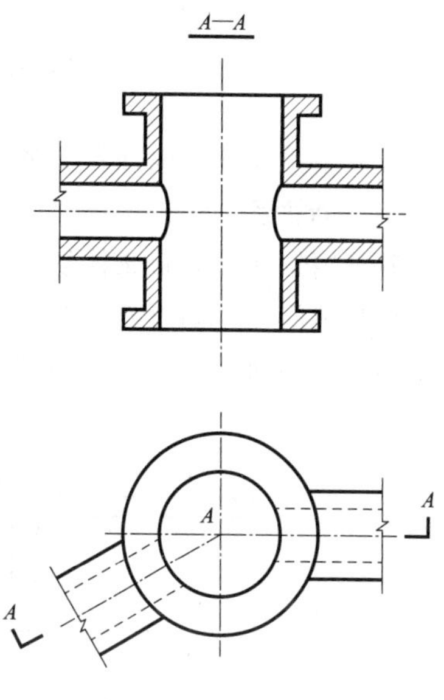

图 6－11　旋转剖视图

画旋转剖视图应注意以下几点：

（1）剖切平面的交线应与物体上的公共回转轴线重合，并应先切后转。

（2）剖切平面后的其他结构，一般仍按原来位置投影。

（3）旋转剖视图的标注与阶梯剖视图的标注相同。

（4）当剖切后产生不完整要素时，应将次要部分按不剖绘制。

五、剖视图的尺寸注法

剖视图的尺寸注法与组合体的尺寸注法相同。但应注意以下两点：

（1）内部、外形的尺寸尽量分开标注。为了使尺寸清晰，应尽量把外形尺寸和内部尺寸分开标注。

（2）半剖视图和局部剖视图上内部结构尺寸的注法。半剖视图和局部剖视图上，由于对称部分视图上省略了虚线，注写内部尺寸时，只需画出一端的尺寸界限和尺寸起止符号，这时尺寸线要稍超过对称线，尺寸数字应注写整个结构的尺寸，如图 6－12 所示。

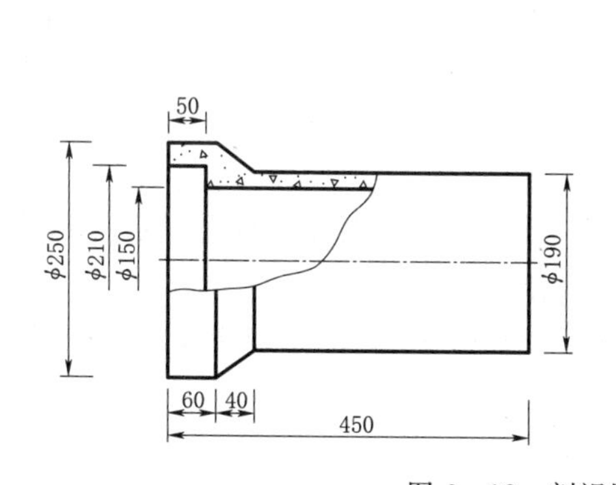

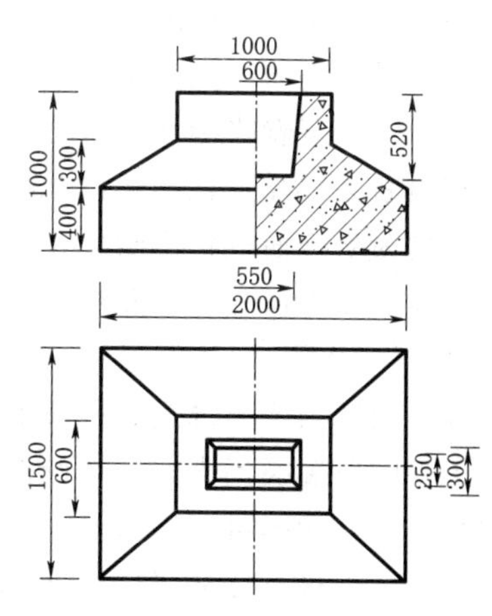

图 6－12　剖视图的尺寸注法

任务三 断 面 图

本任务主要学习断面图的概念、画法和类型。

一、断面图的概念

假想用剖切平面将物体切断，仅画出物体与剖切平面接触部分及断面材料符号的图形称为断面图，如图 6-13 所示。断面图不包括剖切面后的轮廓，这是它与剖视图的不同点，实质上断面图就是剖视图的一部分。

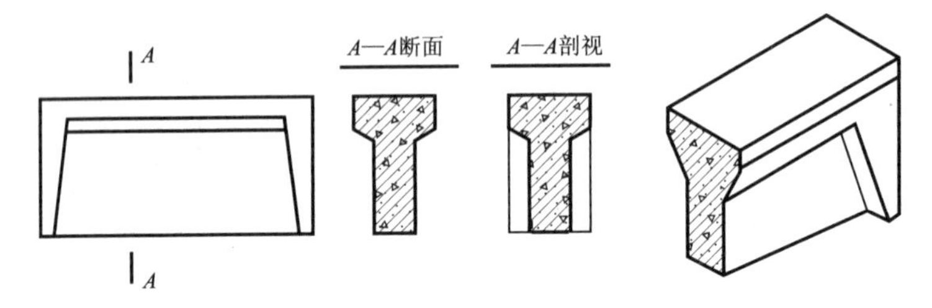

图 6-13 断面图与剖视图的区别

为了表示截断面的真实形状，剖切平面一般应垂直于物体结构的主要轮廓线。

二、断面图的类型

根据断面图的配置位置不同，可分为移出断面和重合断面两种。

(1) 移出断面：画在图形之外的断面称为移出断面。

(2) 重合断面：画在图形内部的断面称为重合断面。

三、断面图的画法与标注

1. 移出断面图

移出断面的画法与剖视相同，只是画出断面形状，移出断面是独立存在的图形，其轮廓线应用粗实线绘制。

如图 6-14 所示，移出断面图的标注方法与剖视图相同，只是编号所在的一侧表示剖切后的投影方向。如果结构等截面，移出断面图对称并按投影关系配置或配置在视图断开处时，可省略标注。

当移出断面图配置在剖切位置线的延长线上且断面图形对称时，可省略标注。

当结构为变截面或移出断面图不对称时，则应标注出剖切位置、投影方向并编号。移出断面图也可配置在图纸的其他适当位置，此时应全标注。

2. 重合断面图

重合断面图的轮廓线规定用细实线绘制。当视图中的轮廓线与重合断面图形重合时，视图中的轮廓线仍需完整地画出，不可间断。

对称的重合断面可不标注。不对称的重合断面应标注剖切位置线，并用粗实线表示投影方向，但可不标注字母，如图 6-15 所示。

四、断面图的规定画法

对于构件上的支撑板、肋板等薄板结构和实心的轴、柱、梁、杆等，当剖切平面

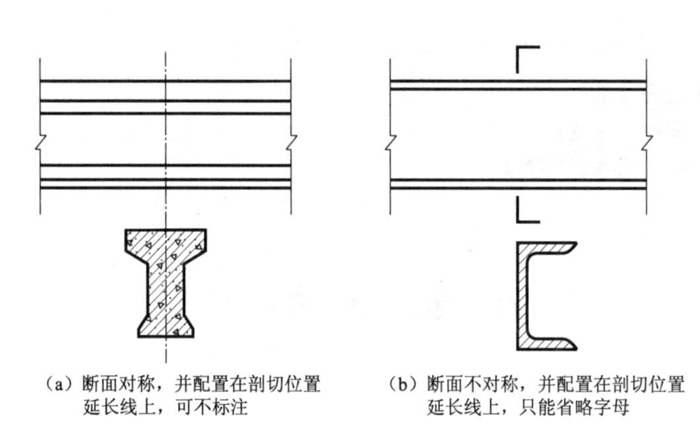

(a) 断面对称，并配置在剖切位置延长线上，可不标注

(b) 断面不对称，并配置在剖切位置延长线上，只能省略字母

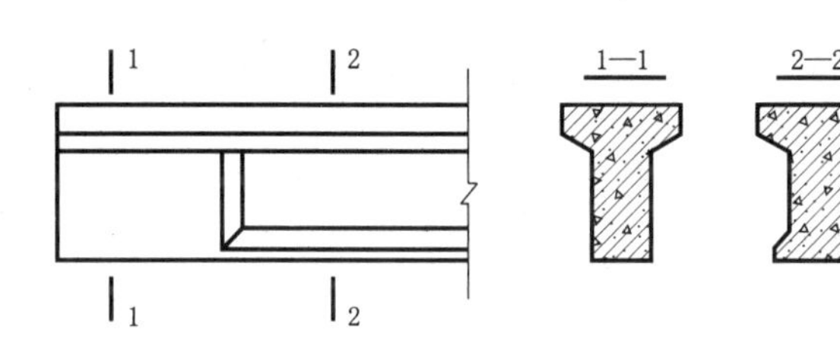

(c) 断面对称，并按投影关系配置，可省略投射方向线，编号应写在投射方向一侧

图 6-14　移出断面图

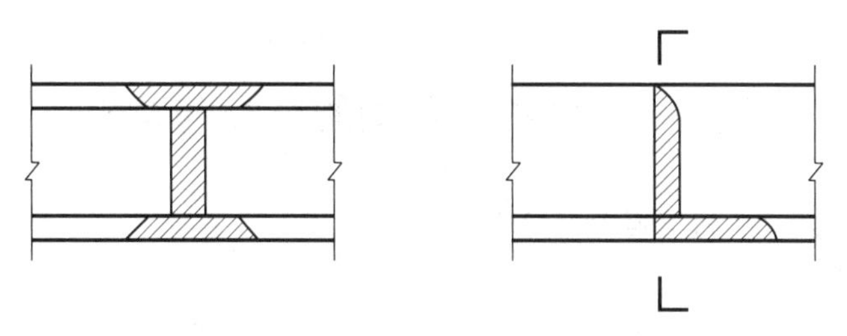

图 6-15　重合断面图

平行于其轴线、中心线或薄板结构的板面时，这些结构按不剖绘制，用粗实线将它与邻接部分分开，如图 6-16 中 $A—A$ 断面图中的支撑板。

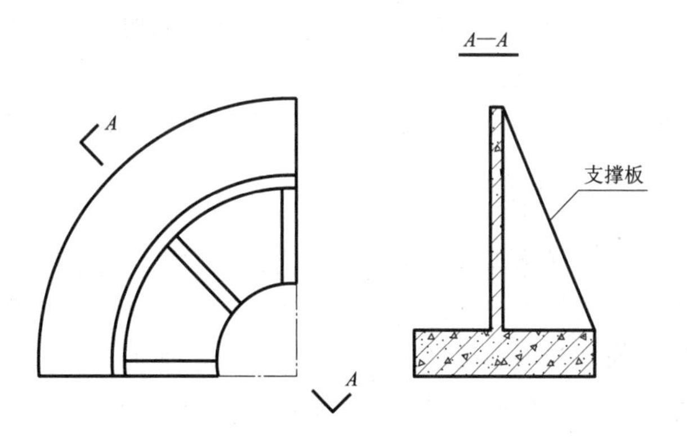

图 6-16　断面图中的不剖画法

项目七

水利工程图

【能力目标】

1. 掌握水利工程图的分类和表达方法。
2. 掌握水利工程图常见曲面的表达及应用、尺寸注法。
3. 能够识读水利工程专业图。

【思政目标】

通过学习识读水利工程图，使学生感受到水利工程的重要作用，树立学生对专业发展前景的信心，提升学生的专业认同感，从而激发学生热爱专业、热爱祖国大好河山的情怀。

任务一　水利工程图的分类与特点

本任务主要学习水利工程图的分类与特点。

一、水利工程图的分类

水利工程的兴建一般需要经过五个阶段：勘测、规划、设计、施工、竣工验收。各个阶段都绘制其相应的图样，每一阶段对图样都有具体的图示内容和表达方法。

1. 勘测图

勘测阶段绘制的图样称为勘测图，其包括地质图和地形图。勘测阶段的地质图、地形图以及相关的地质、地形报告和有关的技术文件由勘探和测量人员提供，是水利工程设计最原始的资料。水利工程技术人员利用这些图纸和资料来编制有关技术文件。勘测图样常用专业图例和地质符号表达，并根据图形的特点允许一个图上用两种比例表示。

2. 规划图

在规划阶段绘制的图样称为规划图，其是表达水利资源综合开发全面规划的示意图。按照水利工程的范围大小，规划图有流域规划图、水利资源综合利用规划图、灌区规划图、行政区域规划图等。规划图是以勘测阶段的地形图为基础，采用符号图例示意的方式表明整个工程的布局、位置和受益面积等项内容的图样。

3. 枢纽布置图和建筑结构图

在设计阶段绘制的图包括枢纽布置图、建筑结构图。一般在大型工程设计中分初步设计和技术设计，小型工程中可以合二为一。初步设计是进行枢纽布置，提供方案比较；技术设计是在确定初步设计方案以后，具体对建筑物结构和细部构造进行设计。

（1）枢纽布置图。为了充分利用水资源，由几个不同类型的水工建筑物有机地组合在一起协同工作的综合体称为水利枢纽，表达水利枢纽布置的图样称为枢纽布置图。枢纽布置图是将整个水利枢纽的主要建筑物的平面图形，按其平面位置画在地形图上。枢纽布置图反映出各建筑物的大致轮廓及其相对位置，是各建筑物定位、施工放样、土石方施工以及绘制施工总平面图的依据。

（2）建筑结构图。用于表达枢纽中某一建筑物形状、大小、材料以及与地基和其他建筑物连接方式的图样称为建筑结构图。对于建筑结构图中由于图形比例太小而表达不清楚的局部结构，可采用大于原图形的比例将这些部位和结构单独画出。

4. 施工图

施工图是表达水利工程施工过程中的施工组织、施工程序、施工方法等内容的图样，包括施工总平面布置图、建筑物基础开挖图、混凝土分块浇筑图、坝体温控布置图等。

5. 竣工图

竣工图是指工程验收时根据建筑物建成后的实际情况所绘制的建筑物图样。水利工程在兴建过程中，由于受气候、地理、水文、地质、国家政策等各种因素影响较大，原设计图纸随着施工的进展要调整和修改，竣工图应详细记载建筑物在施工过程中对设计图修改的情况，以供存档查阅和工程管理之用。

二、水利工程图的特点

水利工程图的绘制，除遵循制图基本原理以外，还根据水工建筑物的特点制定了一系列的表达方法，综合起来水利工程图有以下特点：

（1）水工建筑物形体庞大，有时水平方向和铅垂方向相差较大，水利工程图允许一个图样中纵横方向比例不一致。

（2）水利工程图整体布局与局部结构尺寸相差大，所以在水利工程图的图样中可以采用图例、符号等特殊表达方法及文字说明。

（3）水工建筑物总是与水密切相关，因而处处都要考虑到水的问题。

（4）水工建筑物直接建筑在地面上，因而水利工程图必须表达建筑物与地面的连接关系。

任务二　水利工程图的表达方法

本任务主要学习水利工程图的表达方法。

水利工程图的表达方法分为两类：基本表达方法和特殊表达方法。

一、基本表达方法

1. 视图的命名和作用

（1）平面图。建筑物的俯视图在水利工程图中称为平面图。常见的平面图有枢纽布置图和单一建筑物的平面图。平面图主要用来表达水利工程的平面布置，建筑物水平投影的形状、大小及各组成部分的相互位置关系，剖视、断面的剖切位置，投影方向和剖切面名称等，如图 7-1 所示。

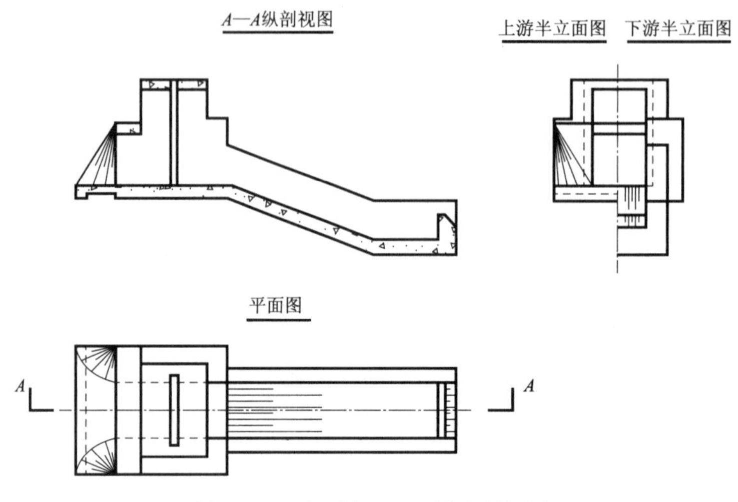

图 7-1 平面图、立面图和剖视图

(2) 立面图。建筑物的主视图、后视图、左视图、右视图及反映高度的视图，在水利工程图中称为立面图。立面图的名称与水流方向有关，观察者顺水流方向观察建筑物所得到的视图，称为上游立面图；观察者逆水流方向观察建筑物得到的视图，称为下游立面图。上、下游立面图均为水工图中常见的立面图，其主要表达建筑物的外部形状，如图 7-1 所示。

(3) 剖视图、断面图。剖切平面平行于建筑物轴线剖切的剖视图或断面图，在水利工程图中称为纵剖视图或纵断面图，如图 7-1 所示；剖切平面垂直于建筑物轴线剖切的剖视图或断面图，在水利工程图中称为横剖视图或横断面图，如图 7-2 所示。剖视图主要用来表达建筑物的内部结构形状和各组成部分的相互位置关系，建筑物主要高程和主要水位，地形、地质和建筑材料及工作情况等。断面图的作用主要是表达建筑物某一组成部分的断面形状、尺寸、构造及其所采用的材料。

(4) 详图。将物体的部分结构用大于原图的比例画出的图样称为详图，如图 7-2 所示，其主要用来表达建筑物的某些细部结构形状、大小及所用材料。详图可以根据需要画成视图、剖视图或断面图，它与放大部分的表达方式无关。详图一般应标注图名代号，其标注的形式为：把被放大部分在原图上用细实线小圆圈圈住，并标注字母，在相应的详图下面用相同字母标注图名、比例，如图 7-2 所示。

2. 视图的配置

水利工程图的视图应尽量按照投影关系配置在一张图纸上。为了合理地利用图纸，也允许将某些视图配置在图幅的适当位置。当建筑物过大或图形复杂时，根据图形的大小，也可将同一建筑物的各视图分别画在单独的图纸上。

水利工程图的配置还应考虑水流方向，对于挡水建筑物，如挡水坝、水电站等应

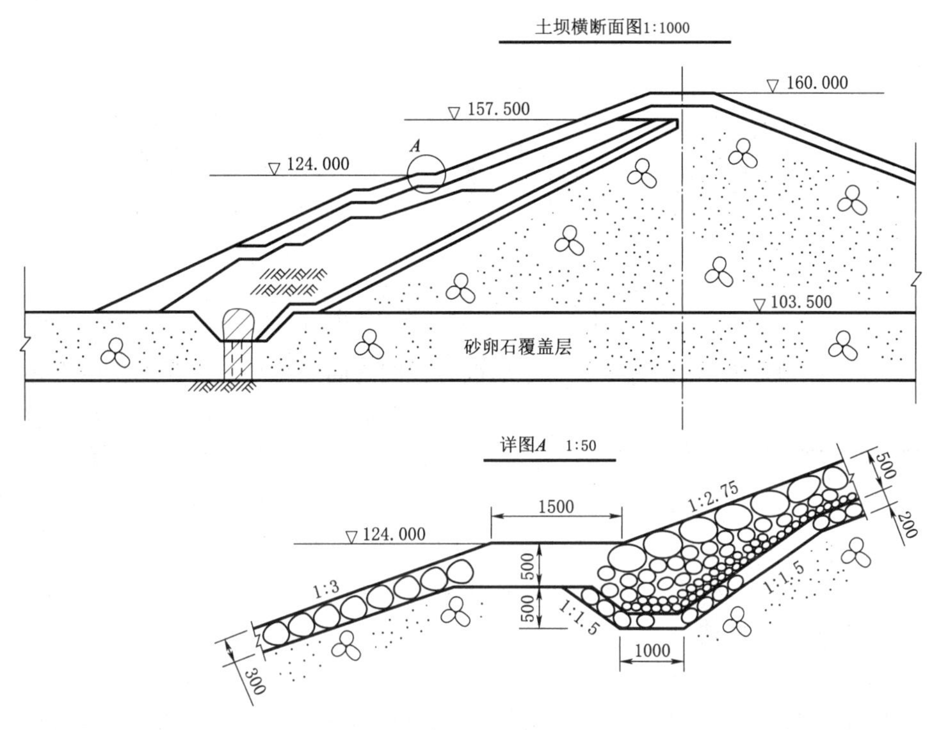

图 7-2 详图示例

使水流方向在图样中呈现自上而下；对于输水建筑物，如水闸、隧洞、渡槽等应使水流方向在图中呈现自左向右。

3. 视图的标注

（1）水流方向的标注。在水利工程图中一般应用水流方向符号注明水流方向。水流方向符号应根据需要按国家标准规定的三种形式之一绘制，如图 7-3 所示，图中“B”值根据需要自定。

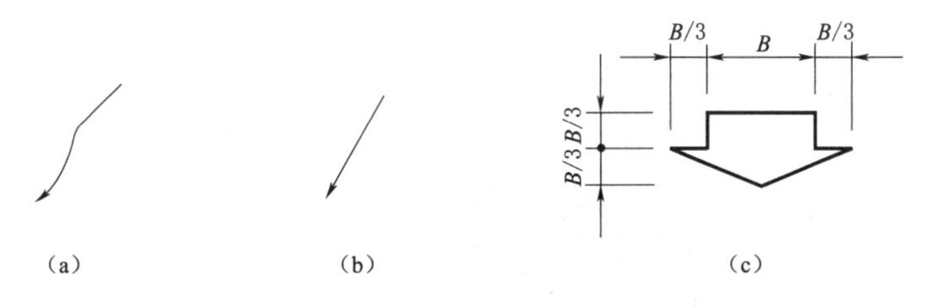

图 7-3 水流方向符号

为了区分河流的左右岸，制图标准规定：视向顺水流方向（面向下游），左边为左岸，右边为右岸。

（2）地理方位的标注。在水利工程图的规划图和枢纽布置图中应用指北针符号注明建筑物的地理方位。指北针符号应根据需要按国家标准规定的三种形式之一绘制，如图 7-4 所示，图中“B”值根据需要自定。指北针一般画在图纸的左上角，必要时也可画在图纸的右上角，箭头指向正北。

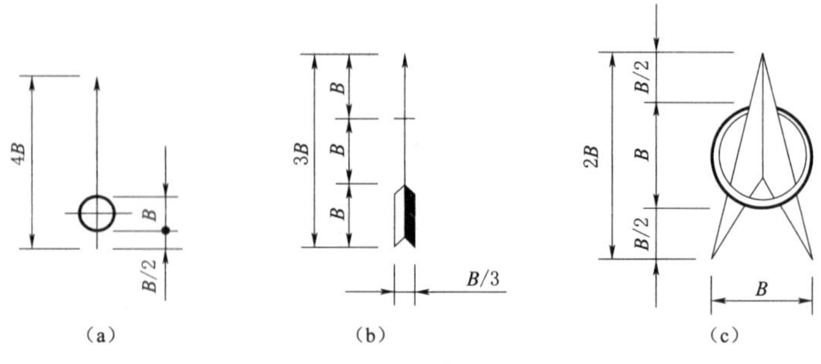

图 7－4 指北针符号的画法

(3) 视图名称和比例的标注。为了明确各视图之间的关系，水利工程图中各个视图都要标注名称，名称一律注在图形的正下方，并在名称的下面绘一粗实线，其长度应以图名所占长度为标准。当整张图只用一种比例时，比例统一注写在图纸标题栏内，否则，应逐一标注。比例的字高应比图名的字高小 1～2 号，如图 7－5 所示。

平面图 1:500 或 平面图 1:500

图 7－5 比例的注写

二、特殊表达方法

1. 合成视图

对称或基本对称的图形，可将两个视向相反的视图或剖视图或断面图各画一半，并以对称线为界合成一个图形，这样形成的图形称为合成视图，图 7－6 中的 $B—B$ 和 $C—C$ 是合成剖视图。

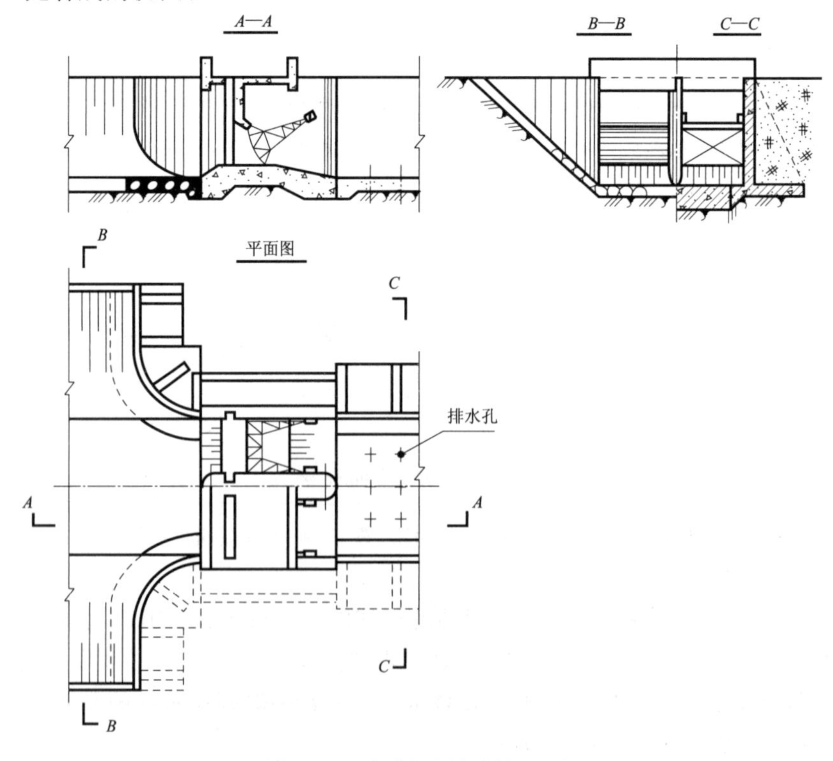

图 7－6 合成视图与拆卸画法

2. 拆卸画法

当视图、剖视图中所要表达的结构被另外的次要结构或填土遮挡时，可假想将其拆卸或掀掉，然后再进行投影。如图 7－6 所示，平面图中对称线后半部分桥面板及胸墙被假想拆卸，填土被假想掀掉，可见弧形闸门的投影，岸墙下部虚线变成实线。

3. 省略画法

省略画法就是通过省略重复投影、重复要素、重复图形等达到使图样简化的图示方法。

水利工程图中常用的省略画法有：

（1）当图形对称时，可以只画对称的一半，但必须在对称线上的两端画出对称符号。图形的对称符号应如图 7－7 所示用细实线绘制。

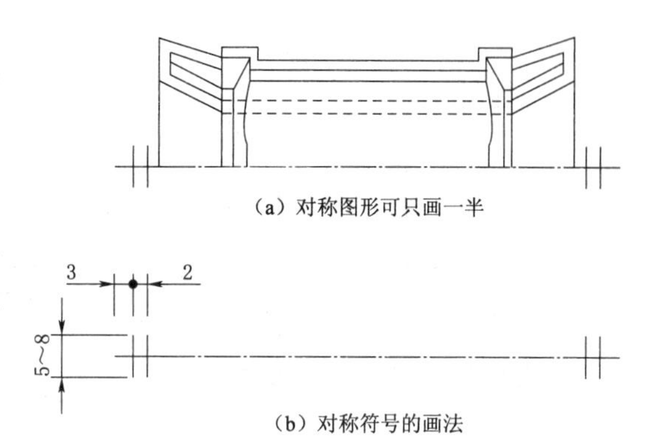

（a）对称图形可只画一半

（b）对称符号的画法

图 7－7 对称图形省略画法

（2）对于图样中的一些小结构，当其成规律地分布时，可以简化绘制，如图 7－8 所示，消力池底板的排水孔只画出 1 个圆孔，其余只画出中心线表示位置。

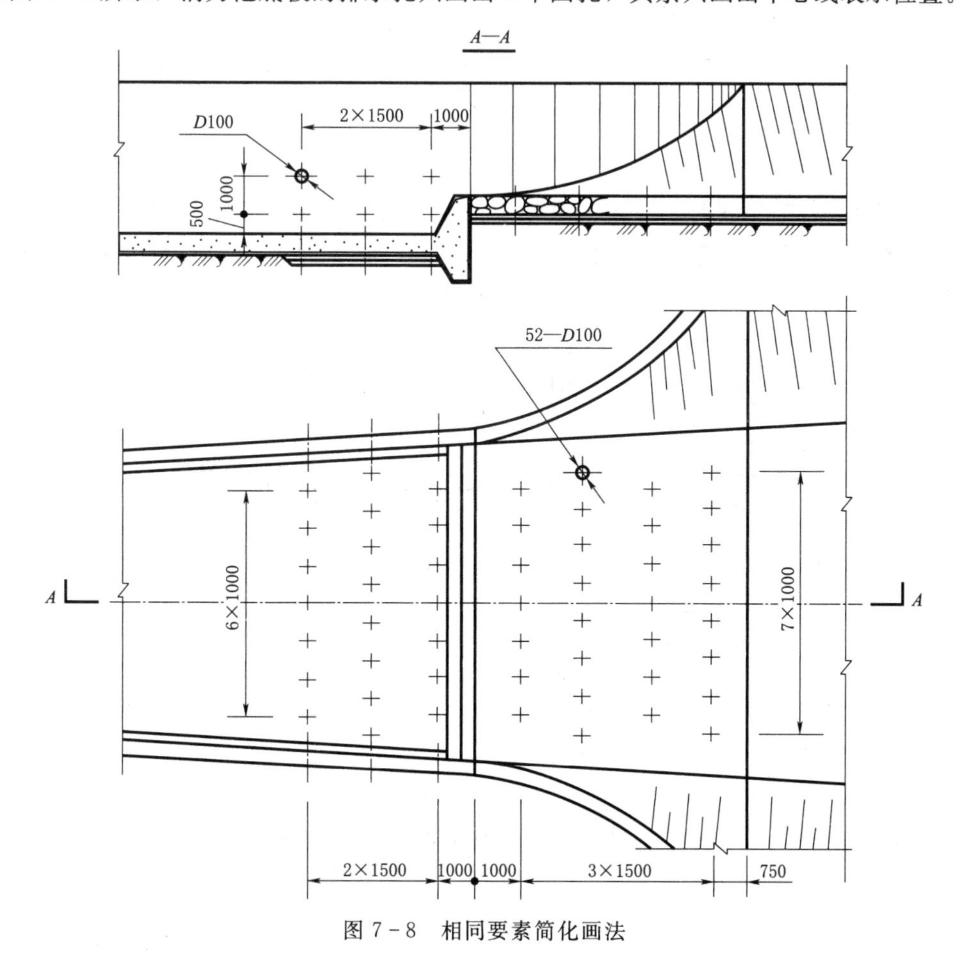

图 7－8 相同要素简化画法

4. 不剖画法

对于构件支撑板、薄壁和实心的轴、柱、梁、杆等，当剖切平面平行于其轴线或中心线时，这些结构按不剖绘制，用粗实线将它与其相邻部分分开，如图 7－9 中 $A—A$ 剖视图中的闸墩和 $B—B$ 断面图中的支撑板。

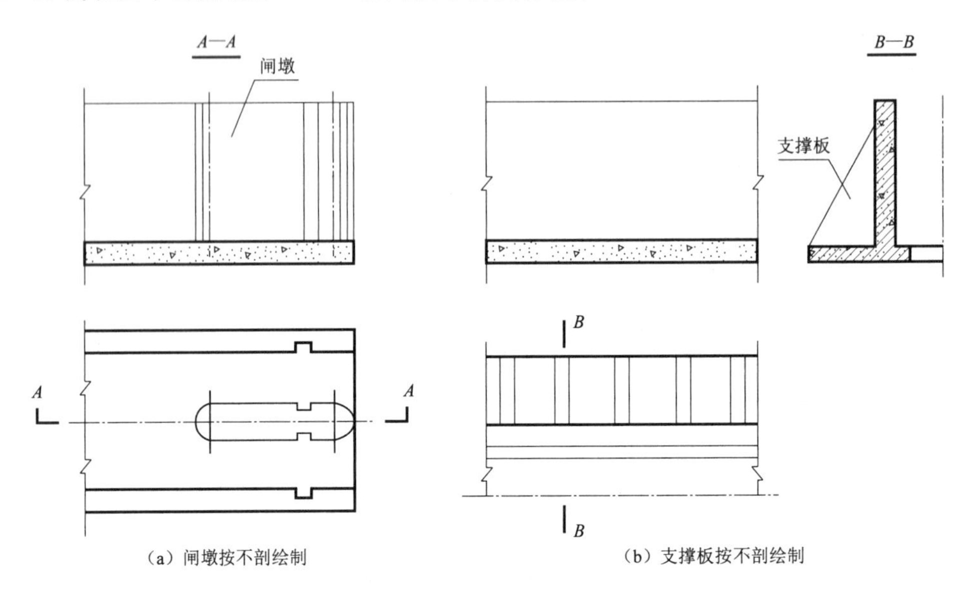

图 7－9 不剖画法

5. 缝线的画法

在绘制水利工程图时，为了清晰地表达建筑物中的各种缝线，如伸缩缝、沉陷缝、施工缝和材料分界缝等，无论缝的两边是否在同一平面内，这些缝线都用粗实线绘制，如图 7－10 所示。

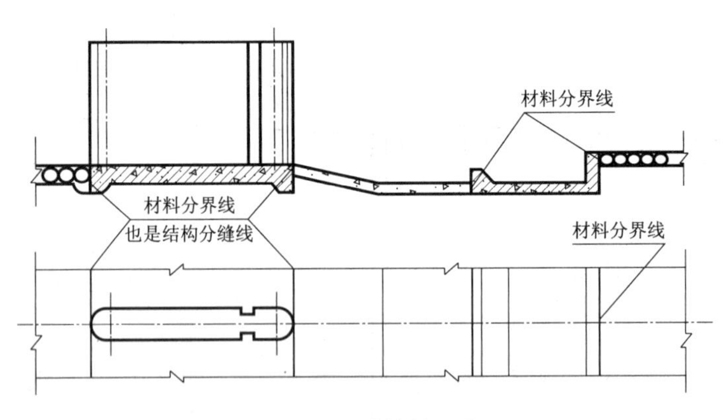

图 7－10 缝线的画法

6. 展开画法

当构件、建筑物的轴线（或中心线）为曲线时，可以将曲线展开成直线绘制成视图、剖视图和断面图。这时应在图名后注写“展开”二字，或写成“展开图”，如图 7－11 所示。

7. 连接画法

较长的图形允许将其分成两部分绘制，再用连接符号表示相连，并用大写字母编号，如图 7－12 所示。

8. 断开画法

较长的图形，当沿长度方向的形状一致或按一定的规律变化时，可以断开绘制。

9. 分层画法

当结构有层次时，可按其构造层次分别绘制，相邻层用波浪线分界，并可用文字注写各层结构的名称，如图 7－13 所示。

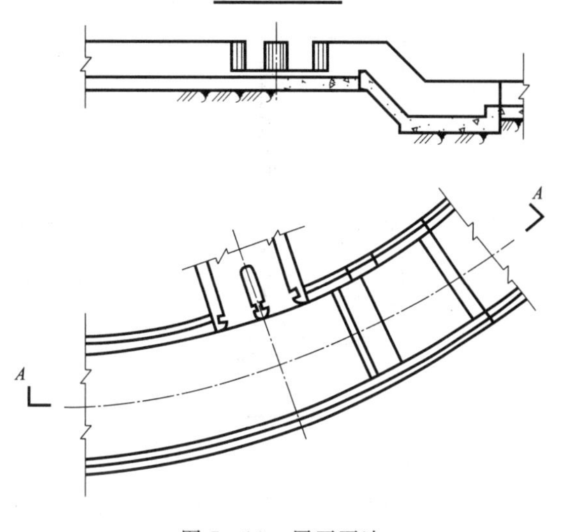

图 7－11　展开画法

7－1
水工图的特殊表达方法——分层画法

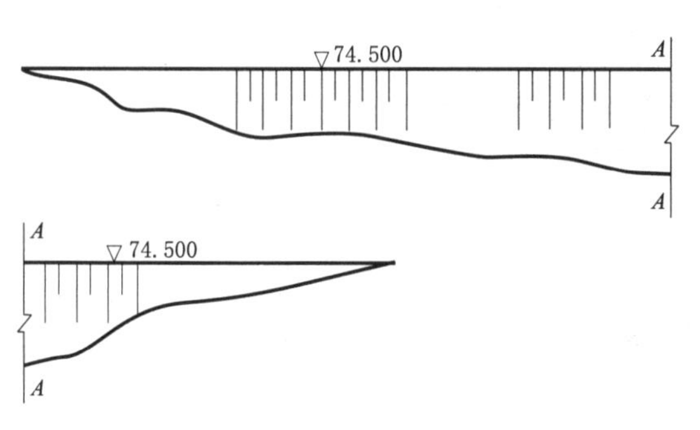

图 7－12　连接画法

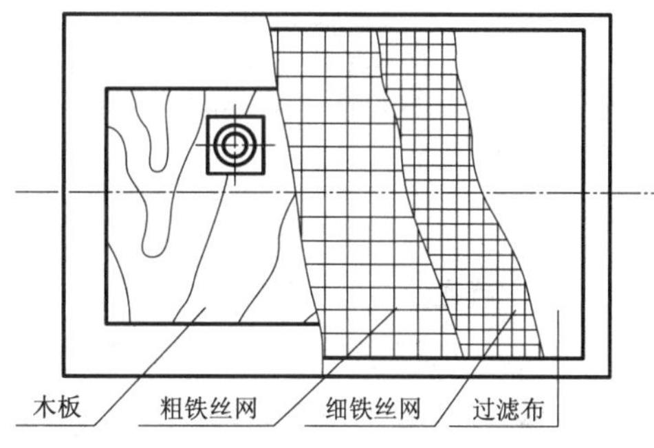

图 7－13　分层画法

10. 示意画法

当视图的比例较小而使某些细部构造无法在图中表示清楚，或者某些附属设备另有图纸表示，不需要在图中详细画出时，可以在图中相应部位画出示意图。

任务三　常见水工曲面表示法

本任务主要学习水利工程图常见曲面的表达及应用。

为了改善水流条件和受力状况以及节约建筑材料，水工建筑物的某些表面往往做成有规则的曲面，如溢流坝面、闸墩的头部、水闸的两岸翼墙都是水工建筑物中常见曲面的应用实例。

本任务主要介绍水利工程中一些常见曲面的形成和表示方法。

7－2
常见水工曲面表示方法

一、柱面

在水利工程图中，规定在可见柱面上用细实线绘制若干素线，如图 7－14 所示。正圆柱面的素线绘制原理：在实际绘图时，不必采用等分圆弧然后按投影规律绘出素线的画法，可按越靠近轮廓素线越稠密、越靠近轴线越稀疏的原则目估绘制。

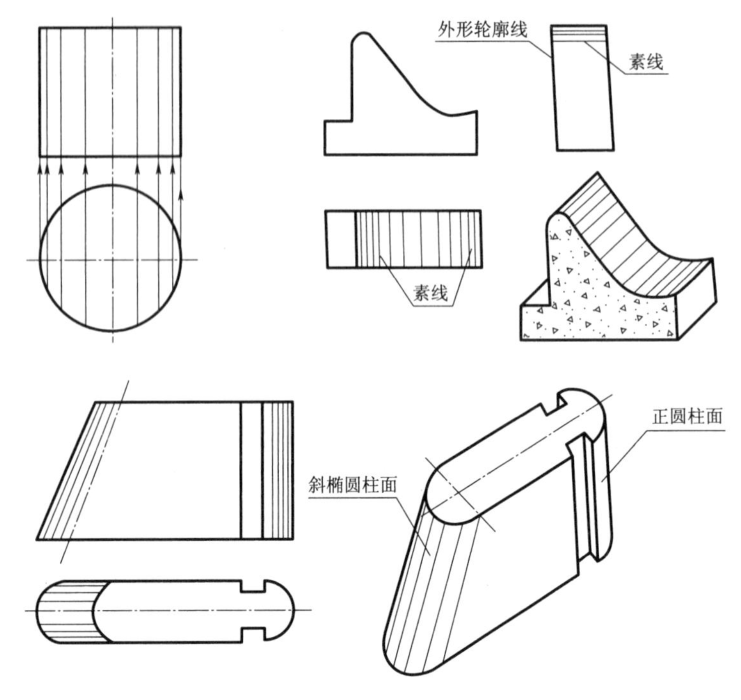

图 7-14 柱面的应用实例

二、锥面

在水利工程图中，规定在圆锥面上用细实线绘制若干示坡线或素线，其示坡线或素线一定要经过圆锥顶点的投影，如图 7-15 所示。

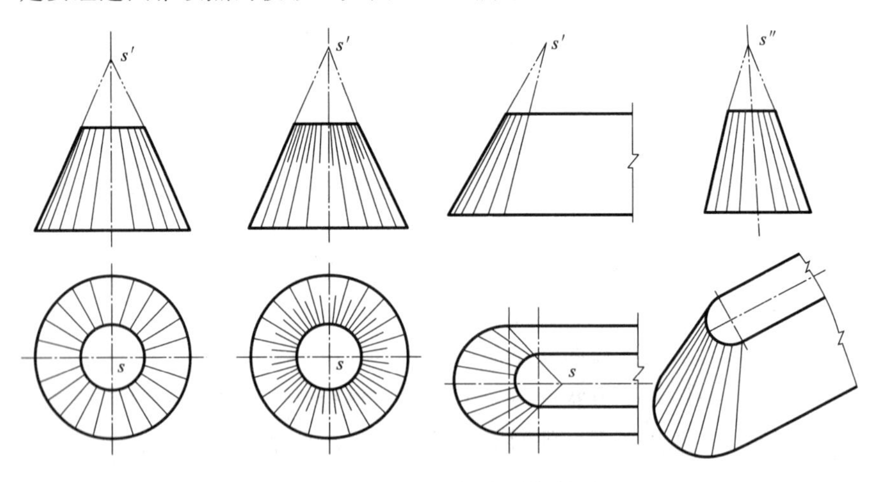

图 7-15 锥面的应用实例

7-3 方圆渐变面的形成及表示方法

三、方圆渐变面

1. 方圆渐变面的形成

在水利工程中，有压引水洞洞身通常设计成圆形断面，而在进、出口处为了安装闸门需要，往往设计成矩形断面，在矩形断面和圆形断面之间，常用一个由矩形逐渐变化成圆形的过渡段来连接，这个过渡段的表面称为方圆渐变面。

2. 方圆渐变面的表示方法

渐变面的表面是由 4 个三角形平面和 4 个部分斜椭圆锥面组成。矩形的 4 个角就是 4 部分斜椭圆锥的顶点，圆周的 4 段圆弧就是斜椭圆锥的底面圆，4 个三角形平面与 4 部分斜椭圆锥面平滑相切而无分界线。方圆渐变面一般用三视图和必要的断面来表示。与圆锥曲面一样，方圆渐变面锥面上要画出素线，如图 7 - 16 所示。

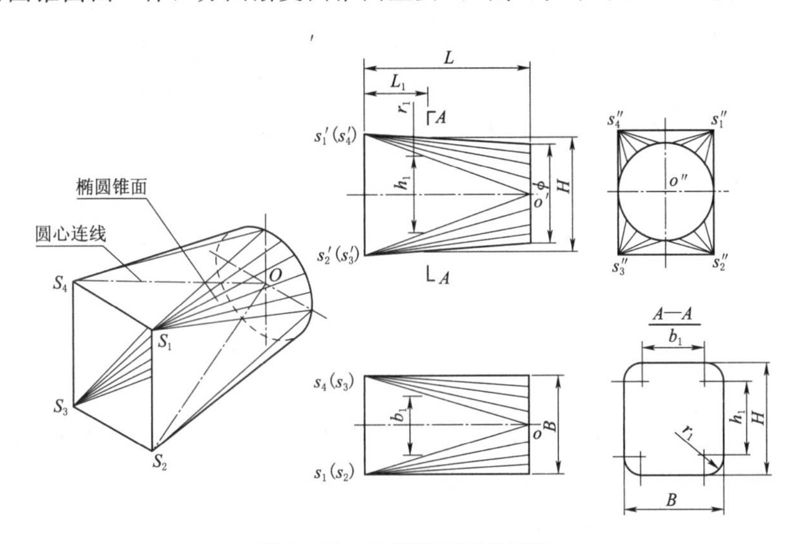

图 7 - 16　方圆渐变面的画法

方圆渐变面的横断面是带 4 个圆角的矩形，其中圆角半径 r_1 和直线段长度 b_1、h_1 都随剖切位置的不同而变化，可直接在主视图和俯视图的剖切位置量得各部分尺寸绘制其断面图，绘制断面图应根据 b_1、h_1 先定圆心画出 4 段圆弧，然后画出 4 条公切线，并在断面图上注明 b_1、h_1、r_1 的尺寸。

四、扭曲面

水工建筑物控制水流部分的断面一般为矩形，而灌溉渠道的断面一般都是梯形，为使水流平顺及减少水头损失，由矩形断面变为梯形断面之间常用一个扭面过渡段来连接，该过渡段的内外表面都是扭曲面，如图 7 - 17 所示。

7 - 4
扭曲面的形成及表示方法

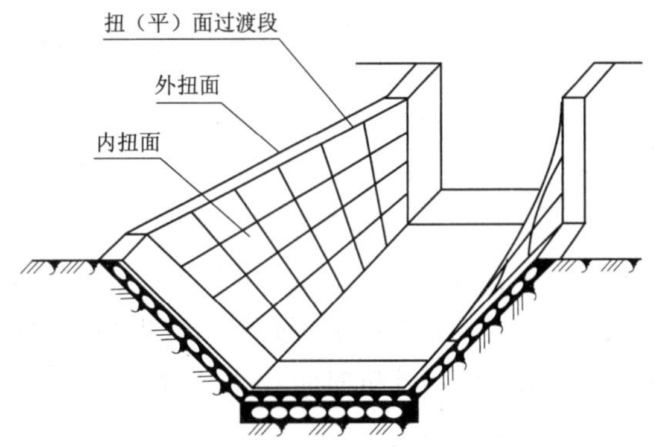

图 7 - 17　扭曲面的应用

1. 扭曲面的形成

如图 7 - 18 所示，扭曲面 $ABCD$ 可以看作是一条直母线 AB，沿着两条交叉直导线 AD（侧平线）和 BC（铅垂线）移动，并始终平行于一个导平面 H（水平面）所形成的曲面。扭曲面 $ABCD$ 也可以看作是

一条直母线 AD，沿着两条交叉直导线 AB（水平线）和 DC（侧垂线）移动，并始终平行于一个导平面 W（侧平面），这样也可以形成与上述同样的曲面。在扭曲面形成过程中，母线运动时每一个空间位置称为扭曲面的素线。同一扭曲面有两种形成方式，也就有两组素线。中素线Ⅰ—Ⅰ、Ⅱ—Ⅱ……都是水平线，素线Ⅰ′—Ⅰ′、Ⅱ′—Ⅱ′……都是侧平线，同一组素线之间是交叉直线关系。

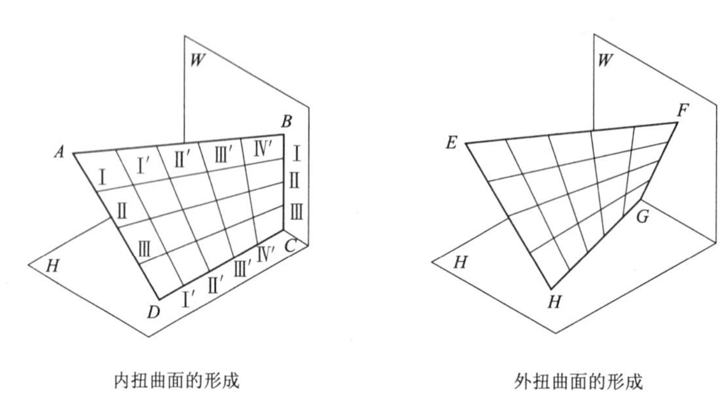

图 7-18 扭曲面的形成

2. 扭曲面的表示方法

在水利工程图中，除画出扭面 4 条边线的投影以外，还应画出素线的投影。为了使所绘素线能体现扭面的性质，制图标准规定：主视图、俯视图上画水平素线，左视图上画侧平素线，如图 7-19 所示。

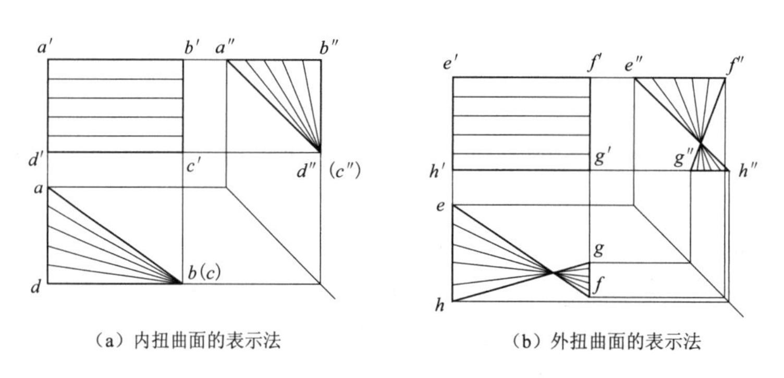

图 7-19 扭曲面的表示方法

3. 扭曲面过渡段的画法

(1) 三视图。如图 7-20 所示，三视图的过渡段由扭曲面翼墙和底板构成。扭曲面翼墙由梯形端面 $BCHG$、平行四边形端面 $ADFE$、内扭曲面 $ABCD$、外扭曲面 $EFHG$、顶面 $ABGE$、底面 $CDFH$ 6 个面组成，起控制作用的是翼墙两个端面的形状和位置。画图思路：扭曲面翼墙应先画扭曲面翼墙的两端面并注出其定形尺寸，再画内、外扭曲面，外扭曲面 GH、FH 两条直线在俯视图、左视图中画成虚线，看不见的素线一律不画。

(2) A—A 断面图。剖切平面 A—A 是侧平面，它与两个扭曲面的侧平素线平

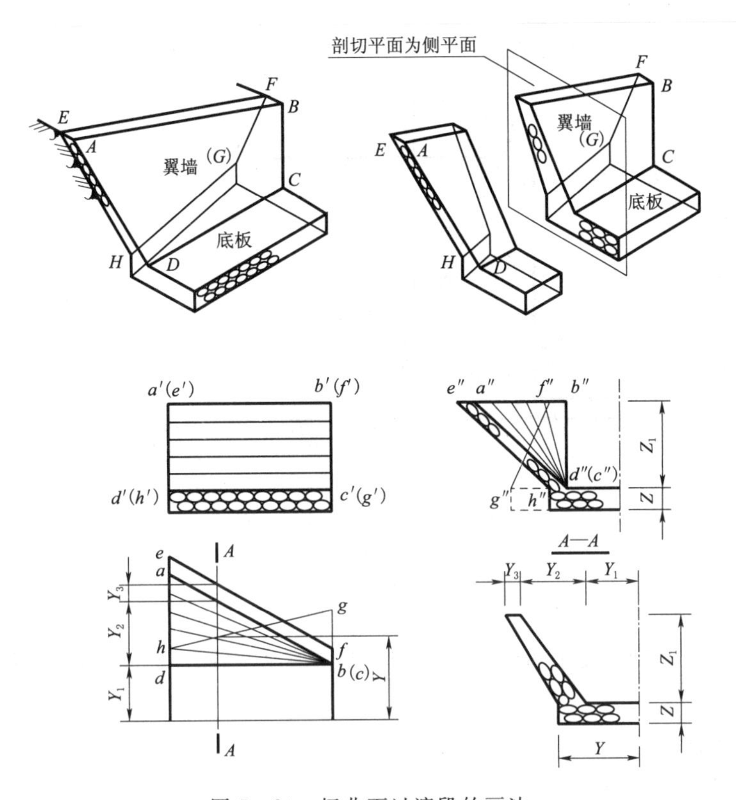

图 7-20 扭曲面过渡段的画法

行，因此与两个扭曲面的交线都是直线，翼墙的断面形状是四边形，底板的断面形状为矩形。

任务四 水利工程图的尺寸标注

本任务主要学习水利工程图尺寸基准的确定和有关尺寸的标注方法。

尺寸标注的基本规则和方法，在前面有关项目中已作了详细的介绍。本任务根据水利工程图的特点，介绍水利工程图尺寸基准的确定和常用尺寸的注法。

一、一般规定

(1) 水利工程图中的尺寸单位，流域规划图以千米计，标高、桩号、总平面布置图以米计，其余尺寸均以毫米计。若采用其他尺寸单位，则必须在图样中加以说明。

(2) 水利工程图中尺寸标注的详细程度，应根据设计阶段的不同和图样表达内容的不同而定。

二、高度尺寸

1. 高度尺寸的标注

由于水工建筑物的体积大，在施工时常以水准测量来确定水工建筑物的高度。所以在水利工程图中，对于较大或重要的面要标注高程，其他高度以此为基准直接标注高度尺寸，如图 7-21 所示。

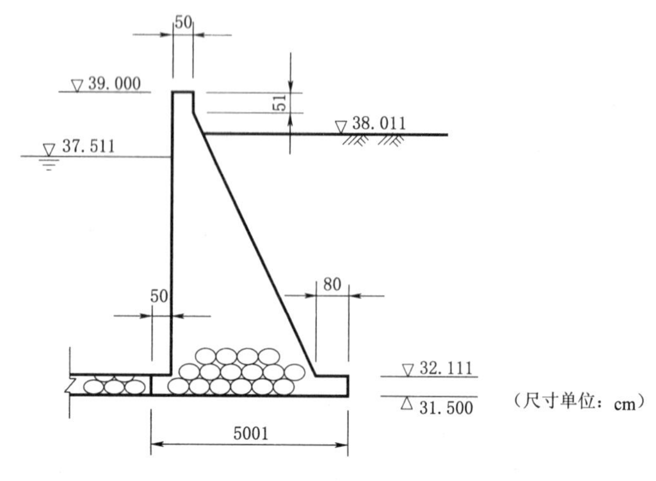

图 7-21 高度尺寸的注法

2. 高程的基准

高程的基准与测量的基准一致，采用统一规定的青岛市黄海海平面为基准。有时为了施工方便，也采用某工程临时控制点、建筑物的底面、较重要的面为基准或辅助基准。

三、水平尺寸

1. 水平尺寸的标注

对于长度和宽度差别不大的建筑物，选定水平方向的基准面后，可按组合体、剖视图、断面图的规定标注尺寸。对河道、渠道、隧洞、堤坝等长形的建筑物，沿轴线的长度用“桩号”的方法标注水平尺寸，标注形式为“km±m”，km 为千米数，m 为米数。例如：“0+043”表示该点距起点之后 43m 的桩号，“0-500”表示该点在起点之前 500m。“0+000”为起点桩号。桩号数字一般垂直于轴线方向注写，且标注在轴线的同一侧，当轴线为折线时，转折点处的桩号数字应重复标注，如图 7-22 所示。当同一图中几种建筑物均采用“桩号”标注时，可在桩号数字之前加注文字以示区别，如图 7-23 所示。

2. 水平尺寸的基准

水平尺寸的基准一般以建筑物对称线、轴线为基准，不对称时就以水平方向较重要的面为基准。河道、渠道、隧洞、堤坝等以建筑物的进口即轴线的始点为起点桩号。

四、曲线尺寸

1. 连接圆弧尺寸的注法

连接圆弧需标出圆心、半径、圆心角、切点、端点的尺寸，如图 7-24 所示。对于圆心、切点、端点，除标注尺寸外，还应注上高程和桩号。

2. 非圆曲线尺寸的注法

非圆曲线尺寸的注法一般是在图中给出曲线方程式，画出方程的坐标轴，并在图附近列表给出曲线上一系列点的坐标值，如图 7-24 所示。

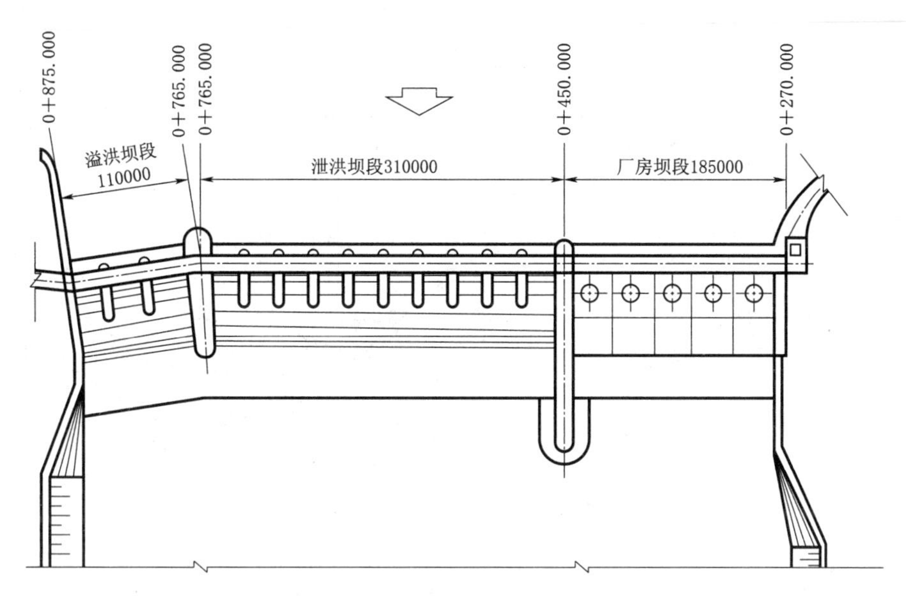

图 7-22　桩号数字的注法

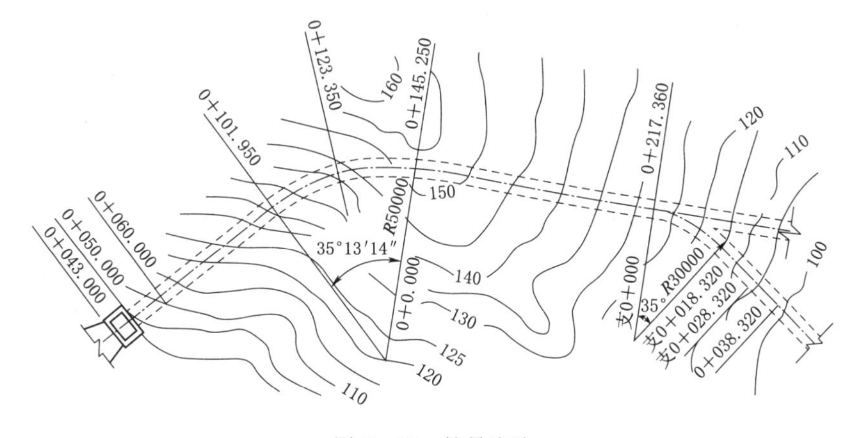

图 7-23　桩号注法

五、简化注法

1. 多层结构尺寸的注法

在水利工程图中，多层结构尺寸一般用引出线加文字说明标注。其引出线必须垂直通过引出的各层，文字说明和尺寸数字应按结构的层次注写，如图 7-25 所示。

2. 均布构件尺寸的注法

均匀分布的相同构件尺寸可简化标注，以水闸排水孔尺寸标注为例，如平面图 7-8 中排水孔尺寸“6×1000”，表示排水孔横向间距有 6 个，间距值为 1000mm。

六、封闭尺寸链与重复尺寸

图中既标注各分段尺寸又标注总体尺寸时就形成了封闭尺寸链，既标注高程又标注高度尺寸就会产生重复尺寸。由于建筑物的施工精度没有机械加工要求那样高，且建筑物庞大，各视图往往不在一张图纸上，为了适合仪器测量、施工丈量、便于看图

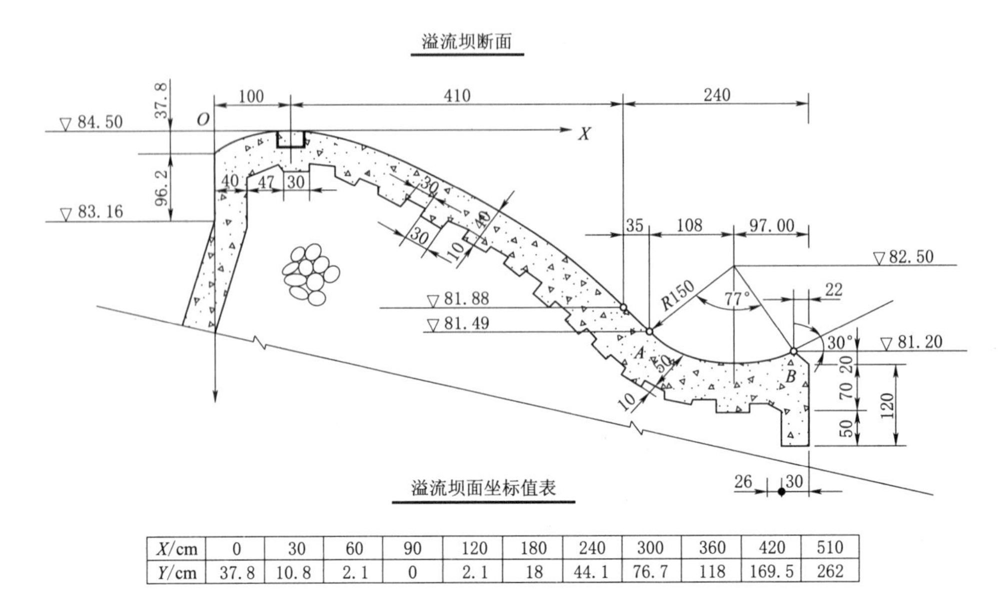

X/cm	0	30	60	90	120	180	240	300	360	420	510
Y/cm	37.8	10.8	2.1	0	2.1	18	44.1	76.7	118	169.5	262

图 7-24　连接圆弧与非圆曲线的尺寸注法

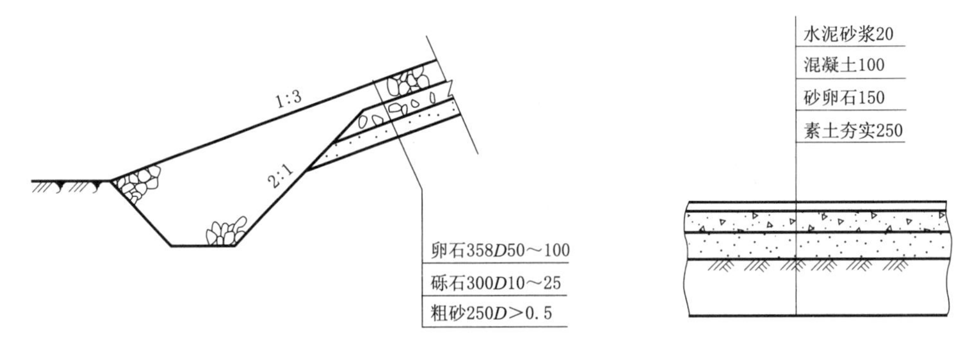

图 7-25　多层结构尺寸的注法

和施工，必要时可标注封闭尺寸和重复尺寸，但要仔细校对和核实，防止尺寸之间出现矛盾和差错。

任务五　水利工程图的识读

本任务主要学习水利工程图的识读方法和步骤。

一、读图的方法和步骤

识读水利工程图的顺序一般是由枢纽布置图到建筑结构图，按先整体后局部，先看主要结构后看次要结构，先粗后细、逐步深入的方法进行。具体步骤如下。

1. 概括了解

(1) 了解建筑物的名称、组成及作用。识读任何工程图样时都要从标题栏开始，从标题栏和图样上的有关说明中了解建筑物的名称、作用、比例、尺寸单位等内容。

（2）了解视图表达方法。分析各视图的视向，弄清视图中的基本表达方法、特殊表达方法，找出剖视图和断面图的剖切位置及表达细部结构详图的对应位置，明确各视图所表达的内容，建立起图与图及物与图的对应关系。

2. 形体分析

根据建筑物组成部分的特点和作用，将建筑物分成几个主要组成部分，可以沿水流方向将建筑物分为几段，也可沿高程方向将建筑物分为几层，还可以按地理位置或结构来划分。然后运用形体分析的方法，以特征明显的1～2个重要视图为主结合其他视图，采用对线条、找投影、想形体的方法，想出各组成部分的空间形状，对较难想象的局部，可运用线面分析法识读。在分析过程中，结合有关尺寸和符号，读懂图上每条图线、每个符号、每个线框的意义和作用，弄清建筑物各部分的大小、材料、细部构造、位置和作用。

3. 综合想象整体

在形状分析的基础上，对照各组成部分的相互位置关系，综合想象出建筑物的整体形状。

整个读图过程应采用上述方法步骤，循序渐进，几次反复，逐步读懂全套图纸，从而达到完整、正确理解工程设计意图的目的。

二、水利工程图的识读举例

【例7-1】 阅读图7-26～图7-28所示的福建闽江水口水电站枢纽工程平面布置图和混凝土重力坝设计图。

1. 枢纽的作用和组成

水口水电站工程位于福建省闽清县境内的闽江干流中游，上游距离南平市94km；下游距离闽清县城14km，距福州市84km。该工程是以发电为主，兼有航运、过木等综合利用效益的大型水力发电枢纽工程。

图7-26表示的是水口水电站枢纽工程。该枢纽工程采用左岸坝后式厂房的枢纽总布置方案，主要水工建筑物由混凝土实体重力坝、坝后式发电厂房、一线三级船闸、一线垂直升船机和开关站组成。

大坝为混凝土重力坝，由溢流坝和非溢流坝组成。非溢流坝用于拦截河水、蓄水和抬高上游水位，溢流坝在高程43.00m上设有弧形闸门，用于上游发生洪水时开启闸门泄流。由于该坝体是依靠自身重量保持稳定，故名重力坝。重力坝结构简单，施工方便，抗御洪水能力强，抵抗战争破坏等意外事故的能力也较强，工作安全可靠，故被广泛采用。

2. 读图

图7-26～图7-28所示为水口水电站工程的部分图样。由大坝平面布置图及溢流坝段和非溢流坝段的四个断面图来表达其总体布置及重力坝构造。

大坝平面布置图表达了地形、地貌、河流、指北针、坝轴线位置及建筑物的布置。由平面布置图可知，溢流坝段位于河床中部，为河床式布置，有12个表孔，孔口宽度为15m，其两侧各设一个泄水底孔，孔口宽度为5m，发电厂房布置在左岸，为坝后式，其内安装7台水轮发电机组。由于电站厂房毗邻溢洪道，其下游设置导水

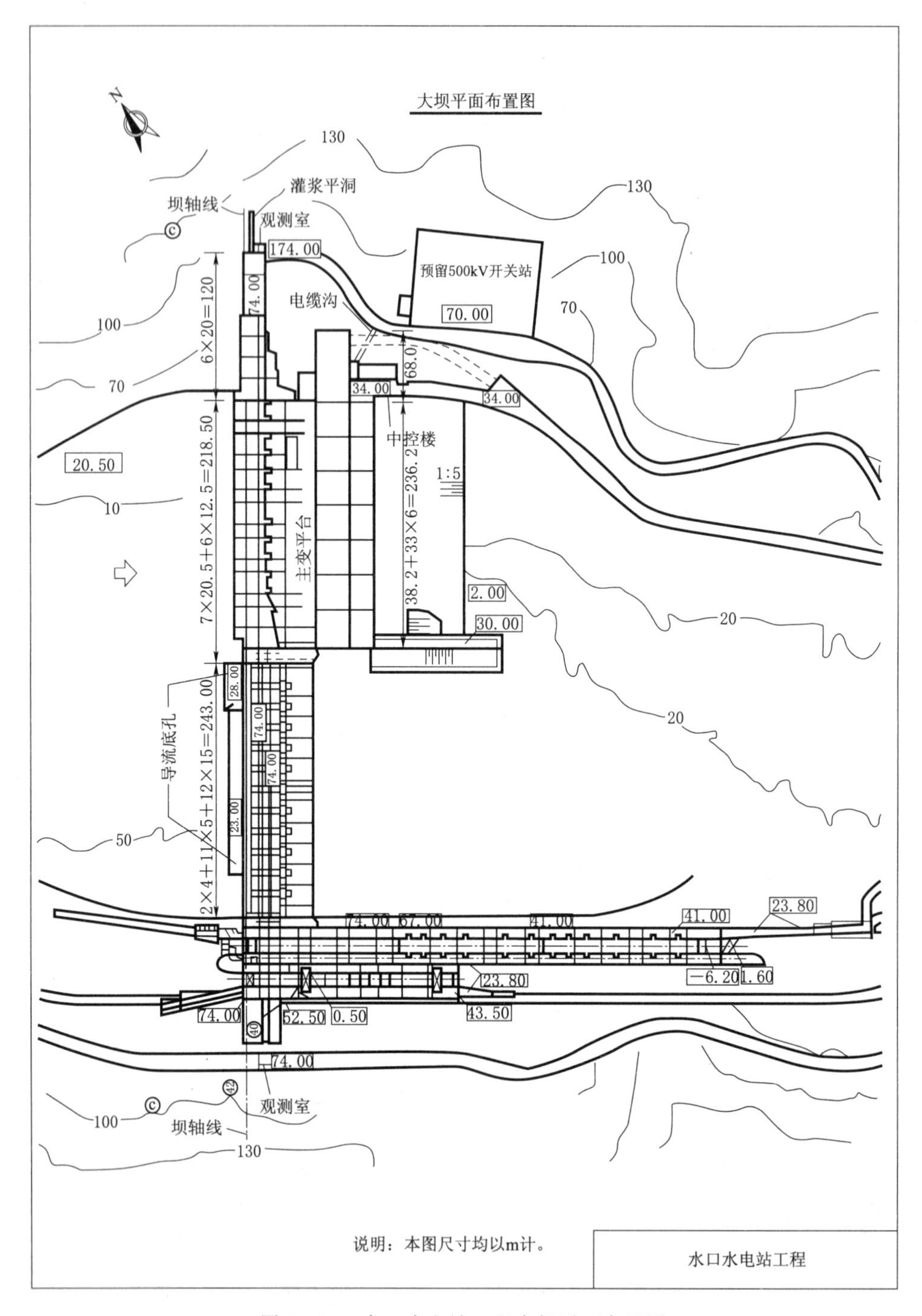

图 7-26 水口水电站工程大坝平面布置图

墙，防止水流向两侧扩散。过坝建筑物（船闸和升船机）布置在右岸，开关站布置在左岸上坝公路左侧山坡上。

断面图表达了溢流坝、非溢流坝的断面形状和结构布置。闸门、工作桥、启闭机等为重力坝的附属设备，图中采用示意、省略的表达方法。

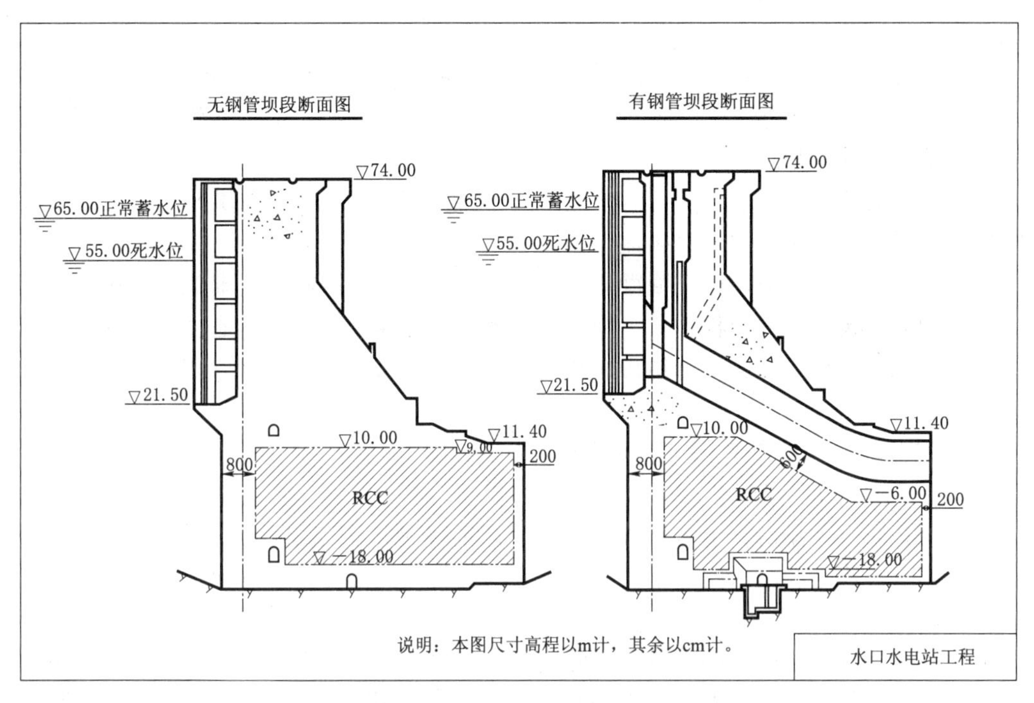

图 7-27 水口水电站工程非溢流坝段断面图

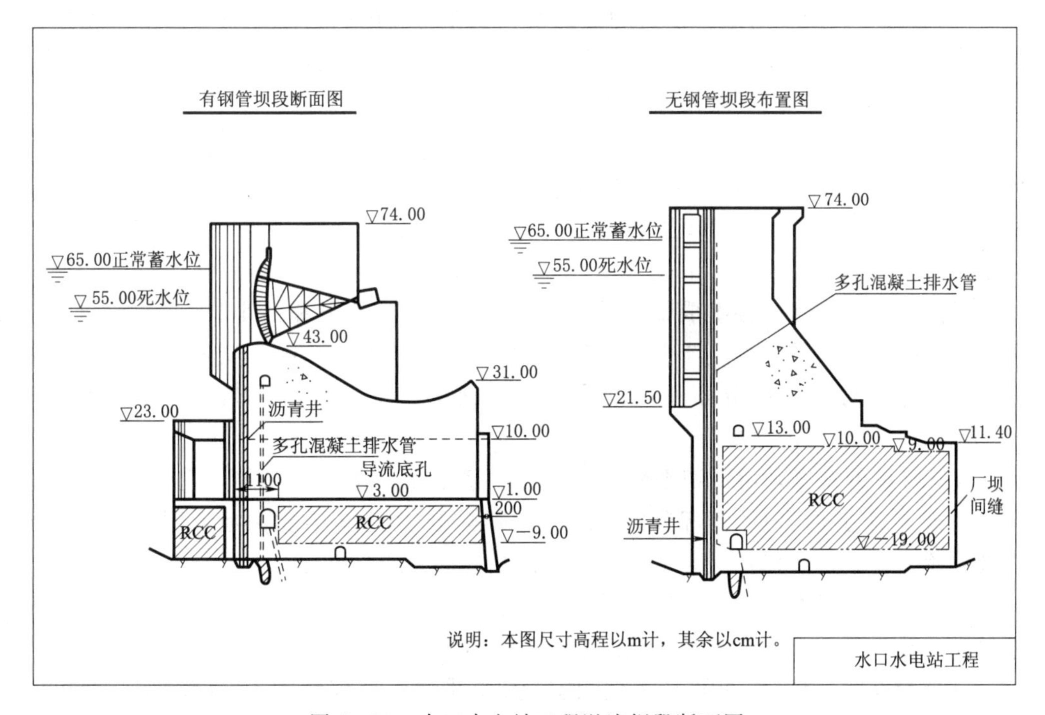

图 7-28 水口水电站工程溢流坝段断面图

由图可知，本拦河坝为混凝土实体重力坝，坝顶高程为74.00m，分为非溢流坝段和溢流坝段两部分。

非溢流坝段位于河床左侧，又分为左岸挡水坝段和厂房挡水坝段，厂房布置在坝后，每台机组对应两个坝段，坝段宽分别为12.5m和20.5m，引水钢管布置在宽坝段内，采用坝内斜埋管布置。

溢流坝段位于河床右侧，设有净宽15m的溢流表孔12孔，泄洪底孔2孔；表孔及底孔均采用弧形闸门控制，挑流消能。

部分混凝土工程采用碾压混凝土（RCC）施工，上下游面及基础部位采用常态混凝土，即“金包银”的结构型式。坝内设有灌浆廊道和交通廊道，通过灌浆廊道向坝基灌注水泥浆，使坝基岩石固结为一个整体，形成一道帷幕状的墙以防渗流，称为帷幕灌浆。

【例7-2】 阅读图7-29所示的进水闸设计图。

1. 水闸的作用和组成

水闸是防洪、排涝、灌溉等方面应用很广的一种水工建筑物。通过闸门的启闭，可使水闸具有泄水和挡水的双重作用。改变闸门的开启高度，可以起到控制水位和调节流量的作用。

水闸由上游连接段、闸室段和下游连接段三部分组成。上游连接段的作用是引导水流平顺地进入闸室，并保护上游河岸及河床不受冲刷，一般包括上游齿墙、铺盖、上游翼墙及两岸护坡等。闸室段起控制水流的作用，它包括闸门、闸墩（中墩及边墩）、闸底板，以及在闸墩上设置的交通桥、工作桥和闸门启闭设备等。下游连接段的作用是均匀地扩散水流，消除水流能量，防止冲刷河岸及河床，其包括消力池、海漫、下游防冲槽、下游翼墙及两岸护坡等。

2. 读图

（1）概括了解。本水闸设计图采用了三个基本视图（纵剖视图，平面图和上、下游立面图）及五个断面图等图形表达水闸的结构和组成。

（2）分析视图。

平面图表达了水闸各组成部分的平面布置、形状、材料和大小。水闸左右对称，采用对称画法，只画出以河流中心线为界的左岸；闸室段工作桥、交通桥和闸门采用了拆卸画法；冒水孔的分布情况采用了省略画法，标注出*B*—*B*、*C*—*C*、*D*—*D*、*E*—*E*、*F*—*F*剖切位置线。

A—*A*纵剖视图是用剖切平面沿长度方向经过闸孔剖开得到的，它表达了铺盖、闸室底板、消力池、海漫等部分的剖面形状和各段的长度及连接形状，图中可以看到门槽位置、排架形状以及上、下游设计水位和各部分的高程。

上、下游立面图表达了梯形河道剖面及水闸上游面和下游面的结构布置。由于视图对称，故采用各画一半的合成视图表达。

五个断面图：*B*—*B*断面图表达闸室为钢筋混凝土整体结构，同时还可以看出岸墙处回填黏土剖面形状和尺寸。*C*—*C*、*E*—*E*、*F*—*F*断面图分别表达上、下游翼墙的剖面形状、尺寸、材料、回填黏土和排水孔处垫粗砂的情况。*D*—*D*剖面表达了路

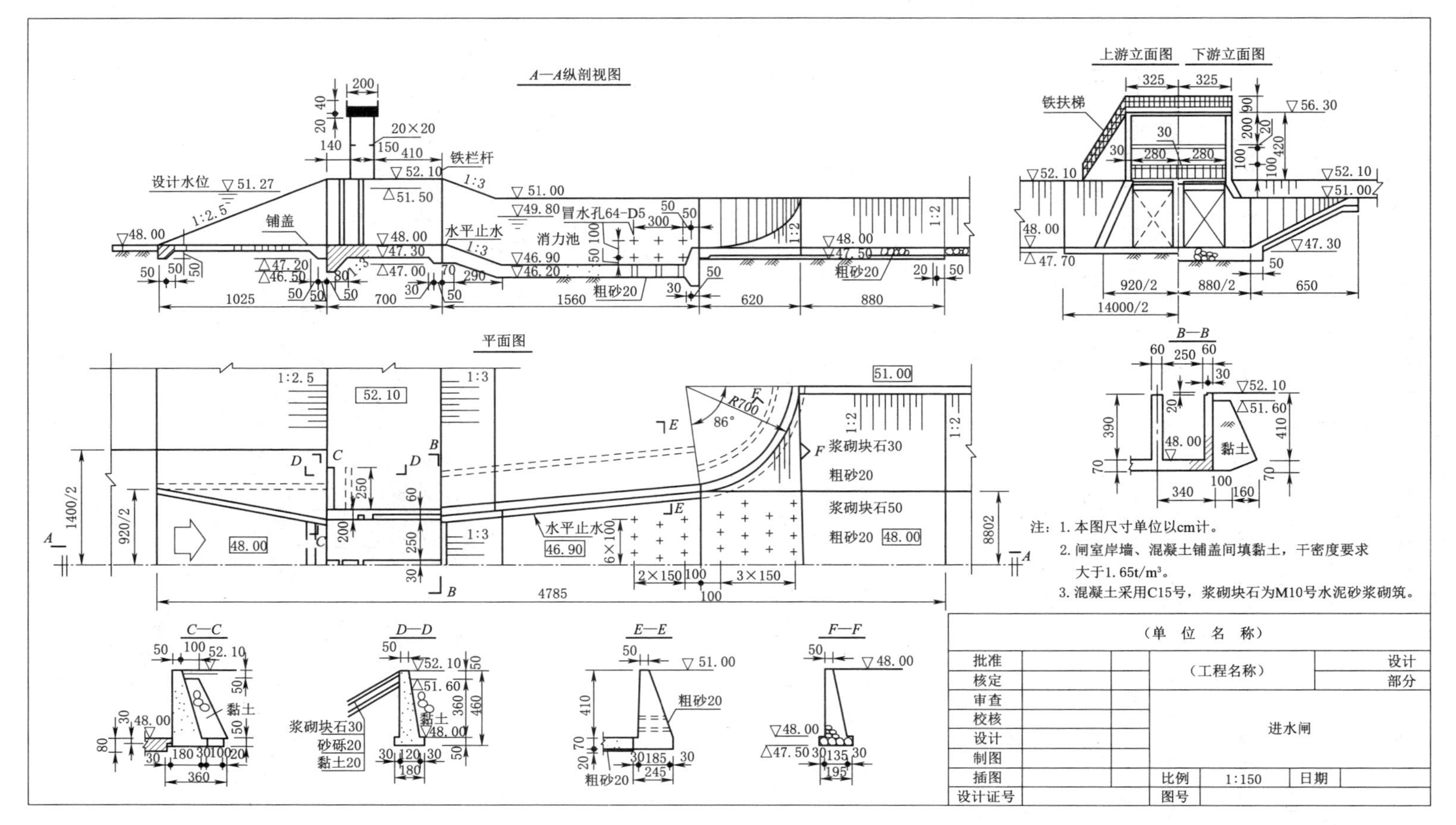

A—A纵剖视图
设计水位
铺盖
铁栏杆
水平止水
冒水孔64-D5
消力池
粗砂20
平面图
浆砌块石30
浆砌块石50
上游立面图
下游立面图
铁扶梯
B—B
黏土
C—C
D—D
E—E
F—F
浆砌块石30
砂砾20
黏土20
注：1. 本图尺寸单位以cm计。
2. 闸室岸墙、混凝土铺盖间填黏土，干密度要求大于1.65t/m³。
3. 混凝土采用C15号，浆砌块石为M10号水泥砂浆砌筑。
（单 位 名 称）
（工程名称）
进水闸
批准
核定
审查
校核
设计
制图
插图
设计证号
设计
部分
比例
1:150
日期
图号

图 7-29 进水闸设计图

沿挡土墙的剖面形状和上游面护坡的砌筑材料等。

(3) 深入阅读。综合阅读相关视图，可知水闸的上游段、闸室段、下游段各部分的大小、材料和构造。

上游段的铺盖底部是黏土层，采用钢筋混凝土材料护面，端部有防渗齿坎。两岸是浆砌块石护坡。翼墙采用斜降式八字翼墙，防止两岸土体坍塌，保护河岸免受水流冲刷。翼墙与闸室边墩之间设垂直止水，钢筋混凝土铺盖与闸室底板之间设水平止水。

水闸的闸室为钢筋混凝土整体结构，由底板、闸墩、岸墙（也称边墩)、闸门、交通桥、排架及工作桥等组成。闸室全长 7m、宽 6.8m，中间有一闸墩分成两孔，闸墩厚 0.6m，两端分别做成半圆形，墩上有闸门槽及修理门槽。闸门为平板门。混凝土底板厚 0.7m，前后有齿坎，防止水闸滑动。靠闸室下游设有钢筋混凝土交通桥，中部由排架支承工作桥。

在闸室的下游连接着一段陡坡及消力池，其两侧为混凝土挡土墙。消力池用混凝土材料做成，海漫由浆砌石做成。为了降低渗水压力，在消力池和海漫的混凝土底板上设有冒水孔，为防止排水时冲走地下的土壤，在底板下筑有反滤层。下游采用圆柱面翼墙，与渠道边坡连接，保证水流顺畅地进入下游渠道。

(4) 归纳总结。经过对图纸的仔细阅读和分析，然后根据其相对位置关系进行组合，可以想象出水闸空间的整体结构形状，如图 7-30 所示。

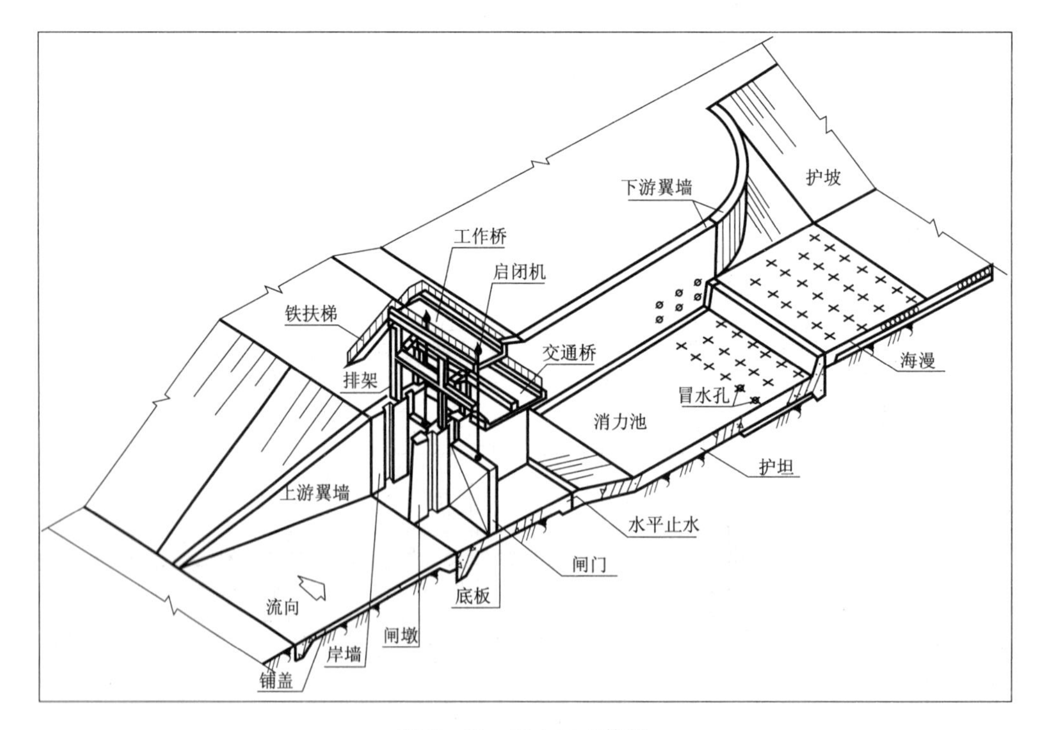

图 7-30 进水闸立体图

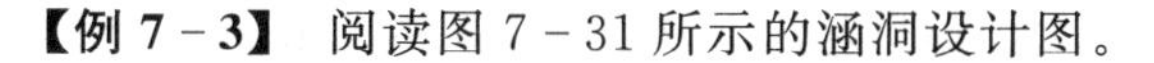

【例 7－3】 阅读图 7－31 所示的涵洞设计图。

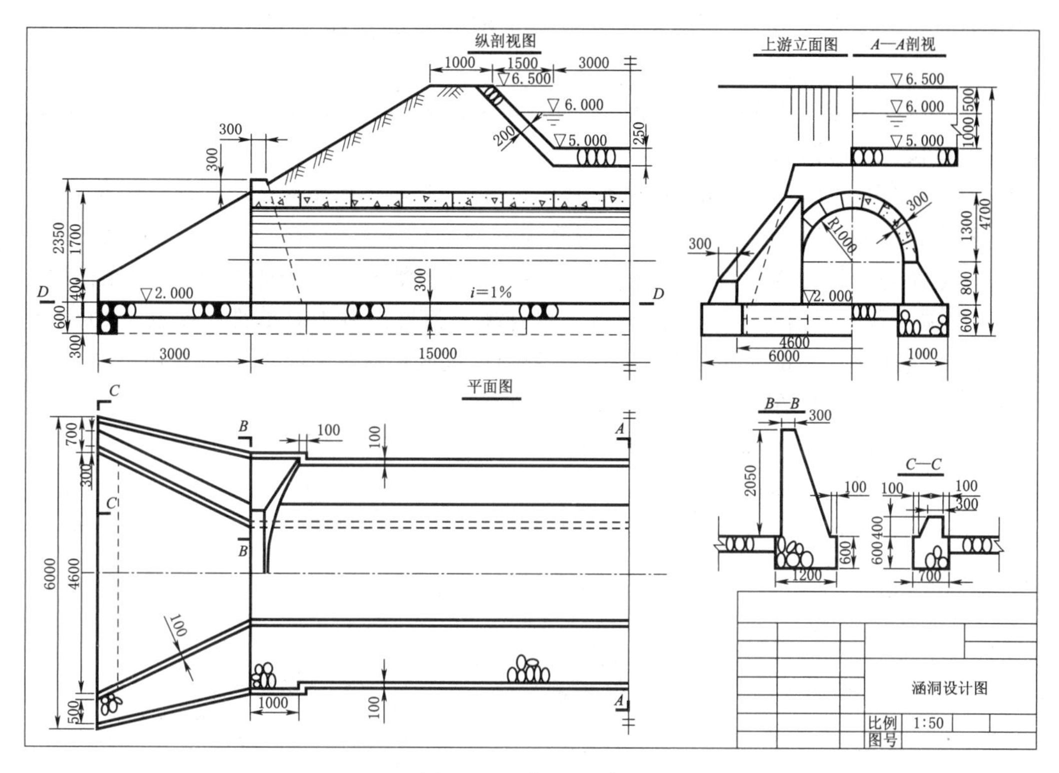

图 7－31 涵洞设计图

1. 涵洞的作用和组成

涵洞是修建在渠、堤或路基之下的交叉建筑物。当渠道或交通道路（公路和铁路）通过沟道时常常需要填方，并在填方下设一涵洞，以便使水流或道路通畅。

涵洞一般由进口段、洞身段和出口段三部分组成。常见的涵洞形式有盖板涵洞和拱圈涵洞等。涵洞的施工方法是先开挖筑洞，然后再回填。

2. 读图

（1）概括了解。首先阅读标题栏和有关说明，可知图名为涵洞设计图，作用是排泄沟内洪水，保证渠道通畅。画图比例为 1∶50，尺寸单位为 mm。

（2）分析视图。本涵洞设计图采用了三个基本视图，即平面图（半剖视图）、纵剖视图、上游立面图和洞身横剖视图组合而成的合成视图，以及两个移出断面图来表达涵洞。

涵洞左右对称，平面图采用对称画法，只画了左边的一半，为了减少图中的虚线，既采用了半剖视图（D—D 剖视），又采用了拆卸画法。它表达了涵洞各部分的宽度，各剖视图、断面图的剖切位置和投影方向以及涵洞底板的材料。

纵剖视图是一全剖视图，沿涵洞前后对称平面剖切，它表达了涵洞的长度和高度方向的形状、大小和砌筑材料，并表达了渠道和涵洞的连接关系。

上游立面图和 A—A 剖视图是合成视图，前者反映涵洞进口段的外形，后者反映洞身的形状、拱圈的厚度及各部分尺寸。$B—B$、$C—C$ 为两个移出断面，分别表达了翼墙右端、左端的断面形状，与进口段下部底板的连接关系，以及细部尺寸和材料。

（3）深入阅读。根据涵洞的构造特点，可沿涵洞长度方向将其分为进口段、洞身段和出口段三部分进行分析。

1）进口段。从平面图和上游立面图中可知，进口段为八字翼墙，结合纵剖视图可以看出，翼墙为斜降式，由 $B—B$ 断面知翼墙材料为浆砌石，两翼墙之间是护底，护底最上游与齿墙合为一体，材料也是浆砌石，在翼墙基础与护底之间设有沉陷缝。

2）洞身段。从合成视图可以看出，洞身断面为城门洞形，上部是拱圈，用混凝土砖块砌筑而成，下部是边墙和基础，用浆砌石筑成；从纵剖视图可以看出，洞底也用浆砌石筑成，其坡降为 1%，以便使水流通畅。

3）出口段。由于该涵洞上游与下游完全对称，出口形体与进口相同。

（4）归纳总结。通过以上分析，对涵洞的进口段、洞身段和出口段三大组成部分，先逐段构思，然后根据其相对位置关系进行组合，综合想象出整个涵洞的空间形状，如图 7-32 所示。

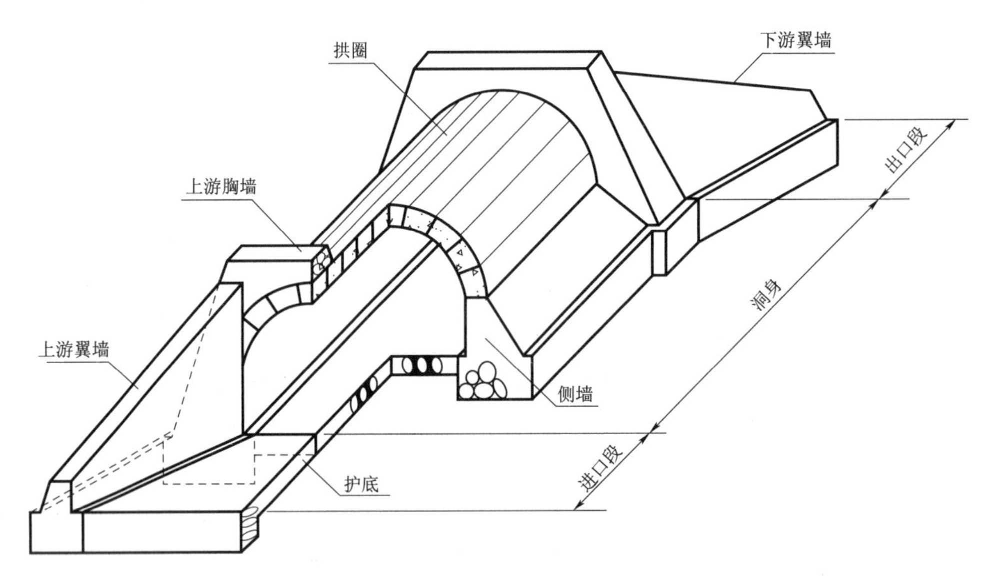

图 7-32　涵洞立体图

【例 7-4】 阅读图 7-33 所示的渡槽设计图。

1. 渡槽的作用和组成

渡槽是输送渠道水流跨越沟谷、道路、河渠等的架空输水建筑物，一般适用于渠道跨越深宽河谷且洪水流量较大、跨越较广阔的洼地等情况，它与倒虹吸管相比，水头损失小，便于通航，管理运用方便，是采用最多的一种建筑物。

渡槽是一种交叉建筑物。渡槽由槽身、进口段、出口段和支承结构等部分组成。槽身是渡槽的主体，直接起输送水流的作用；支承结构是渡槽的承重部分；进口段与出口段的作用主要是平顺水流。

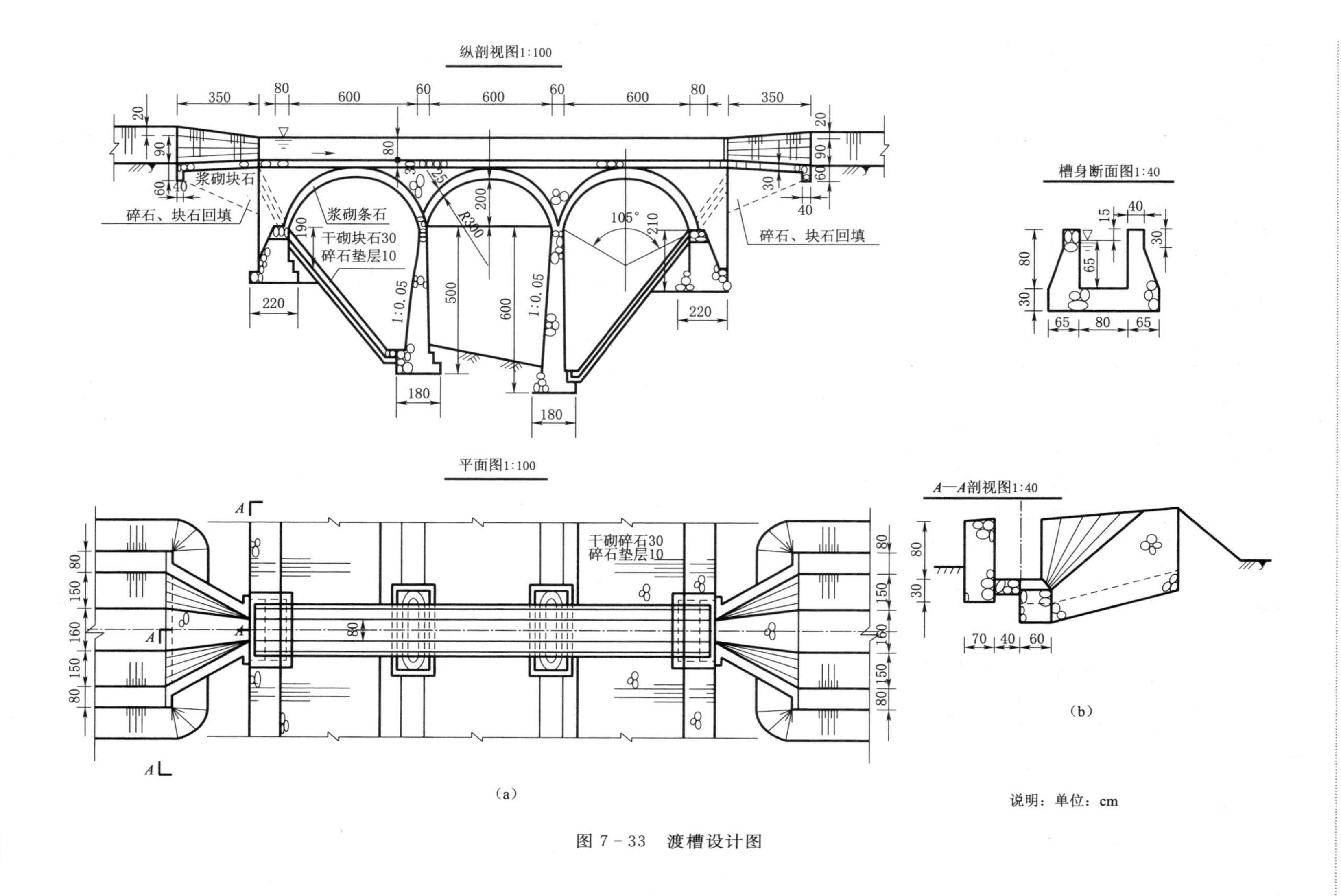
纵剖视图1:100
浆砌块石
碎石、块石回填
浆砌条石
干砌块石30
碎石垫层10
碎石、块石回填
槽身断面图1:40
平面图1:100
干砌碎石30
碎石垫层10
A—A剖视图1:40
(a)
(b)
说明：单位：cm

图 7-33 渡槽设计图

2. 读图

图 7-33 所示为一浆砌块石矩形渡槽的部分图样，由纵剖视图、平面图、槽身断面图和 A—A 剖视图等组成。纵剖视图和平面图表达渡槽的整体结构，槽身断面图是垂直于槽身长度方向中心线剖切所得，表达槽身的断面形状、尺寸和材料，A—A 阶梯剖视图是沿进口段上游端面和槽身上游端面剖切所得，表达进口段的立面外形和槽身端面形状。

读图时，按渡槽的组成部分将各视图结合识读。根据槽身断面图可知，槽身过水断面为矩形，由侧壁和底板组成，建筑材料均为浆砌块石，槽宽为 80cm。平面图表明，进出口段均以扭面过渡。对于支承结构，由纵剖视图可知，它有三个拱圈支承在墩台顶部的五角石上，两个中墩和两个边墩构成三跨，跨径 6m，矢跨比为 1/3。槽墩主体材料为浆砌块石，五角石材料为混凝土。

项目八

AutoCAD 基础知识

【能力目标】

1. 能够进行 AutoCAD 2018 软件的基本操作。
2. 会使用 AutoCAD 2018 常用功能。
3. 能够根据 CAD 图纸创建和管理图层。

【思政目标】

通过介绍 AutoCAD 2018 软件的应用和发展，了解我国专业绘图软件的开发现状，以此激发学生爱科学、爱国家的热情，培养学术志向，厚植爱国主义情怀。

任务一　了解 AutoCAD 2018 的工作界面

本任务主要熟悉 AutoCAD 2018 的工作界面。

AutoCAD 2018 是 Autodesk 公司于 2017 年 3 月推出的较新版本，经过多次完善后，在界面、图层功能和控制图形显示等方面都达到了更高的水平，可以使用户以更快的速度、更高的准确性制作出具有丰富视觉精准度的设计详图和文档。AutoCAD 2018 在原有的基本功能外新增了如下功能：

（1）对高分辨率显示器的支持。享受最佳的查看体验，即使在 4K 和更高分辨率的显示器上也能清晰显示，并专门针对 Win10 做了优化。

（2）PDF 输入功能更强大。可将 CAD 导出的 PDF 文件里的几何图形格式的文字重新转化为 shx 格式。

（3）外部文件参考。使用工具修复外部参考文件中断开的路径，节省时间并最大限度地减少挫败感。

（4）对象选择。即使平移或缩放关闭屏幕，选定对象仍保持在选择集中。

（5）文本转换为多行文本。将文本和多行文本对象的组合转换为单个多行文本对象。

（6）用户界面。使用常用对话框和工具栏直观地工作。

（7）共享设计视图。将图形的设计视图发布到安全的位置，以供在 Web 浏览器中查看和共享。

（8）AutoCAD 移动应用程序。使用 AutoCAD 移动应用程序在移动设备上查看、创建、编辑和共享 CAD 图形。

安装 AutoCAD 2018 后，系统会自动在 Windows 桌面上生成对应的快捷方式图标，双击该图标启动 AutoCAD 2018，进入 AutoCAD 欢迎界面，如图 8-1 所示。

图 8-1 AutoCAD 2018 欢迎界面

默认情况下，系统会直接进入初始界面，也就是“草图与注释”工作空间，如图 8-2 所示的界面。AutoCAD 2018 提供了“草图与注释”“三维基础”“三维建模”三种工作空间模式。默认打开的是如图 8-2 所示的“草图与注释”工作空间，可以单击状态栏右下角的“切换工作空间”按钮，左键单击右侧的倒三角，在弹出的快捷菜单中选择，即可切换到其他工作空间。

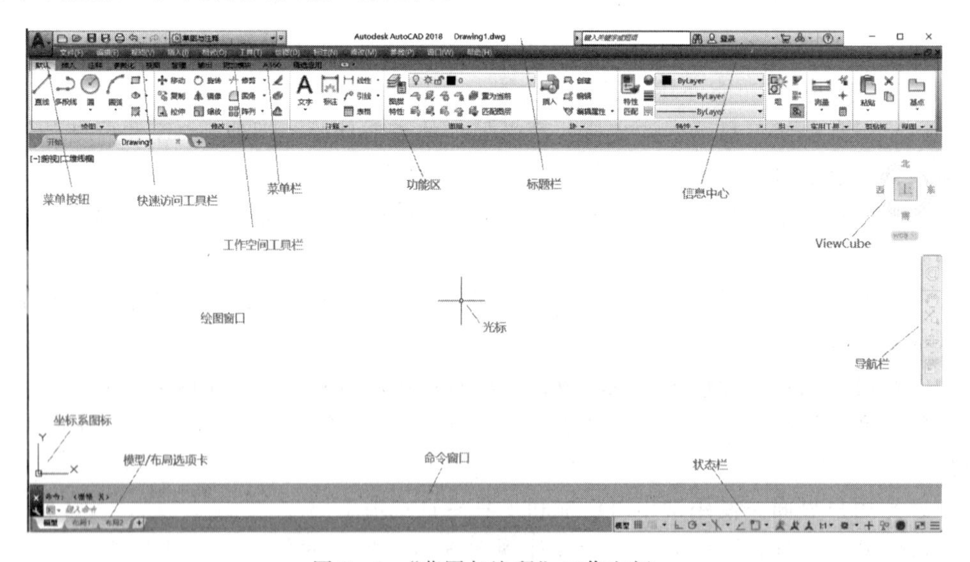

图 8-2 “草图与注释”工作空间

“草图与注释”工作空间的界面主要由菜单按钮、快速访问工具栏、标题栏、信息中心、功能区、绘图窗口、坐标系图标、模型/布局选项卡、命令窗口、状态栏、ViewCube 和导航栏等组成。

1. 菜单按钮（菜单浏览器）

单击左上角的菜单按钮，打开下拉菜单（图 8－3），该下拉菜单提供了“新建”“打开”“保存”“另存为”“输入”“输出”“发布”“打印”“图形实用工具”“关闭”等常用的文件操作命令。在下拉菜单的右侧，系统还列出了最近使用的文档的名称，在这里用户可以快速地打开最近使用的文件。若单击右下角“选项”按钮，系统将打开“选项”对话框（图 8－4），用户可以在该对话框中对文件保存提醒间隔、背景颜色以及快捷键等进行相应的设置。

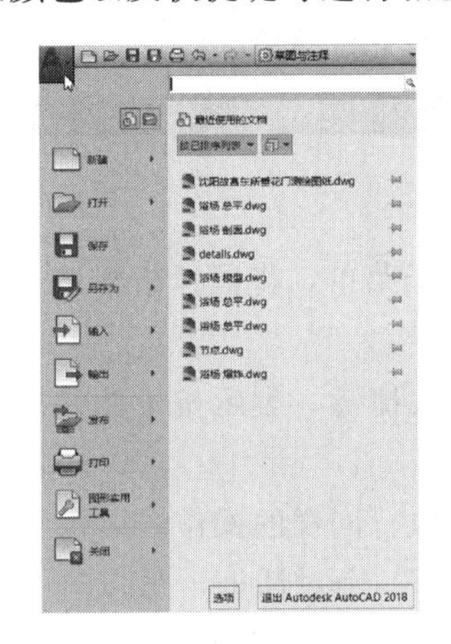

图 8－3　下拉菜单按钮

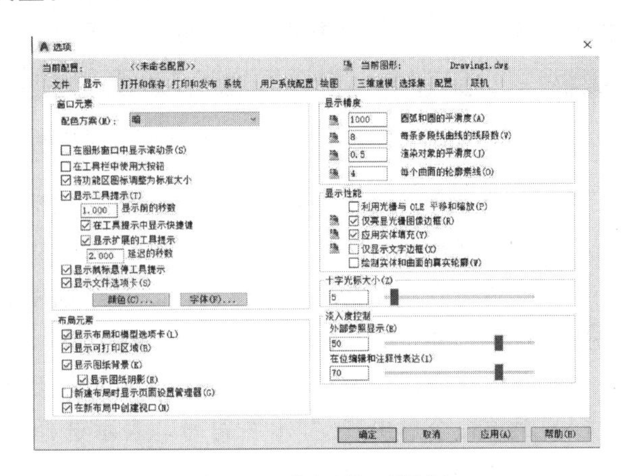

图 8－4　“选项”对话框

2. 快速访问工具栏

用于显示经常用到的命令，如图 8－5 所示。用户可以对该工具栏进行自定义使其显示最常用的工具。若单击该工具栏最右端的下拉三角箭头，系统将展开工具列表，此时，在工具列表中选中或取消相应的选项，即可显示或隐藏相应的命令按钮。

图 8－5　快速访问工具栏

3. 工作空间工具栏

默认情况下不显示工作空间工具栏，如想调出可以点击快速访问工具栏右侧的下拉三角箭头，在展开工具列表中选中工作空间即可调出。

如需调出其他工具栏，可以在菜单栏中选择“工具”，下拉找到“工具栏”后点击 > 符号，出现 AutoCAD，在 > 符号后用鼠标选择工作空间，用此方法可以调出任意工具栏。

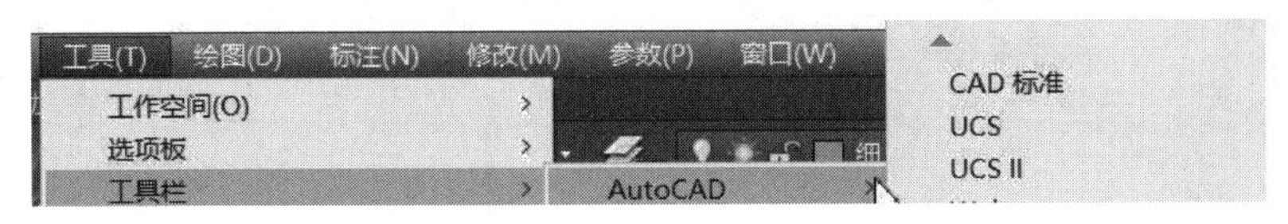

图 8－6　“工具”菜单

4. 标题栏

在快速访问工具栏的右边，显示当前正在运行的软件名称、版本以及当前所操作的图形文件名称。

5. 信息中心

标题栏右侧为信息中心，显示登录账号的用户名，通常采用离线方式或不进行登录。

6. 菜单栏

AutoCAD启动后没有显示菜单栏，需要手动将菜单栏显示在屏幕上，方法是点击快速访问栏右侧的下拉三角箭头，在展开工具列表中选中隐藏的菜单栏即可调出，菜单栏由如图8-7所示的12个菜单组成，它们几乎包括了AutoCAD中全部的功能和命令。点击菜单栏中的某一个选项，可以打开对应的下拉菜单。

文件(F) 编辑(E) 视图(V) 插入(I) 格式(O) 工具(T) 绘图(D) 标注(N) 修改(M) 参数(P) 窗口(W) 帮助(H)

图8-7 菜单栏

(1) 菜单命令后出现 > 符号时，表示该选项后面还有子菜单，将鼠标指在该选项上面，子菜单就会弹出。

(2) 菜单命令后面括号内有字母的，是该选项对应的快捷键，表示按下此快捷键能快速执行该功能。

(3) 菜单命令后跟有组合键，表示直接按组合键也能执行同样的操作。

(4) 菜单命令后出现“...”符号，表示选择它可打开一个对话框，可以进一步进行设置与选择。

(5) 菜单命令呈灰色，表示该命令在当前状态下不可使用。

7. 功能区

功能区由选项卡、面板以及面板上的命令按钮等组成，如图8-8所示。功能区包含“默认”“插入”“注释”“参数化”“视图”“管理”“输出”“附加模块”“A360”“精选应用”十个选项卡。对应于不同的选项卡，将显示出不同的工具面板。例如，对于“默认”选项卡，显示的面板主要包括“绘图”“修改”“图层”“注释”“块”等。以“修改”面板为例，单击修改▾后面的倒黑三角，面板将展开以显示其他工具，单击展开面板上的小图钉按钮，面板可以被固定在屏幕上，同时小图钉按钮的形状变成了。

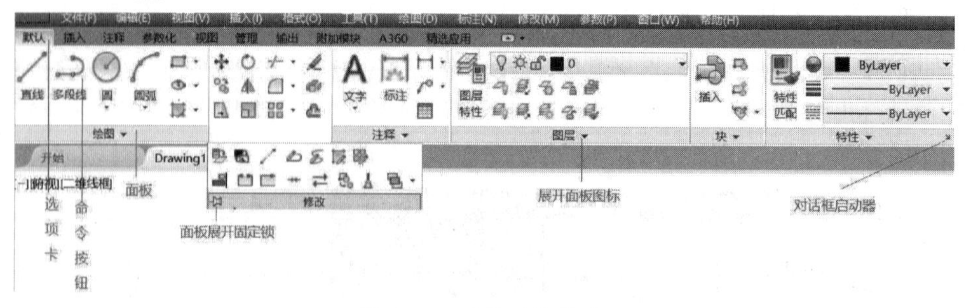

图8-8 功能区的构成

8. 绘图窗口

绘图窗口又称为工作区，位于屏幕中央的空白区域，是绘制、显示图形的主要场所，占据软件界面中最大的一片区域。

9. 坐标系图标

在绘图窗口的左下角还显示了当前使用的坐标系类型以及坐标原点、*X* 轴、*Y* 轴、*Z* 轴的方向等。AutoCAD 提供了世界坐标系和用户坐标系两种坐标系，世界坐标系为默认坐标系。

10. 模型/布局选项卡

在绘图窗口的左下方有“模型”和“布局 1”或“布局 2”三个选项卡，单击其标签可以在模型空间或图纸空间之间来回切换。默认情况下，“模型”选项卡被选中，也就是通常情况下在模型空间绘制图形，然后再切换到图纸空间对图形进行注释和打印排版。

11. 命令窗口（行）

命令行位于绘图窗口的下方，用于显示命令提示和信息，可以通过拖动窗口改变窗口的位置和大小，如图 8－9 所示。用户可以通过在命令行输入各种操作命令或者参数来执行命令。命令行窗口是软件与用户进行交互对话的地方，在使用过程中，用户应该密切留意命令行窗口中出现的各种提示性输入或出错的相关信息。

命令：*取消*
键入命令

图 8－9　命令行窗口

12. 状态栏

状态栏用于显示或设置当前绘图状态。用鼠标单击某一按钮可以实现启用或关闭对应功能的切换，按钮显示为蓝色时表示启用对应的功能，显示为灰色时则表示关闭该功能，如图 8－10 所示。状态栏最左边的一组数字反映当前光标的坐标值，其余按钮表示当前是否启用了模型、图形栅格、推断约束、捕捉模式等。可以通过鼠标左键单击最右边的自定义按钮☰增加或减少当前显示的按钮。

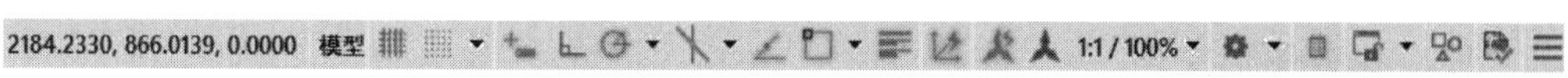

2184.2330, 866.0139, 0.0000　模型　1:1 / 100%

图 8－10　状态栏

导航栏和 ViewCube 是进行三维设计时才用到的功能，这里不再介绍。

任务二　AutoCAD 2018 的文件管理

本任务主要熟悉 AutoCAD 2018 图形文件的管理，包括新建、打开、保存和关闭文件。

一、新建图形文件

新建图形文件，可以使用以下几种途径：

（1）在欢迎界面中点击 开始 中的“+”新建图形文件。

（2）从“文件”下拉菜单中选取“新建”命令。

（3）从菜单按钮下拉菜单中选取“新建”命令。

（4）在左上角的快速访问工具栏中点击新建按钮。

执行“新建”命令后，会弹出如图 8-11 所示的“选择样板”对话框，在“名称”列表框中选中某一样板，这时在其右面的“预览”框中将显示出该样板的预览图像。单击“打开”按钮，即可新建一个图形文件。

二、打开图形文件

若要打开已有的图形文件，可以使用以下几种途径：

（1）进入 AutoCAD 欢迎界面后，在“最近使用的文档”中选择打开已有的文件。

（2）从“文件”下拉菜单中选取“打开”命令。

（3）从菜单按钮下拉菜单中选取“打开”命令。

（4）在左上角的快速访问工具栏中点击打开按钮。

执行“打开”命令后，会弹出“选择文件”对话框，如图 8-12 所示。在该对话框中选择需要的文件，单击“打开”按钮即可。此外，找到需要的图形文件，单击该图形文件，可打开该文件。

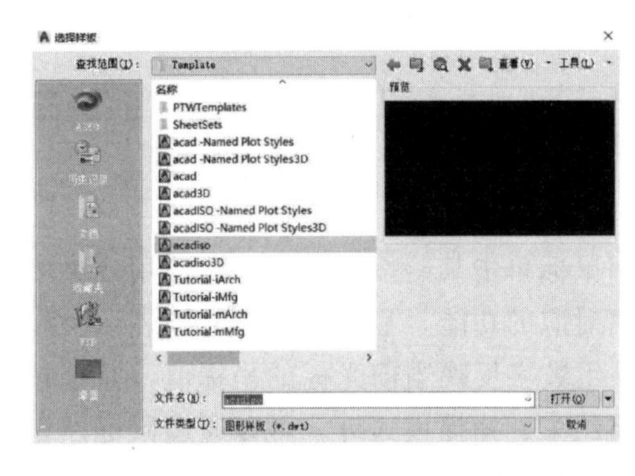

图 8-11 “选择样板”对话框

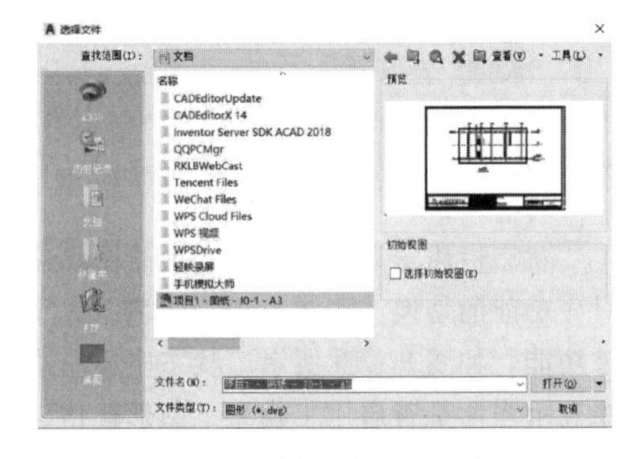

图 8-12 “选择文件”对话框

三、保存图形文件

保存文件就是把用户所绘制的图形以文件形式存储起来。在用户绘制图形的过程中，要养成经常保存的习惯，以减少因突然断电、程序意外结束、电脑死机等所造成的数据丢失。要保存绘制的图形文件，可以使用以下途径。

1. 快速保存

快速保存是以当前文件名及其路径存入磁盘，执行途径如下：

（1）从“文件”下拉菜单中选取“保存”命令。

（2）从菜单按钮下拉菜单中选取“保存”命令。

（3）在左上角的快速访问工具栏中点击保存按钮。

如果文件是第一次保存，会弹出“图形另存为”对话框，这就需要用户给要保存的图形文件指定文件夹，输入一个文件名，最后单击“保存”按钮。

2. 文件另存为

“文件另存为”是将当前文件用另一个名字或路径进行保存，执行途径如下：

（1）从“文件”下拉菜单中选取“另存为”命令。

（2）从菜单按钮下拉菜单中选取“另存为”命令。

（3）在左上角的“快速访问”工具栏中点击按钮。

这时会弹出“图形另存为”对话框，如图 8－13 所示。选择文件夹，输入文件名，单击“保存”按钮。

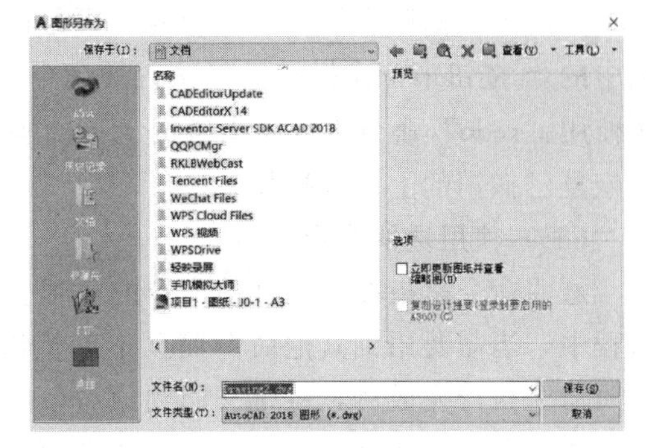

图 8－13 “图形另存为”对话框

四、关闭图形文件

从菜单按钮下拉菜单中选取“关闭”命令，或在绘图窗口单击“关闭”按钮，如果当前文件没有保存，系统将弹出警告对话框，询问是否保存文件。

任务三 AutoCAD 2018 的基本操作

本任务主要熟悉 AutoCAD 的常见操作和选择对象的多种方式。

一、鼠标基础操作

在绘图窗口，AutoCAD 光标通常显示为＋，当光标移至选项卡、面板或对话框内时，它会变成箭头，当单击或者按动鼠标键时，就会执行相应的命令或动作。鼠标常见基础操作有以下几种：

（1）鼠标左键：点击选中，用于输入点、拾取对象和选择命令按钮等。

（2）鼠标右键：相当于回车键，用于结束当前使用的命令，此时系统将根据当前绘图状态而弹出不同的快捷菜单。在执行完命令后，单击鼠标右键可以重复上次的操作命令。

（3）鼠标中键（滚轮）：主要用于视图的缩放和平移操作：①按住中键移动鼠标，光标变成小手，执行平移命令，与等效；②中键双击，实现图形的满屏显示，等效于输入“Zoom↙，E↙”；③中键滚动，实时缩放视图，向前滚动放大，向后滚动缩小，与等效。

二、AutoCAD 命令的操作和选择对象的方法

（一）命令的执行方式

在 AutoCAD 2018 中可以通过以下三种方式来启动命令：

（1）单击工具面板上（或者工具栏中）的工具按钮即可执行命令。

（2）从下拉菜单或快捷菜单中选择菜单项。

（3）通过键盘直接输入命令的快捷键。

当结束执行一条命令后，按回车键或者空格键，可以重复执行上一条命令。

（二）命令的终止

CAD在命令执行的任一时刻都可以用键盘上的Esc键取消和终止命令的执行。

当需要撤销已经执行的命令时，可通过命令“undo”或“u”，或者快速访问工具栏中的按钮来依次撤销已经执行的命令。当使用命令“undo”或“u”后，紧接着可使用“redo”命令恢复已撤销的上一次操作，或者单击快速访问工具栏中的按钮来恢复已撤销的上一次操作。

（三）使用透明命令

透明命令是指在执行其他命令的过程中可以调用执行的命令。在执行某个命令的过程中，当需要用到其他命令而又不希望退出当前执行的命令时，可使用透明命令，透明命令执行完成后，系统又回到原命令执行状态，不影响原命令继续执行。

透明命令通常是一些绘图辅助命令，如缩放（zoom）、栅格（grid）、实时平移（pan）等。

（四）选择对象的方法

在对图形对象进行操作时，首先要选择对象，例如执行删除命令。

删除命令是将绘图过程中由于各种原因画错的对象删除，是经常使用的命令。执行途径如下：

（1）单击“修改”功能区面板上的删除按钮。

（2）命令行输入：E↙（回车）。

（3）选择对象后用键盘上的Delete键删除。

执行删除命令后，命令行提示信息如下：

选择对象：（选择需要删除的对象）

选择对象：↙（回车）

当命令行提示信息显示“选择对象”时，可以采用以下几种常用的选择对象的方法。

1. 单选

当命令行出现提示“选择对象”时，默认情况下，可以用鼠标逐个单击对象来直接选择，此时光标表现为一个小方框（即拾取框）。选择时，拾取框必须与对象上的某一部分接触。例如，要选择圆，需要在圆周上单击，而不是在圆的内部某位置单击，被选定的对象将高亮显示。

这种方法方便直观，但精确程度不高，尤其在对象排列比较密集的地方，往往容易选错或多选，此时可以按下Ctrl键并循环单击这些对象，直到所需对象亮显为止。

若要取消多个选择对象中的某一个对象时，可按下Shift键，并单击要取消选择的对象，这样就可以取消需要取消的对象。

2. 多选

当命令行出现提示“选择对象”时，通过鼠标左键点击指定对角点的矩形区域选择对象，用这种方法一次可以选择多个对象。矩形选择框方式有两种，分别是窗口方式和窗交方式。

窗口（W）方式：从左向右选择，只有完全包含在方框中的对象被选中，如图 8－14（a）所示。

窗交（C）方式：从右向左选择，包含在方框内以及与方框相交的对象都被选中，如图 8－14（b）所示。

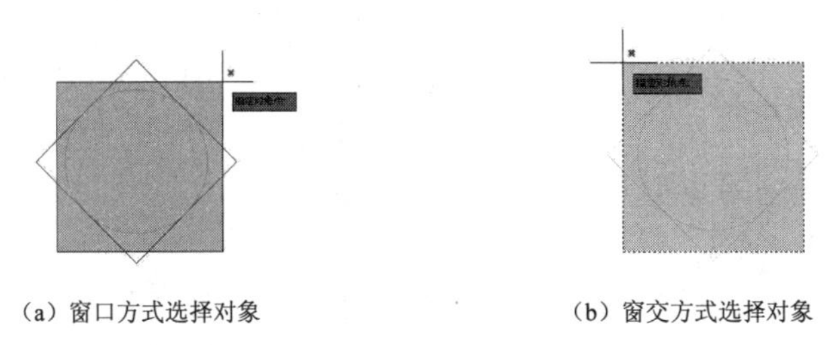

（a）窗口方式选择对象　　（b）窗交方式选择对象

图 8－14　多选方式选择对象

3. 栏选

当执行某个命令提示“选择对象”时输入“F”，画折线，所有与折线相交的对象被选中。

4. 全部选择对象

快捷键 Ctrl＋A 可选中全部对象；或者当命令行出现提示“选择对象”时输入“ALL”，也可全部选中对象。

说明：在删除对象时可以先选择对象再执行删除命令，也可以先执行删除命令再根据提示选择需要删除的对象。

（五）快捷键及常用键

快捷键是 Windows 系统提供的功能键或普通键的组合，目的是为用户快速操作提供条件。AutoCAD 2018 简体中文版中同样包括了 Windows 系统自身的快捷键和 AutoCAD 设定的快捷键，在每一个菜单命令的右边有该命令的快捷键提示。

除了快捷键外还有如下绘图中的常用键：

（1）空格键。在 AutoCAD 绘图中，空格键扮演着非常重要的角色。除了文字输入之外，空格键与回车键等效，可以用空格键代替回车键。在绘图过程中，用户左手控制键盘，右手操作鼠标，需要回车确认时可以使用左手的大拇指敲击空格键，以提高绘图效率。另外，在“命令:”提示符下按空格键，表示重复执行上一个命令。

（2）Delete 键：常用来删除对象，与“Erase”等效。

（3）方向键：在命令行中，按“↑”可以向上翻看并调用之前使用过的 CAD 命令，按“↓”可以向后翻看并调用 CAD 命令。

任务四　AutoCAD 2018 的坐标系统

本任务主要熟悉 AutoCAD 的坐标系统。

一、AutoCAD 的坐标系统

坐标系统的作用是在绘制或编辑二维以及三维图形时确定对象的准确位置。

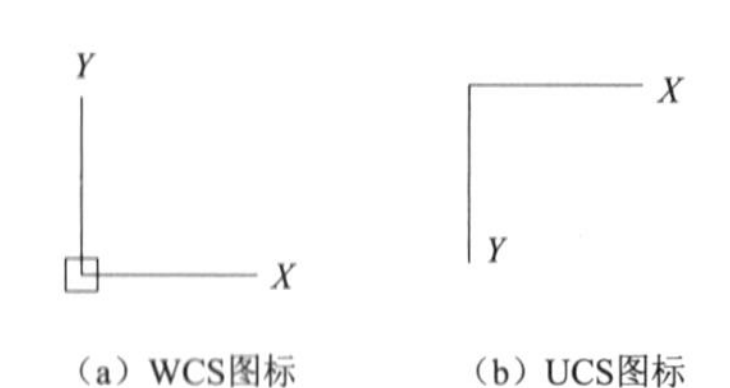

图 8-15 坐标系

在默认情况下，坐标系为世界坐标系（WCS）。向右为 X 轴正方向，向上为 Y 轴正方向。如果重新设置了坐标系原点或调整了坐标轴的方向，这时坐标系就变成了用户坐标系（UCS），如图 8-15 所示。

1. 世界坐标系 WCS

世界坐标系，即 World Coordinate System，缩写为 WCS，由三个垂直并相交的坐标轴 X、Y、Z 构成。WCS 是定义所有对象位置和其他坐标系的基础。

2. 用户坐标系 UCS

在绘制复杂图形或三维图形时，为了更好地辅助绘图，用户需要修改坐标系的原点和旋转坐标轴的方向，这样创建的坐标系统称为用户坐标系，即 User Coordinate System，缩写为 UCS。

3. 新建用户坐标系

新建用户坐标系的方法有多种，用户一般可以通过以下方式设置用户坐标系：

(1) 在命令行中输入“UCS”，回车，按命令提示行指定新原点。

(2) 从“工具”下拉菜单中选取“新建 UCS（W）”命令中的子命令。

在输入三个点的坐标时应注意，这三点不能位于同一直线上。

二、点的坐标表示方法

点是 AutoCAD 中最基本的元素之一，它既可以用键盘输入，又可以借助鼠标等以绘图光标的形式输入。无论采用何种方式输入点，本质上都是输入点的坐标值。

在 AutoCAD 2018 中，二维坐标系统中点的坐标可以使用绝对直角坐标、绝对极坐标、相对直角坐标和相对极坐标四种方法表示。

（一）绝对坐标

1. 绝对直角坐标

绝对直角坐标是指以世界坐标系（0，0）作为起始点的位移，其形式为：“X，Y”。当已知点在当前坐标系中相对于 X、Y 轴的距离值时，可以直接输入点的 X、Y 的坐标值，坐标之间用逗号隔开。

2. 绝对极坐标

绝对极坐标也是指从（0，0）出发的位移，其形式为“距离＜角度”，距离和角度之间用“＜”号分开。

一般规定角度以 X 轴的正方向为 0°，按逆时针方向增大。如果距离值为正，则代表与方向相同；为负，则代表与方向相反。若向顺时针方向移动，应输入负的角度值。例如，某点距原点距离为 30，与 X 轴的正向夹角为 45°，则用极坐标表示为（30＜45）。

（二）相对坐标

相对坐标是以某个特定点为参考点，取与其相对位移增量来确定位置，也包括直角坐标和极坐标两种方式。如果知道某点相对于上一个点的位置关系，就可以采用输入相对坐标的方式来确定点的位置。它的表示方法是在绝对坐标表达式前面加上“@”符号。

1. 相对直角坐标

其形式为“@ΔX，ΔY”。ΔX、ΔY 分别为相对于前一点的 X 坐标增量、Y 坐标增量。

2. 相对极坐标

其形式为“@长度<角度”。相对极坐标的角度是新点和上一点的连线与 X 轴的夹角。

任务五　状态栏的设置与管理

本任务主要熟悉 AutoCAD 状态栏中提供的绘图辅助工具的应用。

在 CAD 绘图中，利用状态栏（图 8－16）提供的绘图辅助工具可以帮助我们快速精确地绘图，极大地提高绘图效率。在状态栏上按钮呈灰色代表关闭状态，呈高亮蓝色代表打开状态。

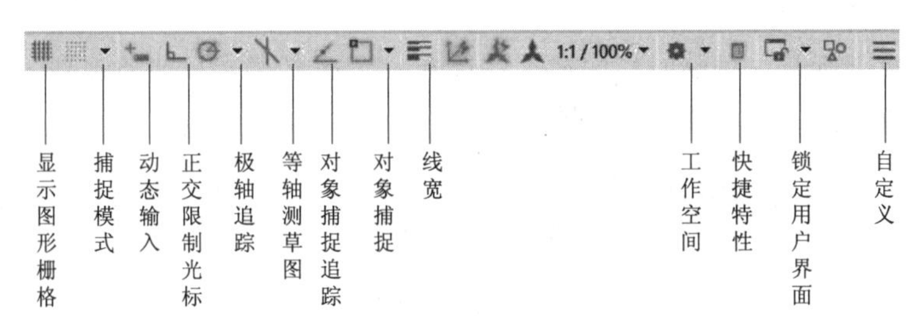

图 8－16　状态栏

一、栅格与捕捉

“捕捉模式”用于限制十字光标，使其按照参数设置的间距移动，精确地捕捉到栅格上的点。栅格是按照参数设置的间距显示在图形区域中的点，就像一张坐标纸一样，可用于绘图时参考，也可以直观地显示对象的大小及对象间的距离。栅格只在图形界限以内显示（默认图形界限为 A3 图纸大小）。打印时，栅格不会显示。

栅格经常配合捕捉一起使用。打开“捕捉模式”功能，移动鼠标会发现光标在栅格点间跳跃式移动，光标准确地对准到栅格点上。默认设置下，栅格间距与捕捉间距相等，X、Y 方向间距均为 10 个图形单位，也可以根据需要重新设置。

二、正交限制、极轴追踪

AutoCAD 提供的“正交限制”在绘制和编辑图形方面应用十分普遍。打开“正交限制”按钮，只能画水平和垂直两个方向的直线。“极轴追踪”是按预先设置的增量角度来追踪特征点，按照指定角度绘制对象。默认增量角为 90°，即在水平和竖直方向追踪。

注意：“正交限制”将光标限制在水平或垂直（正交）轴上。因为不能同时打开正交模式和极轴追踪，所以在正交限制打开时，AutoCAD 会自动关闭极轴追踪。如果要打开极轴追踪，AutoCAD 将关闭正交限制。

三、对象捕捉、对象捕捉追踪

（一）对象捕捉

对象捕捉功能能使光标精确地定位在对象的某个几何特征点上。根据对象捕捉方式，可以分为自动对象捕捉和临时对象捕捉两种捕捉样式。

1. 自动对象捕捉

自动对象捕捉也称固定对象捕捉，可以选择对象捕捉选项卡中的若干种对象捕捉模式组合在一起，启用后可自动执行已设置的对象捕捉。精确绘图时设置固定对象捕捉方式非常重要。

对象捕捉模式选项区域提供了多种对象捕捉方式，可以通过选中相应的复选框来选择需要启用的捕捉方式。完成对象捕捉设置后，单击状态栏中的对象捕捉按钮，使之处于打开状态即可执行。

注意：在设置自动对象捕捉时，要根据绘图的实际要求，有目的地设置捕捉对象，否则在点集中的区域很容易造成捕捉混淆，使绘图不准确。

2. 临时对象捕捉

临时对象捕捉是一种临时性的捕捉，选择一次捕捉模式只能捕捉到一个特征点。通过打开对象捕捉工具栏实现，如图 8－17 所示。

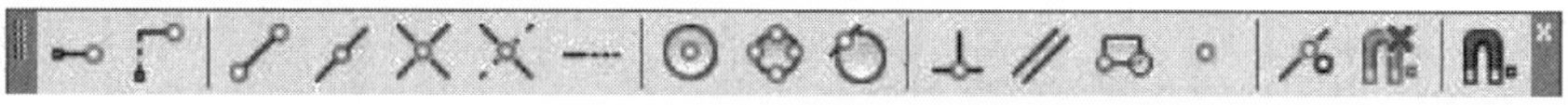

图 8－17　对象捕捉工具栏

（1）临时追踪点。用于设置临时追踪点，使系统按照正交或者极轴的方式进行追踪。

（2）捕捉自。选择一点，以所选的点为基准点，再输入需要点对于此点的相对坐标值来确定另一点的捕捉方法。

（3）捕捉到端点。用于捕捉线段、矩形、圆弧等线段图形对象的端点，光标显示为□形状。

（4）捕捉到中点。用于捕捉线段、弧线、矩形的边线等图形对象的线段中点，光标显示为△形状。

（5）捕捉到交点。用于捕捉图形对象间相交或延伸相交的点，光标显示为╳形状。

（6）捕捉到外观交点。在二维空间中，与捕捉到交点工具的功能相同，可以捕捉到两个对象的视图交点。该捕捉方式还可以在三维空间中捕捉两个对象的视图交点，光标显示为⊠形状。

（7）捕捉到延长线。使光标从图形的端点处开始移动，沿图形一边以虚线来表示此边的延长线，光标旁边显示对于捕捉点的相对坐标值，光标显示┄形状。

（8）捕捉到圆心。用于捕捉圆形、椭圆形等图形的圆心位置，光标显示为○形状。

（9）捕捉到象限点。用于捕捉圆形、椭圆形等图形上象限点的位置，如 0°、90°、180°、270°位置处的点，光标显示为◇形状。

（10）捕捉到切点。用于捕捉圆形、圆弧、椭圆形与其他图形相切的切点位置，光标显示为形状。

（11）捕捉到垂足。用于绘制垂线，即捕捉图形的垂足，光标显示为形状。

（12）捕捉到平行线。以一条线段为参照，绘制另一条与之平行的直线。在指定直线起始点后，单击捕捉直线按钮，移动光标到参照线段上，当出现平行符号//时表示参照线段被选中，移动光标，与参照线平行的方向会出现一条虚线（表示轴线），输入线段的长度值即可绘制出与参照线平行的一条直线段。

（13）捕捉到插入点。用于捕捉属性、块或文字的插入点，光标显示为形状。

（14）捕捉到节点。用于捕捉使用点命令创建的点的对象，光标显示为形状。

（15）捕捉到最近点。用于捕捉到对象的最近点，光标显示为形状。

（16）无捕捉。用于取消当前所选的临时捕捉方式。

（17）对象捕捉设置。单击此按钮，弹出“草图设置”对话框，在该对话框中可以选中“启用对象捕捉”复选框，并对捕捉方式进行设置。

注意：使用临时对象捕捉方式还可以利用光标菜单来完成。具体操作方法为：Shift 键＋鼠标右键或 Ctrl 键＋鼠标右键，在弹出的临时对象捕捉快捷菜单中选择相应的捕捉命令即可完成捕捉操作。

（二）对象捕捉追踪

对象捕捉追踪功能可以看作是对象捕捉和极轴追踪两种功能的联合应用。使用该功能时先确定对象上的某一特征点，将光标移近捕捉框，找到特征点，然后以该点为起点进行极轴追踪，最后得到所需的目标点。要使用该功能，必须同时打开对象捕捉功能，并事先设置好所需的捕捉特征点。操作如下：

按下状态栏上的对象捕捉追踪按钮，右键点击，在弹出的快捷菜单中选择“设置”命令，弹出“草图设置”对话框，点击“对象捕捉”选项卡进行设置。

四、动态输入

动态输入功能的最大特点是可以不必在命令行中输入，而是在光标旁边的提示中输入。光标旁边显示的信息将随着光标的移动而动态更新。所选择的操作或者对象不同，动态提示内容也将不同。

五、线宽、快捷特性

（1）线宽。用户可以在绘图窗口中选择显示或不显示线宽。单击绘图窗口状态栏中的线宽按钮，可以切换屏幕中的线宽显示。当按钮处于打开状态时，显示线宽；处于关闭状态时，则不显示线宽，默认为关闭状态。

（2）快捷特性。该功能用于快捷特性选项板的设置。

任务六　直线的绘制和点的输入方法

本任务主要熟悉直线的绘制和点的输入方法。

一、直线的绘制

利用直线命令可以绘制一条线段或一系列连接连续的直线段，但每条直线段都是一个独立的对象。

执行直线命令的途径如下：

(1) 在绘图工具栏或功能区面板上单击直线按钮。

(2) 从“绘图”下拉菜单中选取“直线”命令。

(3) 命令行输入：L↙（回车）。

二、点的输入方法

很多命令需要指定点，如绘制直线时要指定端点，圆要指定圆心，三角形要指定顶点等。在AutoCAD绘图中，点的输入方法有以下几种。

1. 鼠标直接拾取

当AutoCAD提示指定点的时候，用鼠标直接在绘图区域内单击，单击一个点即输入了这个点的坐标值。

2. 输入坐标

(1) 输入绝对坐标（此时将“动态输入”关闭或在坐标前输入“#”）。

(2) 输入相对坐标（此时将“动态输入”打开或在坐标前输入“@”）。

3. 直接距离输入

当指定了第一点后，提示“指定下一点”时，用移动光标来指示方向，然后输入相对于前一点的距离可以确定下一点，通常要配合极轴功能一起使用。

任务七 图层的设置与管理

本任务主要熟悉图层的设置与管理。

AutoCAD中引入了图层的概念。可以这样简单地理解图层：每一个图层就相当于一张透明的图纸，可以在不同的图层上绘制不同类型的图形对象。各张图纸的坐标完全对齐，重叠放置，最后形成一幅完整的图样。利用图层可以管理和控制复杂的图形，同时也提高了绘图的工作效率和图形的清晰度。图层具有以下特点：

(1) AutoCAD默认的图层是名称为0的图层，该图层不能被删除或重命名，其余图层的名称及特性可根据需要自行定义。

(2) 一幅图样中创建的各图层具有相同的坐标系、图形界限、显示时的缩放比例。

(3) 可对位于不同图层上的对象同时进行编辑操作，但只能在当前图层上绘制图形。

(4) 可以控制图层的打开与关闭、冻结与解冻、锁定与解锁等状态，以决定各图层的可见性与可操作性。

(5) AutoCAD可以创建任意数量的图层。

一、图层的设置

创建及设置图层在图层特性管理器中进行。打开图层特性管理器可以使用以下几种途径：

(1) 图层工具栏或功能区面板上单击图层特性按钮。

(2) 从“格式”下拉菜单中选取“图层(L)...”命令。

(3) 命令行输入：Lay↙（回车）。

执行命令后弹出“图层特性管理器”对话框，可以对图层进行设置。

1. 新建图层

在“图层特性管理器”对话框中单击新建图层按钮可新建图层，新图层自动默认名称为“图层 1”，并且高亮显示。如果想对图层重新命名，可以用鼠标单击所选图层的名称，此时图层的名称处于可编辑状态。在当前图形文件中，图层名必须是唯一的。

若要创建多个图层，重复上述操作即可。默认情况下，新图层的特性与“0”层的默认特性完全一样，如果在创建新图层时选中了一个现有的图层，新建的图层将继承所选定图层的特性。

2. 设置图层特性

创建图层后，可以重新设置图层的特性。图层的特性包括图层的颜色、线型、线宽、是否打印等。

(1) 设置颜色。AutoCAD 默认的图层颜色是白色，为了区别各图层，应该为每个图层设置不同的颜色。在绘制图形时，可以通过设置图层的颜色来区分不同种类的图形对象；在打印图形时，可以对某种颜色指定一种线宽，则此颜色所对应的图形对象都会以同一线宽进行打印，用颜色代表线宽可以减少存储量，提高显示效率。

当需要改变某层的颜色时，打开“图层特性管理器”对话框，选择该图层，单击其中需要修改图层的颜色，弹出“选择颜色”对话框，从中选择一个合适的颜色，此时“颜色”文本框将显示该颜色的名称，单击“确定”即可返回“图层特性管理器”对话框。此时在图层列表中会显示新设置的颜色，可以使用相同的方法设置其他图层的颜色。

(2) 设置线型。AutoCAD 默认的线型是 Continuous（连续的直线）。绘图时，应根据制图标准选择线型，在“图层特性管理器”中选择要修改的图层，单击其中的线型，弹出“选择线型”对话框，在“选择线型”对话框（图 8-18）中，从“线型”列表中选择一个线型。若列表中没有想要的线型，可单击“加载(L)...”按钮，在弹出的“加载或重载线型”对话框（图 8-19）中载入所需线型。选择好线型后，单击“确定”按钮即可。

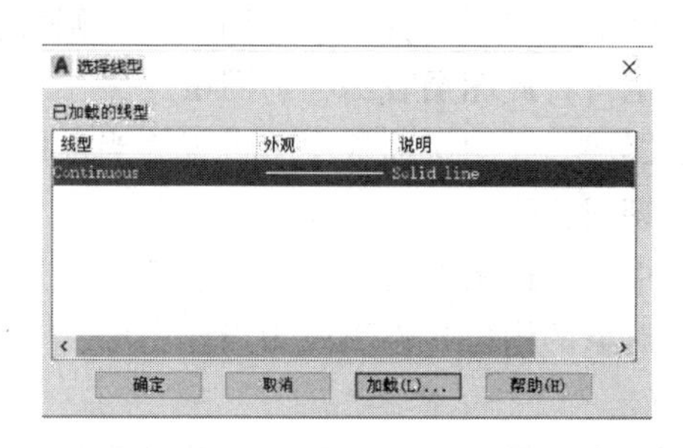

图 8-18 “选择线型”对话框

图 8-19 “加载或重载线型”对话框

（3）设置线宽。AutoCAD默认的线宽是0.25mm。绘图时，应根据制图标准改变线宽，在“图层特性管理器”中选择要修改的图层，单击“线宽”，弹出“线宽”对话框，在其中选择一个合适的线宽，单击“确定”按钮即可。

二、图层的管理

在“图层特性管理器”对话框中，除了可以新建图层并设置图层特性外，还可以在其中对图层进行管理，如控制图层状态、设置当前图层和删除图层等。

1. 控制图层状态

图层的常用状态主要包括打开与关闭、冻结与解冻、锁定与解锁等，可以在“图层特性管理器”对话框中选择相应按钮。

（1）打开/关闭图层。默认情况下，新建的图层状态为打开。打开时图标显示为淡黄色小灯泡，关闭时小灯泡颜色变为灰色。单击图标，可以在图层的开与关之间进行切换。图层状态为打开时，该图层上的图形被显示出来，并且可以在输出设备上打印。若关闭该图层，则图层上的图形将隐藏起来，并且不能打印，即使“打印”选项处于被打开状态也不能打印。

（2）冻结/解冻图层。默认情况下，新创建的图层状态为解冻，解冻时图标显示为，冻结时显示为。单击图标，可以在图层的解冻与冻结之间进行切换。但是当前图层是不能被冻结的。

冻结图层可以加快缩放、平移和许多其他操作的运行速度，增强对象选择的性能，减少复杂图形的重生成时间。被冻结图层上的对象不能显示、打印或重生成。解冻冻结的图层时，将重新生成图形并显示该图层上的对象。如果某些图层长时间不需要显示，为了提高效率，可以将其冻结。

（3）锁定/解锁图层。默认情况下，新建的图层状态为解锁。解锁时图标显示为，锁定时显示为。单击图标，可以在图层的解锁与锁定之间进行切换。锁定图层，则该图层中的对象不能被编辑和选择，但被锁定的图层是可见的，并且可以查看、捕捉此图层上的对象，还可在此图层上绘制新的图形对象。

2. 设置当前图层

当需要在某个图层上绘制图形时，必须先使该图层成为当前层。系统默认的当前层为“0”图层。除了被冻结的图层以外，其他图层都可以设置为当前图层。

设置当前图层有以下方法：

（1）图层面板中，单击图层栏的下拉列表框，然后选择相应的图层名，则可以使所选择的图层成为当前图层，或双击该图层也可将此图层置为当前图层。

（2）将某个对象所属的图层设置为当前图层。在图层面板中单击置为当前图层按钮，然后选择对象，则所选对象所在图层即成为当前图层。

（3）将某个对象更改图层。在图层面板中，单击更改为当前图层按钮，选择要更改到当前图层的对象，并按回车键，将此对象的图层特性更改为当前图层。

3. 删除图层

在AutoCAD中，删除不使用的图层可以减少图形所占空间，但是只能删除未被参照的图层。参照的图层包括图层“0”和Defpoints、包含对象（包括块定义中的对象）的图层、当前图层以及依赖外部参照的图层。删除图层的途径如下：

（1）单击图层面板上的“图层特性”，打开“图层特性管理器”对话框，在图层列表中选择要删除的图层，单击删除图层按钮，或按 Delete 键删除图层。

注意：“0”层和当前图层不能删除，包含对象的图层和依赖外部参照的图层不能删除。

（2）在“图层特性管理器”列表中选择要删除的图层，点击右键，在右键快捷菜单中选择“删除图层”。

说明：在管理图层时，最好要使特性面板处于随层“ByLayer”状态，此时图层的特性随图层设置，否则图层特性混乱，会为以后的修改带来麻烦。

实　训

实训 8－1　熟悉 AutoCAD 2018

一、实训内容

1. 熟悉 AutoCAD 2018 的工作界面。

2. 调出 UCS 工具栏。

3. 命令行不见了，如何调出来？

二、操作提示

1. 打开 AutoCAD 2018 软件，熟悉软件工作界面，练习基本操作。

2. 单击菜单“工具”→“工具栏”→“AutoCAD”→“UCS”，或者在已经打开的工具栏上单击鼠标右键，AutoCAD 弹出列有工具栏目录的快捷菜单，选择“UCS”。

3. 按 Ctrl＋9 快捷键即可调出命令行。

实训 8－2　创建新文件并保存

一、实训内容

创建新文件，并以“平面图形练习 .dwg”为文件名保存。

二、操作提示

1. 以任一种方式执行“新建”命令，在弹出的“选择样板”对话框中选择公制样板“acadiso”，单击“打开”按钮。

2. 选择“保存”命令，在弹出的“图形另存为”对话框中，在“文件名”后输入“平面图形练习”，最后单击“保存”按钮。

实训 8－3　熟悉常用快捷键

一、实训内容

熟悉表 8－1 中的快捷键，在绘图过程中经常使用快捷键可以有效提高绘图效率。

二、操作提示

练习使用表 8－1 中绘图、修改及查询命令的快捷键。

表 8－1　　　　CAD 常用快捷键

绘图命令		修改命令		查询工具	
L	直线	E	删除	AA	面积
PL	多线段	CO	复制	DI	距离测量
ML	多线	M	移动	LI	图形数据
SPL	样条曲线	RO	旋转	ID	坐标查询
POL	多边形	AR	阵列	Ctrl＋	
REC	矩形	MI	镜像	Ctrl＋A	全选
C	圆	O	偏移	Ctrl＋A	打开文件
A	圆弧	SC	比例缩放	Ctrl＋N	新建文件
B	块定义	AL	对齐	Ctrl＋P	打印文件
I	插入块	TR	修剪	Ctrl＋S	保存
DIV	定数等分	EX	延伸	Ctrl＋Z	撤销
ME	定距等分	S	拉伸	Ctrl＋C	复制
H	填充	X	分解	Ctrl＋X	剪切
BO	边界创建	BR	打断	Ctrl＋V	粘贴
小键盘		J	合并	Ctrl＋Shift＋V	粘贴为块
F3	对象捕捉	MA	格式刷	其他快捷键	
F8	正交模式	F	倒圆角	PU	清理内存
F12	动态输入	CHA	倒直角	R	重新生成

实训 8－4　绘制梁的剖面轮廓

一、实训内容

打开实训 8－2 创建的“平面图形练习 .dwg”文件，绘制如图 8－20 所示的钢筋混凝土梁的剖面轮廓，不标注尺寸，并另存为“梁剖面轮廓 .dwg”。

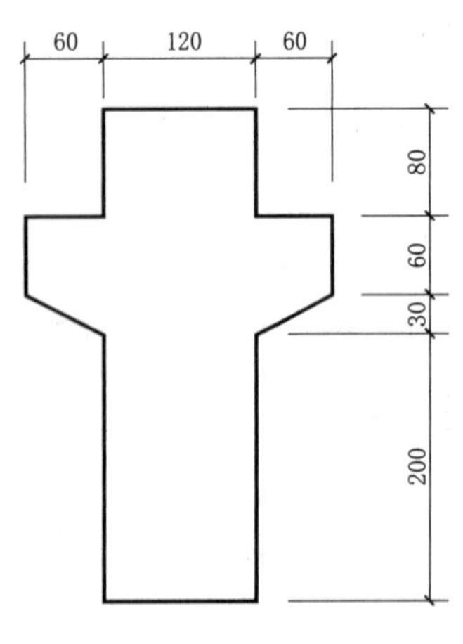

图 8－20　梁剖面轮廓

通过本实训，要求熟练掌握直线命令的使用，灵活掌握在正交状态和非正交状态下用点的三种输入方法绘制简单的平面图形。

二、操作提示

1. 打开“平面图形练习 .dwg”图形文件，设置好绘图辅助工具。

2. 缩放显示图形，依次绘制各段直线。水平和垂直线段用鼠标导向直接输入线段的长度，斜线通过输入点的相对直角坐标来绘制。

3. 绘制最后一段直线。可输入“C”闭合平面图形。

4. 以“梁剖面轮廓 .dwg”为文件名进行保存。

实训 8-5 熟悉状态栏命令的使用

一、实训内容

通过绘制图 8-21 中所示房屋立面图熟悉状态栏各命令的应用。

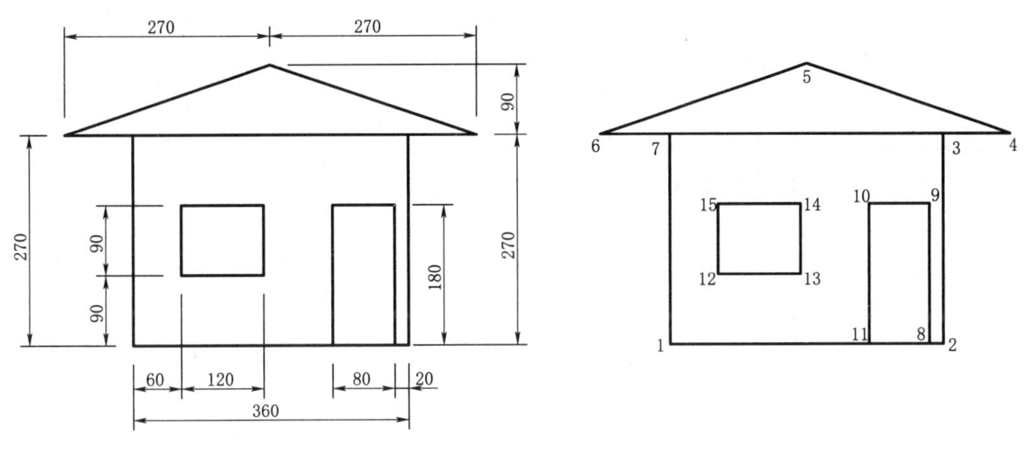

图 8-21　房屋立面图

二、操作提示

熟悉状态栏中的命令，选择最有效的精确绘图辅助工具，设置动态输入，了解常用的对象捕捉模式中各种几何特征点的设置，灵活掌握临时捕捉的“捕捉自”的运用，体会在正交状态和非正交状态下的不同。

实训 8-6 图 层 设 置

一、实训内容

创建一个新文件，按照要求创建如下图层，设置对应的颜色、线型及线宽，并保存。

(1) 粗实线：白色，线型为 Continuous，线宽为 0.70。

(2) 中实线：蓝色，线型为 Continuous，线宽为 0.35。

(3) 细实线：绿色，线型为 Continuous，线宽为 0.18。

(4) 虚线：黄色，线型为 Dashed，线宽为 0.35。

(5) 点画线：红色，线型为 Center，线宽为 0.18。

二、操作提示

单击图层功能区面板上的图层特性按钮，打开“图层特性管理器”对话框，按上述要求新建图层后绘制图线，并练习对图层进行“开”“关”“锁定”“解锁”等管理。

实训 8-7 熟悉“特性匹配”命令的使用

一、实训内容

每个对象都有特性，对象特性可以查看，也可以修改和复制。利用“特性匹配”

命令可以将一个对象的特性复制给另一个对象，使这些对象拥有相同的特性。

将图 8-22 中的四种不同的图线线型都改为第一种粗实线。

二、操作提示

单击特性功能区面板上的特性匹配按钮或者输入命令 MA↙（回车）。命令行提示如下：

MATCHPROP 选择源对象：(选择第 1 条粗实线)

当前活动设置： 颜色 图层 线型 线型比例 线宽 透明度 厚度 打印样式 标注 文字 图案填充 多段线 视口 表格材质 多重引线中心对象

选择目标对象或［设置（S)］：(选择第 2 条图线)

选择目标对象或［设置（S)］：(选择第 3 条图线)

选择目标对象或［设置（S)］：(选择第 4 条图线)

结果如图 8-23 所示。

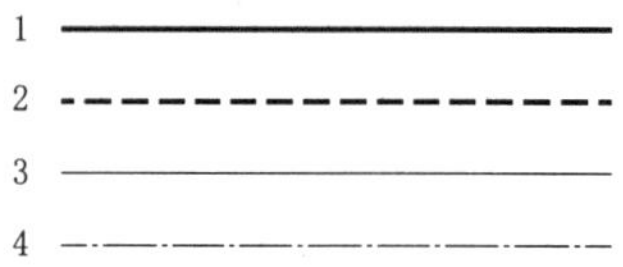

1
2
3
4

图 8-22 特性匹配前

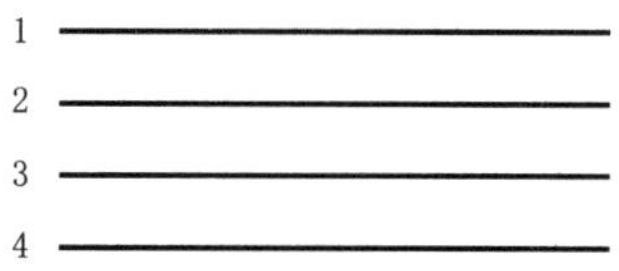

1
2
3
4

图 8-23 特性匹配后

项目九

平面图形的绘制与编辑

【能力目标】

1. 掌握 AutoCAD 常用绘图与编辑命令的使用方法。
2. 掌握二维图形的绘制与编辑技巧。
3. 学会图案填充与编辑。

【思政目标】

通过讲解软件的细节操作，不断练习和改进，培养学生精益求精、追求极致的工匠精神，增强团队的协作意识，树立学生集体荣誉感。

任务一　线　的　绘　制

本任务主要熟悉线的绘制命令的使用。

一、绘制直线

直线命令是最基础的绘图命令，利用直线命令可以绘制一条或一系列连续的直线段，每条直线段都是一个独立的对象。

1. 执行途径

(1) 单击绘图功能区面板上的直线按钮。

(2) 从“绘图”下拉菜单中选取“直线”命令。

(3) 命令行输入命令：L↙（回车）。

2. 命令操作

执行命令后，命令行提示信息如下：

指定第一点：(单击鼠标或输入直线的起点坐标)

指定下一点或 [放弃 (U)]：(输入下一点坐标)

指定下一点或 [闭合 (C)/放弃 (U)]：↙（回车）

当绘制了三点或三点以上时，想让第一点和最后一点闭合并结束直线的绘制时，可在命令栏中输入“C”，按回车键即可。

二、绘制构造线

构造线主要用于绘制辅助参考线，构造线命令创建的线是无限长的。实际工作中，常用于绘制三视图的辅助线或工程图样的框架线。

1. 执行途径

(1) 单击绘图功能区面板上的构造线按钮。

(2) 从“绘图”下拉菜单中选取“构造线”命令。

(3) 命令行中输入命令：XL↙ (回车)。

2. 命令操作

执行命令后，命令行提示信息如下：

命令：_xline 指定点或 [水平 (H)/垂直 (V)/角度 (A)/二等分 (B)/偏移 (O)]：

各选项的含义如下：

• 缺省选项：该选项可画一条或一组穿过起点和各通过点的无限长直线。

• 水平：该选项可画一条或一组通过指定点的水平构造线。

• 垂直：该选项可画一条或一组通过指定点的垂直构造线。

• 角度：该选项可画一条或一组指定角度的构造线。

• 二等分：该选项指定三点画角平分线。

• 偏移：该选项绘制与指定直线平行的构造线。此时有两种方式：①通过指定点画所选直线的平行线；②给定偏移距离画所选直线的平行线。

三、绘制射线

射线是以某点为起点，向一个方向无限延伸的直线，一般用作绘图辅助线。

1. 执行途径

(1) 单击绘图功能区面板上的射线按钮。

(2) 从“绘图”下拉菜单中选取“射线”命令。

(3) 命令行中输入命令：RAY↙ (回车)。

2. 命令操作

执行命令后，命令行提示信息如下：

命令：_ray

指定起点：(单击鼠标或输入起点的坐标，以指定起点)

指定通过点：(移动鼠标单击，或输入点的坐标，即可指定通过点，画出一条射线)

连续移动鼠标并单击，即可通过该起点画出数条射线，按回车键或空格键或右击即可结束射线的操作。

四、绘制多段线

多段线可以绘制由若干直线和圆弧连接而成的不同宽度的曲线或折线，并且组合起来是一个单独的图形对象。

1. 执行途径

(1) 单击绘图功能区面板上的多段线按钮。

(2) 从“绘图”下拉菜单中选取“多段线”命令。

(3) 命令行中输入命令：PL↙ (回车)。

2. 命令操作

执行命令后，命令行提示信息如下：

指定起点：（给起点）

当前线宽为 0.0000

指定下一个点或［圆弧（A）/闭合（C）/半宽（H）/长度（L）/放弃（U）/宽度（W）］：（指定点或选项）

该命令有两种方式：直线方式和圆弧方式。

（1）选择直线方式，则命令行给出直线对应的提示。

命令行继续提示：

指定下一个点或［圆弧（A）/闭合（C）/半宽（H）/长度（L）/放弃（U）/宽度（W）］：

指定下一个点：（缺省选项，则该点为直线段的另一端点。可继续给出点画直线或按回车键结束命令，与 Line 命令操作类同，并按当前线宽画直线）

各选项的含义如下：

• 圆弧：使 Pline 命令转入画圆弧方式，并给出绘制圆弧的提示。

• 闭合：同 Line 命令。

• 半宽：该选项用来确定多段线的半宽，操作过程同宽度（W）选项。

• 长度：用于确定多段线的长度，可输入一个数值，按指定长度延长上一条直线。

• 放弃：可以删除多段线中刚画出的那段线。

• 宽度：可改变当前线宽。输入 W 后，命令行提示：

指定起点线宽<0.0000>：（给起始线宽）

指定端点线宽<起点线宽>：（给端点线宽）

命令行继续提示：

指定下一个点或［圆弧（A）/闭合（C）/半宽（H）/长度（L）/放弃（U）/宽度（W）］：

注意：如起点线宽与端点线宽相同则画等宽线；如起点线宽与端点线宽不同，则所画第一条线为不等宽线，后续线段将按端点线宽画等宽线。

（2）如果选择圆弧方式，则命令行给出圆弧对应的提示。

指定圆弧的端点或［角度（A）/圆心（CE）/方向（D）/半宽（H）/直线（L）/半径（R）/第二点（S）/放弃（U）/宽度（W）］：（给出点或选项，缺省选项，所给点是圆弧的端点）

各选项的含义如下：

• 角度：输入所画圆弧的包含角。

• 圆心：指定所画圆弧的圆心。

• 方向：指定所画圆弧起点的切线方向。

• 半宽：指定圆弧起点和端点的圆弧半宽。

• 直线：返回画直线方式，出现直线方式提示行。

• 半径：指定所画圆弧的半径。

• 第二点：指定按三点方式画圆弧的第二点。

五、编辑多段线

在 AutoCAD 2018 中，可以将用直线命令绘制的多条直线和多段线编辑成多段线。

1. 执行途径

(1) 从“修改”下拉菜单中选取“对象”→“多段线”命令。

(2) 命令行中输入命令：PE↙（回车）。

2. 命令操作

执行命令后，命令行提示信息如下：

选择多段线或 [多条（M）]：M

选择对象：(选择要合并的直线或多段线)

选择对象：找到 1 个

选择对象：找到 1 个，总计 2 个

选择对象：找到 1 个，总计 3 个（依次选择要合并的直线或多段线）

选择对象：↙

是否将直线、圆弧和样条曲线转换为多段线？[是（Y）/否（N）]？〈Y〉Y

输入选项 [闭合（C）/打开（O）/合并（J）/宽度（W）/拟合（F）/样条曲线（S）/非曲线化（D）/线型生成（L）/反转（R）/放弃（U）]：J

合并类型＝延伸

输入模糊距离或 [合并类型（J）] <0.0000>：↙

多段线已增加 2 条线段

任务二 矩形和多边形

本任务主要熟悉矩形、多边形命令的使用。

一、绘制矩形

矩形也是工程图样中常见的元素之一，矩形可以通过定义两个对角点来绘制，同时可以设定其宽度、圆角和倒角等。

1. 执行途径

(1) 单击“绘图”功能区面板上的矩形按钮。

(2) 从“绘图”下拉菜单中选取“矩形”命令。

(3) 命令行中输入命令：REC↙（回车）。

2. 命令操作

执行命令后，命令行提示信息如下：

指定第一个角点或 [倒角（C）/标高（E）/圆角（F）/厚度（T）/宽度（W）]：(给出点)

指定另一个角点或 [面积（A）/尺寸（D）/旋转（R）]：

如果选择第一角点，则会继续出现确定第二角点的命令提示，这时将自动绘出一个矩形。

其他选项的含义如下：

- 倒角：设定矩形四角为倒角及大小。
- 标高：确定矩形在三维空间内的某面高度。
- 圆角：设定矩形四角为圆角及大小。
- 厚度：设置矩形厚度。
- 宽度：设置线宽。
- 尺寸：输入矩形的长宽。
- 面积：输入以当前单位计算的矩形面积。
- 旋转：指定旋转角度。

说明：绘制的矩形是一个整体，所以编辑时必须先通过分解命令使之分解成单个的线段，同时矩形也失去了线宽的性质。

二、绘制多边形

在 AutoCAD 2018 中，正多边形是具有等边长的封闭图形，其边数为 3～1024。绘制正多边形时，用户可以通过与假想圆的内接或外切的方法来进行，也可以通过指定正多边形某边的端点来绘制。

1. 执行途径

(1) 点击绘图功能区面板上的 按钮右侧的小三角，选择多边形。

(2) 从“绘图”下拉菜单中选取“多边形”命令。

(3) 命令行中输入命令：POL↙（回车）。

2. 命令操作

执行命令后，命令行提示信息如下：

命令：_polygon　输入侧面数＜4＞：（输入数字）

指定正多边形的中心点或［边（E)］：

在该提示下，有两种选择：一种是直接输入一点作为正多边形的中心；另一种是输入“E”，即指定两个点，以该两点的连线作为正多边形的一条边，利用输入正多边形的边长确定正多边形。

(1) 直接输入正多边形的中心时，AutoCAD 提示行中有两种选择：

输入选项［内接于圆（I)/外切于圆（C)］＜I＞：

如果输入“I”，指定画圆内接正多边形；如果输入“C”，则指定画圆外切正多边形。

(2) 输入“E”时，系统提示：

指定边的第一个端点：

指定边的第二个端点：

可以直接点击两点确定一边；也可以先点击一点，再输入长度确定一边。系统根据指定的边长就可绘制出正多边形。

任务三　圆、圆弧和圆环

本任务主要熟悉圆、圆弧和圆环命令的使用。

一、绘制圆

1. 执行途径

（1）单击绘图功能区面板上的圆按钮，在子菜单中选择画圆的方式。

（2）从“绘图”下拉菜单中选取“圆”命令。

（3）命令行中输入命令：C↙（回车）。

2. 命令操作

AutoCAD 2018 提供了六种画圆方法，画图时根据条件选择合适的方法。

（1）圆心、半径。圆心和半径决定一个圆。

（2）圆心、直径。圆心和直径决定一个圆。

（3）两点。用直径的两个端点决定一个圆。单击直径的第一个端点，用鼠标直接拉开画出一条直径再单击第二个端点以确定一个圆；也可在拉开鼠标时直接输入直径，然后单击以确定一个圆。

（4）三点。用圆弧上的三个点决定一个圆。随便单击三点可确定一个圆。

（5）相切、相切、半径。选择两个对象（直线、圆弧或其他圆）并指定圆的半径，系统会使绘制的圆与选择的两个对象相切。

（6）相切、相切、相切。选择三个对象（直线、圆弧或其他圆），系统会使绘制的圆与选择的三个对象相切。此方式只能在菜单中或在选项卡中选取。

二、绘制圆弧

1. 执行途径

（1）单击绘图功能区面板上的圆弧按钮，在子菜单中选择画圆弧的方式。

（2）从“绘图”下拉菜单中选取“圆弧”命令。

（3）命令行中输入命令：A↙（回车）。

2. 命令操作

AutoCAD 2018 共提供了 10 种绘制圆弧的方式，其中缺省状态下是通过确定三点来绘制圆弧的。绘制圆弧时，可以通过设置起点、方向、圆心、角度、端点、弦长等参数进行绘制。用户可以根据自己的需要，选择相应的方法进行圆弧的绘制。

说明：绘制圆弧需要输入圆弧的角度时，若角度为正值，则按逆时针方向画圆弧；若角度为负值，则按顺时针方向画圆弧。若输入弦长和半径为正值，则绘制 180°范围内的圆弧；若输入弦长和半径为负值，则绘制大于 180°的圆弧。

三、绘制圆环

圆环是一种可以填充的同心圆，其内径可以是 0，也可以和外径相等。在绘制过程中，用户需要指定圆环的内径、外径以及中心点。

1. 执行途径

（1）单击绘图功能区面板上的圆环按钮。

（2）从“绘图”下拉菜单中选取“圆环”命令。

（3）命令行中输入命令：DON↙（回车）。

2. 命令操作

执行命令后，命令行提示信息如下：

指定圆环的内径＜0.5000＞：（给出圆环的内径）

指定圆环的外径＜1.0000＞：（给出圆环的外径）

指定圆环的中心点或＜退出＞：（给出圆环的中心位置）

任务四 椭圆和椭圆弧

本任务主要熟悉椭圆和椭圆弧命令的使用。

绘制椭圆时的主要参数是椭圆的长轴和短轴，绘制椭圆的缺省方法是通过指定椭圆的第一根轴线的两个端点及另一条半轴的长度。

1. 执行途径

（1）单击绘图功能区面板上的椭圆按钮，在子菜单中选择画椭圆的方式。

（2）从“绘图”下拉菜单中选取“椭圆”命令。

（3）命令行中输入命令：ELL↙（回车）。

2. 命令操作

AutoCAD 2018 共提供了两种绘制椭圆的方式和一种绘制椭圆弧的方式，其中缺省状态下是通过指定圆心来绘制椭圆的。

（1）圆心。通过指定椭圆的中心点、指定轴的端点以及另一条半轴长度绘制椭圆。

（2）轴、端点。通过指定椭圆的轴端点、指定轴的另一个端点以及另一条半轴长度绘制椭圆。

（3）椭圆弧。绘制椭圆弧的方法与绘制椭圆相似，首先要确定椭圆的长轴和短轴，然后再输入椭圆弧的起始角度和终止角度即可。

单击“椭圆弧”命令，命令行提示信息如下：

指定椭圆的轴端点或［圆弧（A）/中心点（C）］：_a

指定椭圆弧的轴端点或［中心点（C）］：

指定轴的另一个端点：

指定另一条半轴长度或［旋转（R）］：

指定绕长轴旋转的角度：

指定起点角度或［参数（P）］：（输入起始角度）

指定端点角度或［参数（P）/夹角（I）］：（输入终止角度）

说明：绘制椭圆弧时最后确定的起始角度和终止角度是按逆时针旋转的。

任务五 点和样条曲线

本任务主要熟悉点和样条曲线命令的使用。

一、点的样式

绘制点时，系统默认为一个小黑点，不便于用户观察，因此在绘制点之前，通常先设置点的样式，必要时还可设置点的大小。

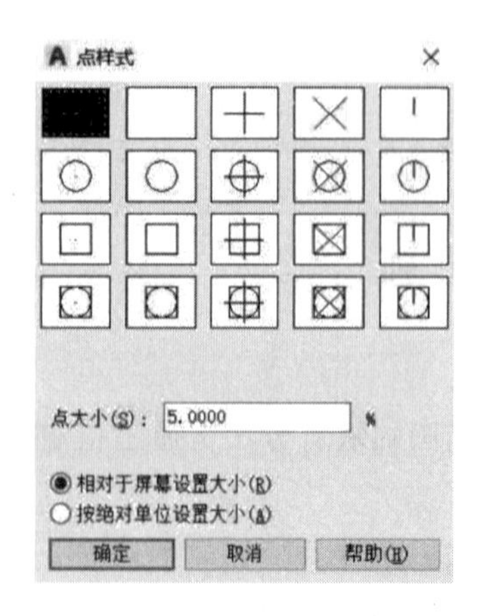

图 9－1 “点样式”对话框

1. 执行途径

(1) 从“格式”下拉菜单中选取“点样式”。

(2) 命令行中输入命令：PT↙（回车）。

2. 命令操作

执行命令后，打开“点样式”对话框，如图 9－1 所示。

在该对话框中，根据需要选中一个点样式，设置为当前点的样式。

二、绘制点或等分点

1. 执行途径

(1) 单击绘图功能区面板上的多点按钮、定数等分按钮、定距等分按钮。

(2) 从“绘图”下拉菜单中选取：“点”→“单点”或“多点”或“定数等分”或“定距等分”命令。

(3) 命令行中输入命令：PO（点）↙、DIV（定数等分）↙、ME（定距等分）↙。

2. 命令操作

(1) 绘制单点。每次绘制一个点。

(2) 绘制多点。连续绘制点，按 Esc 键结束。

执行单点命令后，命令行提示信息如下：

命令：Point

当前点模式：PDMODE＝0　PDSIZE＝0.0000

指定点：(在该提示行中，可以在命令行输入点的坐标，也可以通过光标在屏幕上直接确定一点)

(3)“定数等分”或“定距等分”。

利用点的等分命令，可以沿着直线或圆周方向均匀间隔一段距离排列点的实体或块，可等分的对象包括圆、圆弧、椭圆、椭圆弧、多段线等。

执行命令后，命令行提示信息如下：

选择要定数等分的对象：(选择图形对象)

输入线段数目或［块（B)］：(输入等分数目或输入要插入的块名后以不同排列方式插入块)

(4) 定距等分。

执行命令后，命令行提示信息如下：

选择要定距等分的对象：(选择图形对象)

指定线段长度或［块（B)］：(给定线段长度)

进行定距等分的对象可以是直线、多段线和样条曲线等，但不能是块、尺寸标注、文本及剖面线等对象。在绘制点时，将距离选择对象点处较近的端点作为起始位置。若所分对象的总长不能被指定间距整除，则最后一段指定所剩下的间距。

三、绘制样条曲线

样条曲线是经过或接近一系列给定点的光滑曲线，可以控制曲线与点的拟合程度。在水利工程图中，常用来绘制溢流坝的坝面曲线。整个样条曲线是一个图形对象。

1. 执行途径

（1）单击绘图功能区面板上的样条曲线拟合按钮或者样条曲线控制点按钮。

（2）从“绘图”下拉菜单中选取：“样条曲线”→“拟合点”或“控制点”。

（3）命令行中输入命令：SPL↙（回车）。

2. 命令操作

执行“样条曲线拟合”命令后，命令行提示信息如下：

当前设置：方式＝拟合　节点＝弦

指定第一个点或［方式（M）/节点（K）/对象（O）］：（指定样条曲线的起点）

输入下一个点或［起点切向（T）/公差（L）］：（指定第二点）

输入下一个点或［端点相切（T）/公差（L）/放弃（U）］：（依次指定其余点，最后按回车键结束绘制）

执行“样条曲线控制点”命令后，命令行提示信息如下：

当前设置：方式＝控制点　阶数＝3

指定第一个点或［方式（M）/阶数（D）/对象（O）］：（指定样条曲线的起点）

输入下一个点：（指定第二点）

输入下一个点或［闭合（C）/放弃（U）］：（依次指定其余点，最后按回车键结束绘制）

任务六　多线的绘制与编辑

本任务主要掌握多线样式的设置、绘制与编辑方法。

多线是一种由多条平行线组成的组合对象，可由1～16条平行线组成。在建筑制图中常用多线绘制墙体。

一、绘制多线

1. 执行途径

（1）从“绘图”下拉菜单中选取“多线”命令。

（2）命令行中输入命令：ML↙（回车）。

2. 命令操作

执行命令后，命令行提示信息如下：

当前设置：对正＝上，比例＝20.00，样式＝STANDARD

指定起点或［对正（J）/比例（S）/样式（ST）］：

指定下一点：

各选项的含义如下：

• 对正：与绘制直线相同，绘制多线也要输入多线的端点，但多线的宽度较大，需要清楚拾取点在多线的哪一条线上，即多线的对正方式，缺省为“上”。AutoCAD提供了三种对齐方式供选择，如图 9－2 所示。

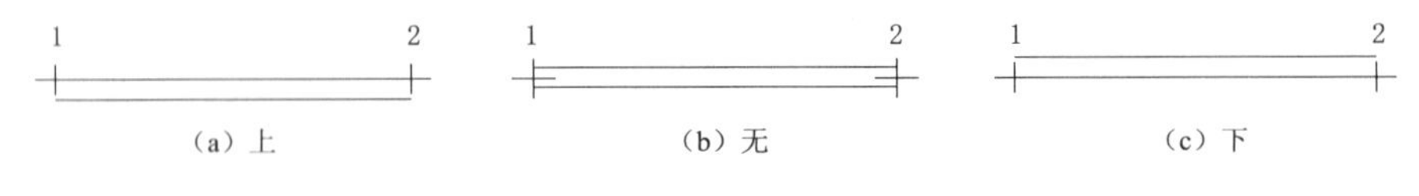

图 9－2　多线的对齐方式

上：顶线对正，拾取点通过多线的顶线。

无：零线对正，拾取点通过多线中间那条线，这是实际应用最多的一种对齐方式。

下：底线对正，拾取点通过多线的底线。

• 比例：该选项用来确定所绘多线相对于定义（或缺省）的多线的比例系数，缺省为 20。用户可以通过给定不同的比例改变多线的宽度。

• 样式：该选项用来确定所绘多线时所选定的多线样式，缺省样式为 STANDARD。

二、设置多线样式

多线中包含直线的数量、线型、颜色、平行线之间的间隔、端口形式等要素，这些要素称为多线样式。因此，绘制多线之前需进行样式设置。

1. 执行途径

（1）从“格式”下拉菜单中选取“多线样式”。

（2）命令行中输入命令：MLST↙（回车）。

2. 命令操作

执行命令后，打开“多线样式”对话框，如图 9－3 所示。

（1）单击“新建”按钮，打开“创建新的多线样式”对话框，在“新样式名”文本框中输入新样式名称：“240 墙”，如图 9－4 所示。

图 9－3　“多线样式”对话框

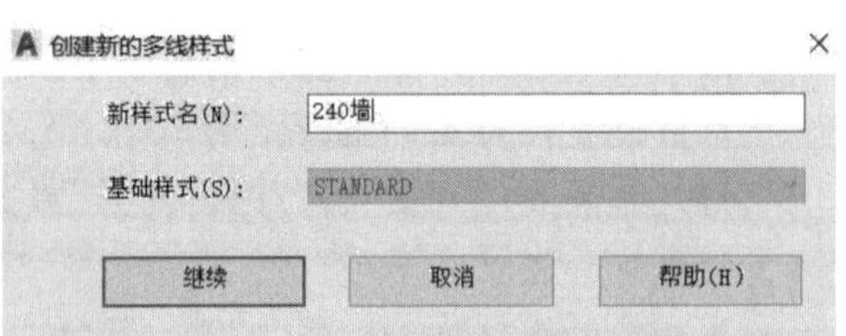

图 9－4　“创建新的多线样式”对话框

(2) 单击“继续”按钮，进入“新建多线样式：240 墙”对话框，如图 9-5 所示。

(3) 单击“0.5 随层 Bylayer”行的任意位置选中该项，在下面的“偏移”文本框中输入“120”；再单击“-0.5 随层 Bylayer”行的任意位置选中该项，将其“偏移”值修改为“-120”。

(4) 同时在“说明”文本框中输入必要的文字说明，单击“确定”按钮返回到“多线样式”对话框。此时，新建样式名“240 墙”将显示在“样式”列表框中，单击“置为当前”按钮，单击“确定”按钮，AutoCAD 即将此多线样式保存并设成当前多线样式，完成设置。

三、编辑多线

1. 执行途径

(1) 从“修改”下拉菜单中选取：“对象”→“多线”。

(2) 命令行中输入命令：MLED↙（回车）。

2. 命令操作

执行命令后，打开“多线编辑工具”对话框，如图 9-6 所示。

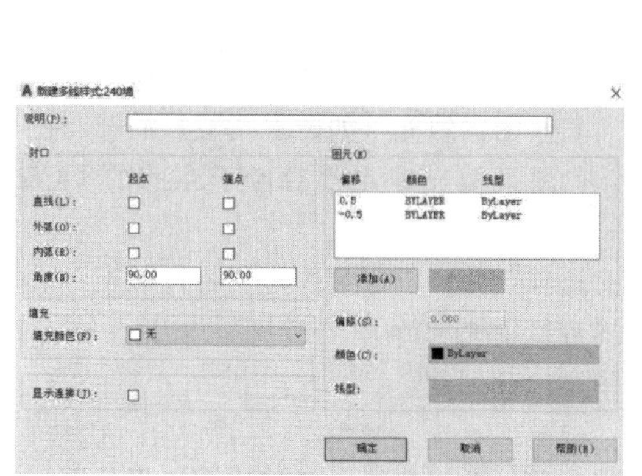

图 9-5 “新建多线样式：240 墙”对话框

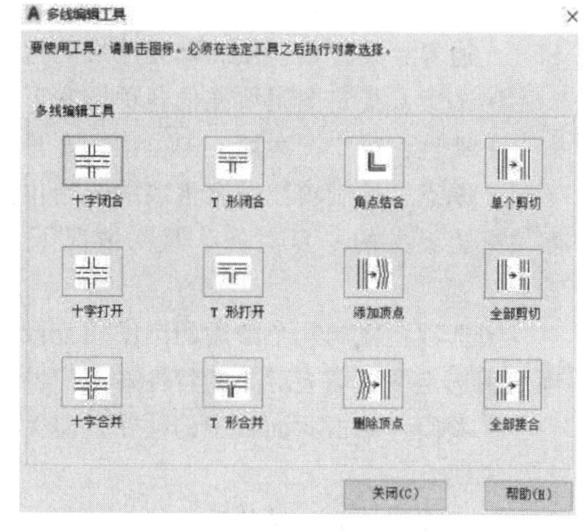

图 9-6 “多线编辑工具”对话框

该对话框将显示工具，并以四列显示样例图像。第一列控制十字交叉的多线，第二列控制 T 形相交的多线，第三列控制角点结合和顶点，第四列控制多线中的打断。对话框中的各个图像按钮形象地说明了编辑多线的方法。

多线编辑时，先选取图中的多线编辑样式，再用鼠标选中要编辑的多线即可。

任务七 图 案 填 充

本任务主要熟悉图案填充的方法。

图案填充就是用某种图案充满图形中的指定封闭区域。在大量水利工程图样中，需要在剖视图、断面图上绘制填充图案。在其他设计图中，也常需要将某一区域填充某种图案，AutoCAD 2018 提供了多种不同的符号以供选择。

一、图案填充

1. 执行途径

(1) 单击绘图功能区面板上的图案填充按钮。

(2) 从“绘图”下拉菜单中选取“图案填充”命令。

(3) 命令行中输入命令：HAT↙（回车）。

2. 命令操作

执行命令后，功能区将显示“图案填充创建”选项卡，如图 9-7 所示。里面包括设置图案填充的类型、填充比例、角度和填充边界等，最后点击关闭按钮。

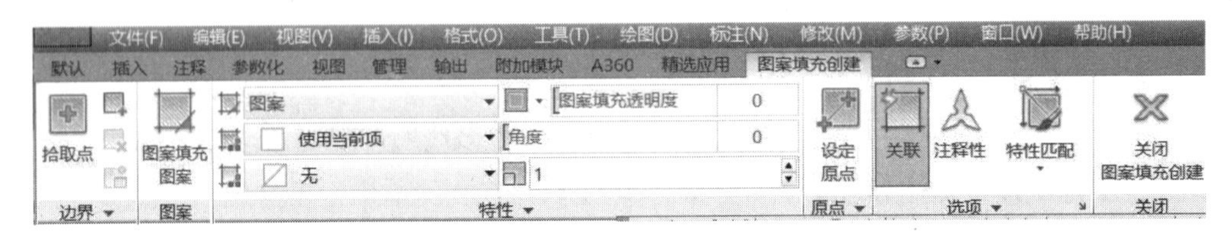

图 9-7 “图案填充创建”选项卡

各选项的含义如下：

• 边界：设置拾取点和填充区域的边界。

• 图案：指定图案填充的各种图案形状。

• 特性：指定图案填充的类型、背景色、透明度，选定填充图案的角度和比例。

• 原点：控制填充图案生成的起始位置。某些图案填充（如砖块图案）需要与图案填充边界上的一点对齐。默认情况下，所有图案填充原点都对应于当前的 UCS 原点。

• 选项：控制几个常用的图案填充或填充选项，并可以通过选择“特性匹配”选项使用选定图案填充对象的特性对指定的边界进行填充。

• 关闭：单击此面板中的按钮，将关闭图案填充创建。

说明：

(1) 图案填充区域的边界线必须是首尾相连的一条闭合线，并且构成边界的图形对象应在端点处相交。

(2) 如果“拾取点”方式选取的区域不能形成封闭边界，则会显示错误提示信息。

(3) “渐变色”填充在水利工程图中很少使用，其操作方法与“图案填充”相似，这里不再介绍。

二、编辑图案填充

如果对绘制完的填充图案不满意，可以通过“图案填充创建”选项卡随时进行修改。

执行途径：

(1) 单击修改功能区面板上的编辑图案填充按钮。

(2) 从“修改”下拉菜单中选取：“对象”→“图案填充”。

(3) 双击要修改的填充图案，然后在弹出的“图案填充编辑”选项卡中，对图案进行修改。

三、图案填充的分解

图案填充无论多么复杂，通常情况下都是一个整体。在一般情况下不能对其中的图线进行单独的编辑。但在一些特殊情况下，如标注的尺寸和填充的图案重叠，必须将部分图案打断或删除以便清晰显示尺寸，此时则必须将图案分解，然后才能进行相关的操作。

用分解命令分解后的填充图案变成了各自独立的实体。图 9－8 显示了分解前和分解后的不同夹点。

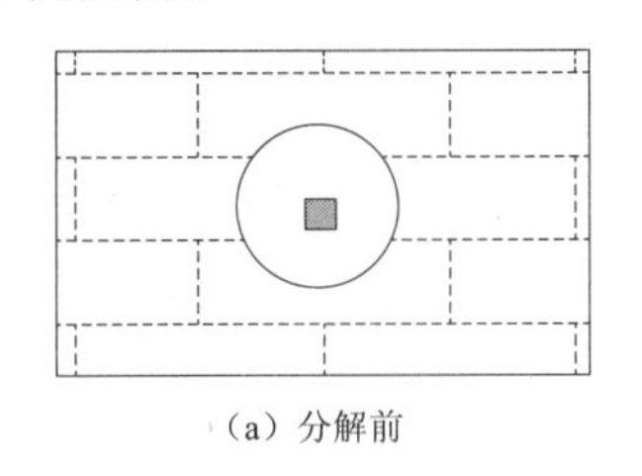

（a）分解前

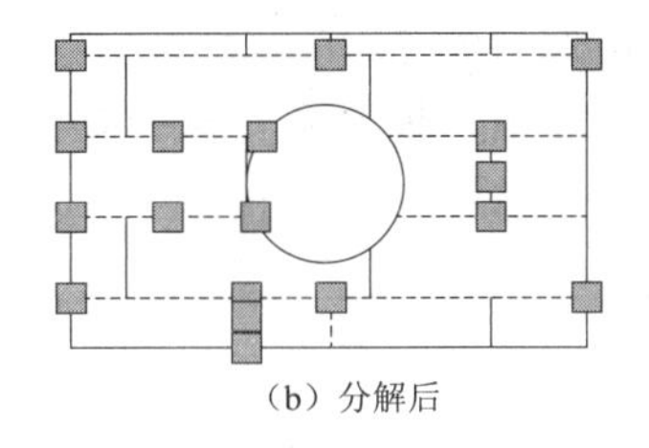

（b）分解后

图 9－8　图案填充分解

任务八　复　制　对　象

本任务主要掌握复制、镜像、偏移和阵列命令的使用。

在水利工程图中，有些结构具有对称性，或者部分结构是按照一定规律分布的，此时可以利用复制、镜像、偏移、阵列等复制图形工具，以现有的图形对象为源对象，绘制出与源对象相同或相似的图形，从而简化具有重复性图形的绘图步骤，以达到提高绘图效率的目的。

一、复制

复制命令是指将选定对象一次或多次重复绘制。

1．执行途径

（1）单击修改功能区面板上的复制按钮。

（2）从“修改”下拉菜单中选取“复制”命令。

（3）命令行中输入命令：CO↙（回车）。

2．命令操作

执行“复制”命令。

在“选择对象”提示下，选择左上角的圆。

在“指定基点或位移”提示下，选取圆心为复制基点。

在“指定第二个点”提示下，确定其余三个目标点为复制图形的圆心终点位置，如图 9－9 所示。

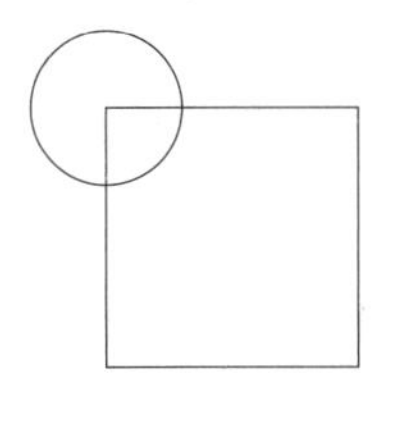

（a）复制前

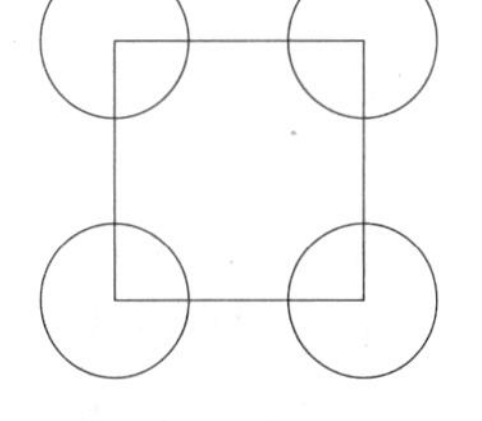

（b）复制后

图 9－9　复制图形

二、镜像

镜像命令是指在复制对象的同时将其沿指定的镜像线进行翻转处理。如在绘制对称的图形时，只需要绘制其中一侧，另一侧通过镜像命令获得。

1. 执行途径

（1）单击修改功能区面板上的镜像按钮。

（2）从“修改”下拉菜单中选取“镜像”命令。

（3）命令行中输入命令：MI↙（回车）。

2. 命令操作

执行“镜像”命令。

在“选择对象”提示下，选择要镜像的图形。

在“指定镜像第一点”提示下，点击直线上端点 A。

在“指定镜像第二点”提示下，点击直线下端点 B。

在“是否删除源对象［Yes/No］”提示下，选择“Yes”得到图 9－10（b），选择“No”得到图 9－10（c）。

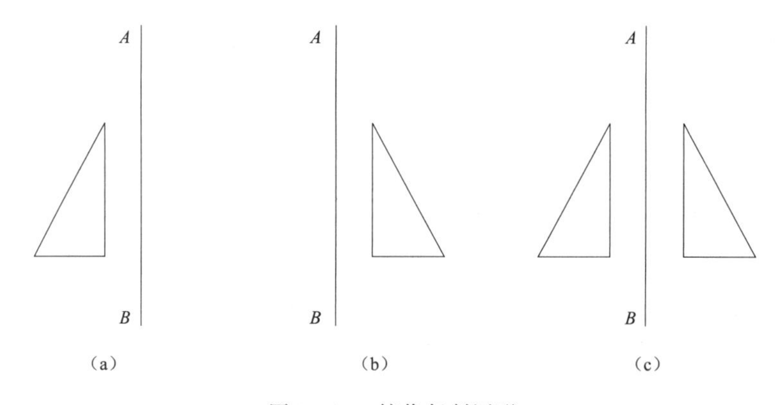

图 9－10 镜像复制图形

三、偏移

偏移命令是对已有对象进行平行（如线段）或同心（如圆）复制。

1. 执行途径

（1）单击修改功能区面板上的偏移按钮。

（2）从“修改”下拉菜单中选取“偏移”命令。

（3）命令行中输入命令：O↙（回车）。

2. 命令操作

执行“镜像”命令。

在“选择对象”提示下，选择要镜像的图形。

命令行提示信息如下：

当前设置：删除源＝否 图层＝源 OFFSETGAPTYPE＝0

指定偏移距离或［通过（T）/删除（E）/图层（L）］＜通过＞：

有四种方式偏移：

• 偏移距离：该方式是系统默认的方式，它以输入的偏移距离数值为偏移参照，指定的方向为偏移方向，偏移复制出源对象的副本。

• 通过：该方式能够以图形中现有的端点、各节点、切点等点对象为源对象的偏移参照，对图形执行偏移操作。

• 删除：系统默认的偏移操作是在保留源对象的基础上偏移出新图形对象。但如果仅以源图形对象为偏移参照，偏移出新图形对象后需要将源对象删除，则可利用删除源对象偏移的方法。

• 图层：在默认情况下进行偏移操作时，偏移出新对象的图层与源对象的图层相同。通过变图层偏移操作，可以将偏移出的新对象图层转换为当前层，从而避免修改图层的重复性操作，大幅度地提高绘图速度。

先将所需图层置为当前层，单击“偏移”命令，在命令行中输入字母 L，根据命令提示输入字母并按回车键，然后按上述偏移操作进行图形偏移时，偏移出的新对象图层即与当前图层相同。

四、阵列

阵列命令可以快速复制出与已有图形相同，且按一定规律分布的多个图形对象。

1. 执行途径

（1）单击修改功能区面板上的阵列按钮。

（2）从“修改”下拉菜单中选取“阵列”命令。

（3）命令行中输入命令：AR↙（回车）。

2. 命令操作

执行“阵列”命令。

在“选择对象”提示下，选择要阵列的图形。

有三种阵列方式，如图 9 - 11 所示。

（1）矩形阵列：矩形阵列是以控制行数、列数以及行和列之间的距离或添加倾斜角度的方式，使选取的阵列对象成矩形的方式进行阵列复制，从而创建出源对象的多个副本。

执行命令后，选取绘图区中的源对象，功能区将显示“阵列创建”选项卡，如图 9 - 12 所示。设置列数、行数、行间距、列间距等，最后点击关闭按钮。

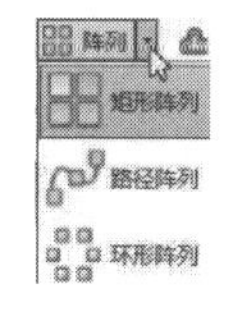

图 9 - 11　阵列方式

图 9 - 12　矩形阵列“阵列创建”选项卡

（2）路径阵列：在路径阵列中，阵列的对象将均匀地沿路径或部分路径排列。在该方式中，路径可以是直线、多段线、三维多段线、样条曲线、圆弧、圆或椭圆等。

执行命令后，依次选取绘图区中的源对象和路径曲线，功能区将显示“阵列创建”选项卡，如图 9－13 所示。设置项目数和行数，最后点击关闭按钮。

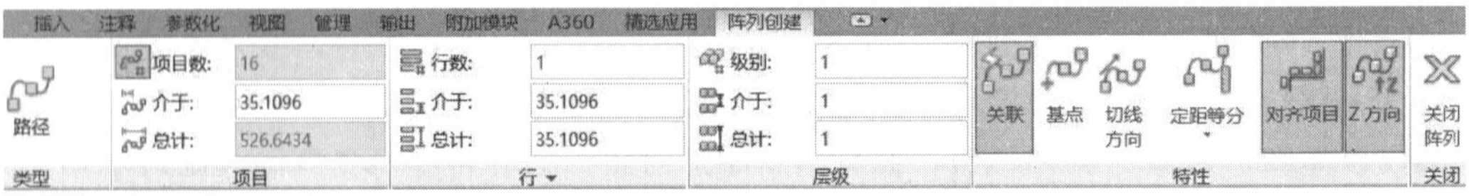

图 9－13 路径阵列“阵列创建”选项卡

(3) 环形阵列：环形阵列能够以任一点为阵列中心点，将阵列源对象按圆周或扇形的方向，以指定的填充角度、项目数目或项目之间的夹角阵列值进行源图形的阵列复制。该阵列方法经常用于绘制具有圆周均匀分布特征的图形。

执行命令后，依次选取绘图区中的源对象和阵列的中心点，功能区将显示“阵列创建”选项卡，如图 9－14 所示。设置项目数、填充角度、行数等，最后点击关闭按钮。其中，“介于”（项目间的角度）是由项目数和填充决定的。

图 9－14 环形阵列“阵列创建”选项卡

任务九 调整对象位置

本任务主要掌握移动、旋转、缩放命令的使用。

移动、旋转和缩放工具都是在不改变被编辑图形具体形状的基础上对图形的放置位置、角度以及大小进行重新调整，以满足最终的设计要求。

一、移动

移动命令是将图形从当前位置移动到指定位置，但不改变图形的方向和大小。

1. 执行途径

(1) 单击修改功能区面板上的移动按钮。

(2) 从“修改”下拉菜单中选取“移动”命令。

(3) 命令行中输入命令：M↙（回车）。

2. 命令操作

执行“移动”命令。

在“选择对象”提示下，选择圆。

在“指定基点或位移”提示下，捕捉圆心为移动的基点。

在“指定第二个点或＜使用第一个点作为位移＞”提示下，左键单击圆心移动到矩形左上角点后确定，如图 9－15 所示。

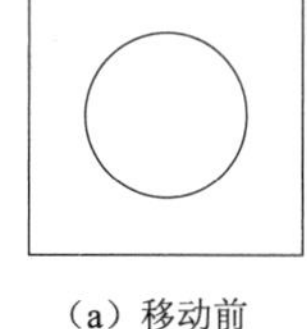

（a）移动前

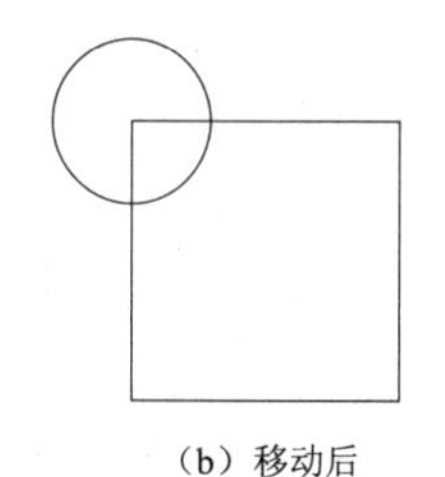

（b）移动后

图 9－15　图形的移动

二、旋转

旋转命令可以将图形围绕指定的点进行旋转，改变图形对象的方向。

1. 执行途径

（1）单击修改功能区面板上的旋转按钮。

（2）从“修改”下拉菜单中选取“旋转”命令。

（3）命令行中输入命令：RO↙（回车）。

2. 命令操作

执行“旋转”命令。

在“选择对象”提示下，选择矩形。

在“指定基点”提示下，选择左边的旋转基点 A。

在“指定旋转角度，或［复制（C）/参照（R）］<0>”提示下，输入“30°”得到图 9－16（b）；输入“－30°”得到图 9－16（c）。

其中：

• 复制：可在旋转图形的同时，对图形进行复制操作。

• 参照：以参照方式旋转图形，需要依次指定参照方向的角度值和相对于参照方向的角度值。

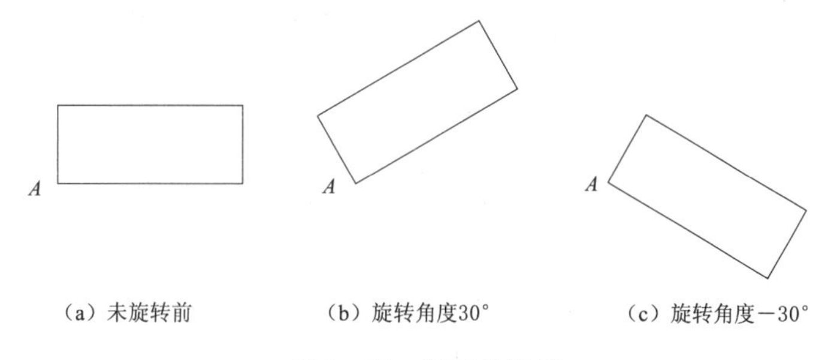

（a）未旋转前　（b）旋转角度30°　（c）旋转角度－30°

图 9－16　图形的旋转

说明：旋转角度有正、负之分，输入角度是正，则图形旋转的方向是逆时针，反之则是顺时针。

三、缩放

缩放命令可以改变所选一个或多个对象的大小，即在 X、Y 和 Z 方向上等比例放大或缩小对象。

1. 执行途径

（1）单击修改功能区面板上的缩放按钮。

（2）从“修改”下拉菜单中选取“缩放”命令。

（3）命令行中输入命令：SC↙（回车）。

2. 命令操作

执行“缩放”命令。

在“选择对象”提示下，选择要缩放的对象。

命令行提示信息如下：

选择对象：↙（回车）

指定基点：（指定缩放基点）

指定比例因子或［复制（C）/参照（R）］：（直接给出比例因子，即缩放倍数）

其中：

• 复制：首先复制源图形，然后再缩放对象。

• 参照：需要依次输入或指定参照长度的值和新的长度值，系统根据“参照长度与新长度的比值”自动计算比例因子来缩放对象。

说明：比例因子大于1时，图形放大；比例因子小于1时，图形缩小。

任务十　调整对象形状

本任务主要掌握拉伸、拉长对象的方法。

拉伸和拉长工具以及夹点应用的操作原理比较相似，都是在不改变现有图形位置的情况下对单个或多个图形进行拉伸或缩减，从而改变被编辑对象的整体大小。

一、拉伸

拉伸命令可以将图形对象按指定的方向和角度进行拉伸和移动对象。在选择拉伸对象时，必须用交叉窗口或交叉多边形方式来选择需要拉长和缩短的对象。

1. 执行途径

（1）单击修改功能区面板上的拉伸按钮。

（2）从“修改”下拉菜单中选取“拉伸”命令。

（3）命令行中输入命令：S↙（回车）。

2. 命令操作

执行“拉伸”命令。

以交叉窗口或交叉多边形选择要拉伸的对象。

命令行提示信息如下：

选择对象：（以窗交方式选择对象）

选择对象：↙（回车）

指定基点或［位移（D）］<位移>：（选择拉伸的基点“1”）

指定第二个点或<使用第一个点作为位移>：（鼠标向左移输入30，或输入拉伸位移点的坐标）

如图9－17所示。

二、拉长

拉长命令可以拉长或缩短直线类型的图形对象，也可以改变圆弧的圆心角。在执行该命令选择对象时，只能用直接点取的方式来选择对象，且一次只能选择一个

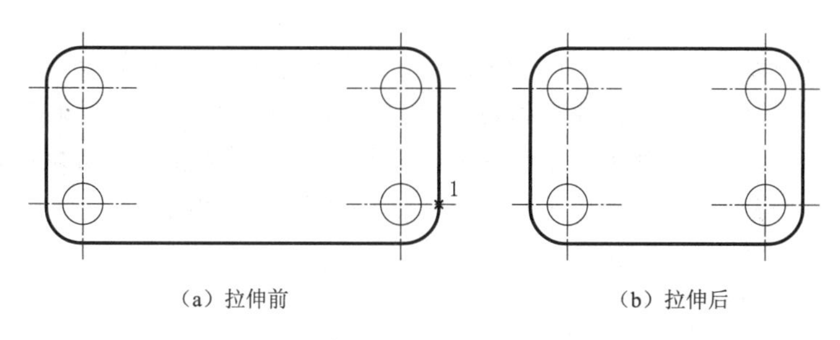

（a）拉伸前　　（b）拉伸后

图 9－17　图形的拉伸

对象。

1. 执行途径

（1）单击修改功能区面板上的拉长按钮 。

（2）从“修改”下拉菜单中选取“拉长”命令。

（3）命令行中输入命令：LEN↙（回车）。

2. 命令操作

执行“拉长”命令。

在“选择对象”提示下，选择要缩放的对象。

命令行提示信息如下：

选择要测量的对象或［增量（DE）/百分比（P）/总计（T）/动态（DY）］<动态（DY）>：

其中：

• 增量：指定增量修改对象的长度，距离从最近端点开始测量。

• 百分比：按照对象长度的指定百分数设置对象长度。

• 总计：拉长后对象的长度等于指定的总长度。

• 动态：通过拖动选定对象的端点之一来改变原长度，其他端点保持不变。

任务十一　编　辑　对　象

本任务主要掌握修剪和延伸、倒角和圆角、打断、合并与分解命令的使用以及夹点编辑对象的方法。

完成对象的基本绘制后，往往需要对相关对象进行编辑和修改操作，使其实现预期设计要求。在 AutoCAD 中，用户可以通过修剪、延伸、创建倒角和圆角等常规操作来完成绘制对象的编辑工作。

一、修剪和延伸

修剪和延伸工具的共同点都是以图形中现有的图形对象为参照，以两个图形对象间的交点为切割点或延伸终点，对与其相交或成一定角度的对象进行去除或延伸操作。

1. 修剪

“修剪”是以某些对象为边界，将图形对象在指定边界外的部分修剪掉。利用该工具编辑图形对象时，首先需要选择可定义修剪边界的对象，可作为修剪边的对象包括直线、圆弧、圆、椭圆和多段线等对象。默认情况下，选择修剪对象后，系统将以该对象为边界，将修剪对象上位于拾取点一侧的部分图形切除。

执行途径：

(1) 单击修改功能区面板上的修剪按钮。

(2) 从“修改”下拉菜单中选取“修剪”命令。

(3) 命令行中输入命令：TR↙（回车）。

单击修剪按钮，选取图 9 - 18 (a) 指定的边界线 AB 并右击，然后选取图形中要去除的直线 AB 以上部分，即可将多余的部分去除，效果如图 9 - 18 (b) 所示。

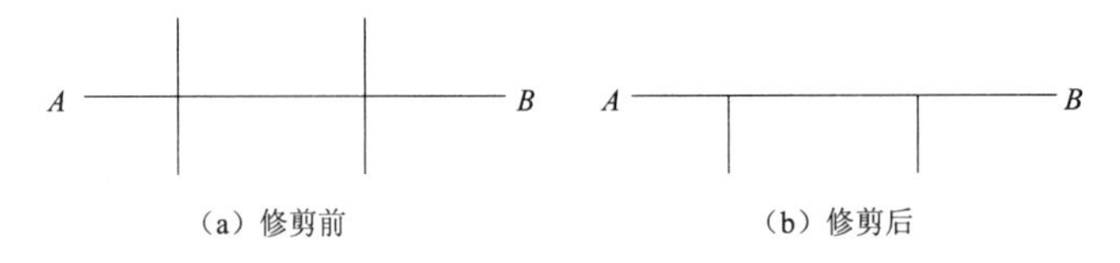

(a) 修剪前　　(b) 修剪后

图 9 - 18　图形的修剪

2. 延伸

执行途径：

(1) 单击修改功能区面板上的延伸按钮。

(2) 从“修改”下拉菜单中选取“延伸”命令。

(3) 命令行中输入命令：EX↙（回车）。

单击延伸按钮，选取图 9 - 19 (a) 指定的边界线 AB 并右击，然后选取图形中要延伸的对象，即可将选取的图形对象延伸到指定的边界，效果如图 9 - 19 所示。

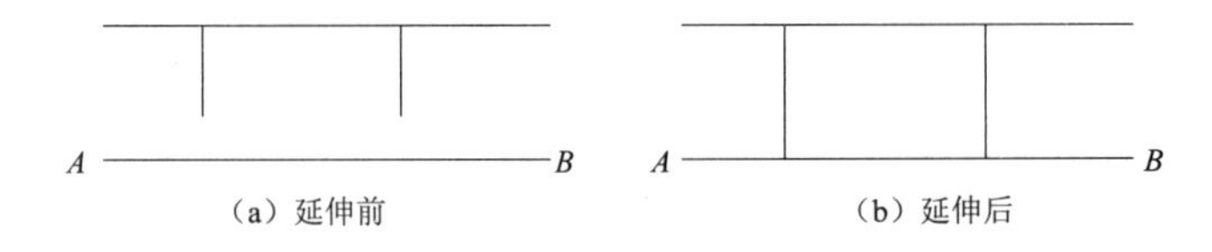

(a) 延伸前　　(b) 延伸后

图 9 - 19　图形的延伸

二、倒角和圆角

倒角命令可以为两条不平行的直线或多段线作出指定的倒角；圆角命令可以用一个指定半径的圆弧光滑地连接两个对象。

1. 倒角

执行途径：

(1) 单击修改功能区面板的倒角按钮。

(2) 从“修改”下拉菜单中选取“倒角”命令。

(3) 命令行中输入命令：CHA↙（回车）。

执行命令后，命令行提示信息如下：

（“修剪”模式）当前倒角距离 1=0.0000，距离 2=0.0000

选择第一条直线或［放弃（U）/多段线（P）/距离（D）/角度（A）/修剪（T）/方式（E）/多个（M）］：D

指定第一个倒角距离＜0.0000＞：5（输入第一个倒角的距离）

指定第二个倒角距离＜2.0000＞：10（输入第二个倒角的距离，如果直接按回车键，表示第二个倒角距离为默认的 5）

选择第一条直线或［放弃（U）/多段线（P）/距离（D）/角度（A）/修剪（T）/方式（E）/多个（M）］：（点击要倒角的第一条直线 A）

选择第二条直线，或按住 Shift 键选择直线以应用角点或［距离（D）/角度（A）/方法（M）］：（点击要倒角的第二条直线 B）

效果如图 9-20 所示。

各选项的含义如下：

• 放弃：放弃刚才所进行的操作。

• 多段线：以当前设置的倒角大小对多段线的各顶点（交角）修倒角。

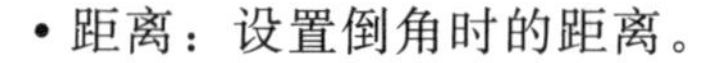

• 距离：设置倒角时的距离。

• 角度：设置倒角的距离和角度。

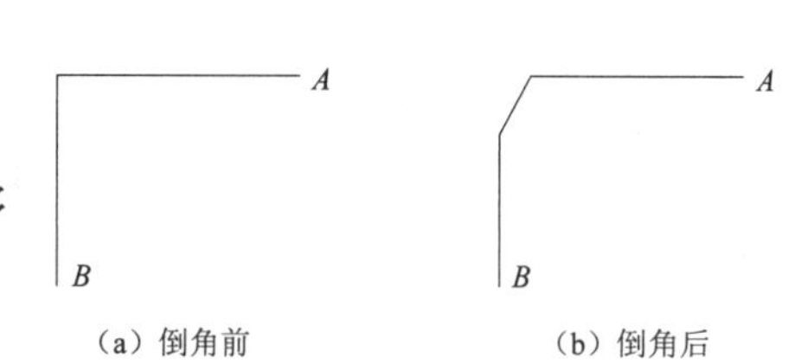

（a）倒角前 （b）倒角后

图 9-20 图形倒角

• 修剪：确定倒角后是否保留原边。其中，选择“修剪（T）”选项，表示倒角后对倒角边进行修剪；选择“不修剪（N）”选项，表示不进行修剪。

• 方式：确定倒角方式。

• 多个：在不结束命令的情况下对多个对象进行对象操作。

2. 圆角

执行途径：

（1）单击修改功能区面板的圆角按钮。

（2）从“修改”下拉菜单中选取“圆角”命令。

（3）命令行中输入命令：F↙（回车）。

执行命令后，命令行提示信息如下：

当前设置：模式=修剪，半径=0.0000

选择第一个对象或［放弃（U）/多段线（P）/半径（R）/修剪（T）/多个（M）］：R

指定圆角半径＜0.0000＞：10

选择第一个对象或［放弃（U）/多段线（P）/半径（R）/修剪（T）/多个（M）］：（选直线 A）

选择第二个对象，或按住 Shift 键选择要应用角点的对象：（选直线 B）

效果如图 9-21 所示。

三、打断

打断包括“打断”和“打断于点”两种方式。打断命令可以将直线、多段线、射

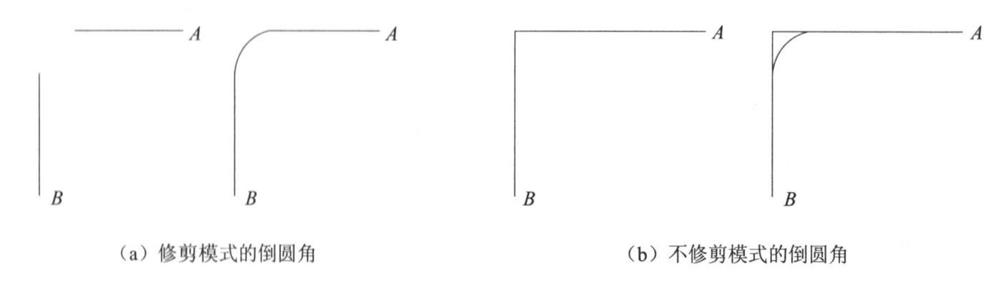

（a）修剪模式的倒圆角　　（b）不修剪模式的倒圆角

图 9－21　图形倒圆角

线、样条曲线、圆和圆弧等图形分成两个对象或删除对象中的一部分。打断于点命令是打断命令的特殊情况。

1. 打断

执行途径：

（1）单击修改功能区面板的打断按钮。

（2）从“修改”下拉菜单中选取“打断”命令。

（3）命令行中输入命令：BR↙（回车）。

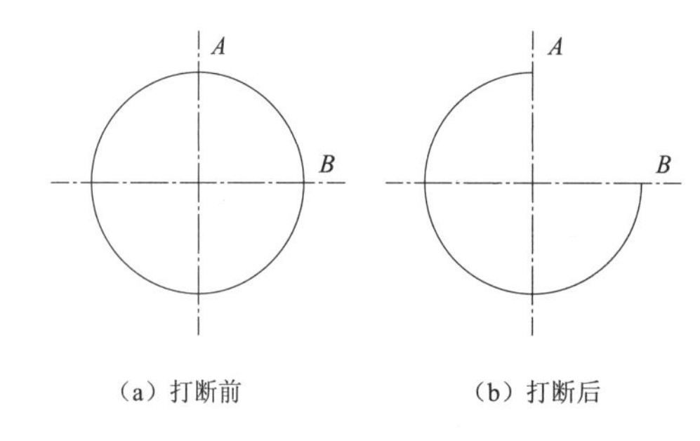

（a）打断前　　（b）打断后

图 9－22　打断图形

单击打断按钮，命令行提示选取要打断的对象。当在对象上单击时，系统将默认选取对象时所选 B 点作为断点 1，然后指定另一个点 A 作为断点 2，系统将按逆时针方向删除这两点之间的对象，效果如图 9－22 所示。

如果在命令行中输入字母 F，则可以重新定位第一点。在确定第二个打断点时，如果在命令行中输入“@”，可以使第一个和第二个打断点重合，此时将变为打断于点。

2. 打断于点

打断于点是将对象在一点处断开生成两个对象。一个对象在执行过打断于点命令后，从外观上看不出什么差别。但当选取该对象时，可以发现该对象已经被打断成两个部分。

单击打断于点按钮，然后选取一个对象，并在该对象上单击指定打断点的位置，即可将该对象分割为两个对象。

四、合并与分解

1. 合并

合并命令可以将直线、开放的多段线、圆弧、椭圆弧或开放的样条曲线等对象合并，以形成一个完整的对象。

执行途径：

（1）单击修改功能区面板的合并按钮。

（2）从“修改”下拉菜单中选取“合并”命令。

(3) 命令行中输入命令：J↙（回车）。

单击合并按钮，然后按照命令行提示选取源对象。依次选择要合并的对象，最后回车即可。

2. 分解

对于矩形、块、多边形和各类尺寸标注等对象，以及由多个图形对象组成的组合对象，如果需要对单个对象进行编辑操作，就需要先利用分解工具将这些对象拆分为单个的图形对象，然后再利用相应的编辑工具进行进一步的编辑。

执行途径：

(1) 单击修改功能区面板的分解按钮。

(2) 从“修改”下拉菜单中选取“分解”命令。

(3) 命令行中输入命令：X↙（回车）。

单击分解按钮，按照命令行提示选取所要分解的对象，右击或者回车即可完成分解操作。

五、夹点编辑

当选取某一个图形对象时，对象周围将出现蓝色的方框即为夹点。夹点功能是一种方便灵活的编辑功能，拖动这些夹点可以实现对象的移动、复制、缩放、旋转、拉伸、镜像等操作。

直接选择对象后，被拾取的对象上首先将显示蓝色夹点标记，称为“冷夹点”，各种对象夹点显示的位置不同，如图 9-23 所示。

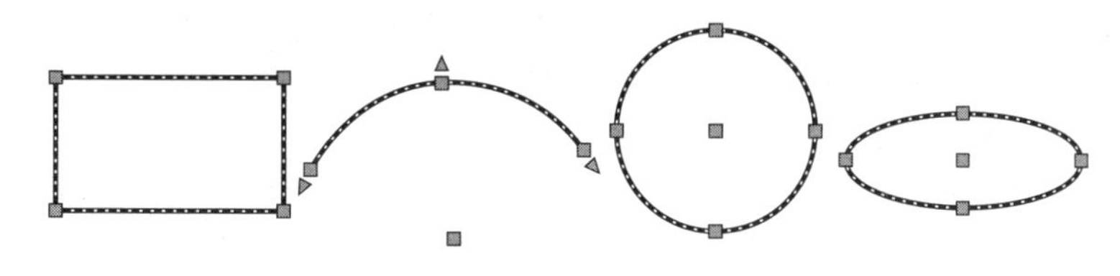

图 9-23 冷夹点

如果再次单击其中某个“冷夹点”则变为红色，称为“暖夹点”。

当出现“暖夹点”时，命令行就会出现提示：

* * 拉伸 * *

指定拉伸点或 [基点 (B)/复制 (C)/放弃 (U)/退出 (X)]：

在这个提示下连续回车或按空格，提示依次循环显示：

* * 移动 * *

指定移动点或 [基点 (B)/复制 (C)/放弃 (U)/退出 (X)]：

* * 旋转 * *

指定旋转角度或 [基点 (B)/复制 (C)/放弃 (U)/参照 (R)/退出 (X)]：

* * 比例缩放 * *

指定比例因子或 [基点 (B)/复制 (C)/放弃 (U)/参照 (R)/退出 (X)]：

* * 镜像 * *

指定第二点或 [基点 (B)/复制 (C)/放弃 (U)/退出 (X)]：

夹点编辑命令完成后，可以按 Esc 键、回车键或空格键退出操作。

实　训

实训 9－1　绘制 A3 图框（非装订式）和标题栏

一、实训内容

按照制图标准绘制 A3 图幅及非装订式的图框，并绘制如图 9－24 所示的标题栏。通过本次实训，主要熟悉矩形、偏移、修剪等命令的操作。

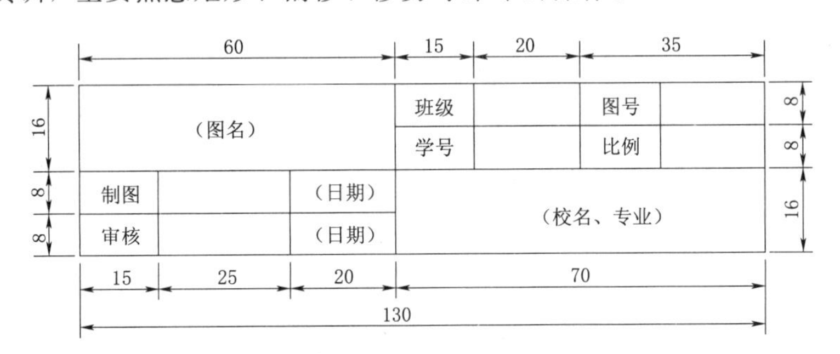

图 9－24　标题栏

二、操作指导

（1）单击新建按钮，选择公制样板文件“acadiso. dwt”新建文件，点击保存按钮，将文件命名为“A3 图框”，开始新图。

（2）创建图层（同前面实训 8－6）。

（3）绘制图框。将细实线层设为当前图层，使用矩形命令绘制，矩形左下角置于世界坐标系原点（0，0），另一个角点为（420，297）。

（4）操作如下：

1）Rec↙（输入矩形命令）

指定第一个角点或［倒角（C）/标高（E）/圆角（F）/厚度（T）/宽度（W）］：0.0↙

指定另一个角点或［面积（A）/尺寸（D）/旋转（R）］：@420，297↙

切换到粗实线图层。

2）Rec↙（重复矩形命令）

指定第一个角点或［倒角（C）/标高（E）/圆角（F）/厚度（T）/宽度（W）］：10，10↙

指定另一个角点或［面积（A）/尺寸（D）/旋转（R）］：@400，277↙（相对坐标）

3）L↙（输入直线命令）

指定第一个点：（从点 1 向上延伸，输入 32，捕捉到 2 点，注意不要点击 1 点）

指定下一点或［放弃（U）］：（鼠标导向光标向左）140↙

指定下一点或［放弃（U）］：（鼠标导向光标向下）32↙

如图 9－25 所示。

4）Off↙（输入偏移命令）

当前设置：删除源＝否　图层＝源　OFFSETGAPTYPE＝0

指定偏移距离或［通过（T）/删除（E）/图层（L）］＜10.0000＞：8

选择要偏移的对象，或［退出（E）/放弃（U）］＜退出＞：（选择直线 23）

指定要偏移的那一侧上的点，或［退出（E）/多个（M）/放弃（U）］＜退出＞：（鼠标左键在直线 23 下方单击）

选择要偏移的对象，或［退出（E）/放弃（U）］＜退出＞：（选择刚偏移复制的直线）

指定要偏移的那一侧上的点，或［退出（E）/多个（M）/放弃（U）］＜退出＞：（鼠标左键在下方单击）

……

依次偏移复制出其余水平线，如图 9－26 所示。

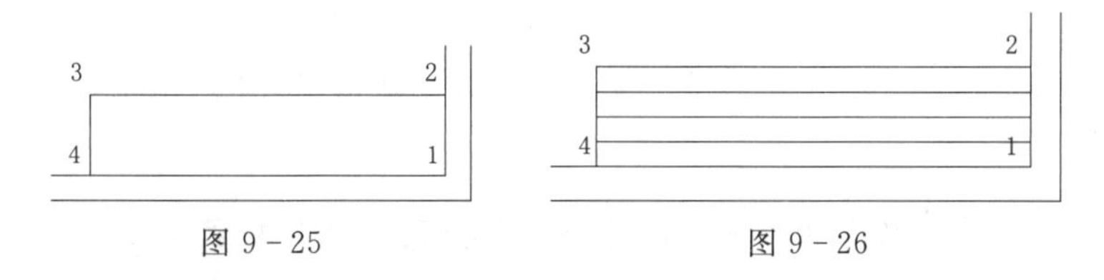

图 9－25　　　　图 9－26

5）Off↙（输入偏移命令）

当前设置：删除源＝否　图层＝源　OFFSETGAPTYPE＝0

指定偏移距离或［通过（T）/删除（E）/图层（L）］＜8.0000＞：15

选择要偏移的对象，或［退出（E）/放弃（U）］＜退出＞：（选择直线 34）

指定要偏移的那一侧上的点，或［退出（E）/多个（M）/放弃（U）］＜退出＞：（鼠标左键在直线 34 右方单击）

……

依次偏移复制出其余垂直线，如图 9－27 所示。

6）Tr↙（输入修剪命令）

当前设置：投影＝UCS，边＝无

选择剪切边...

选择对象或＜全部选择＞：↙

选择要修剪的对象，或按住 Shift 键选择要延伸的对象，或

［栏选（F）/窗交（C）/投影（P）/边（E）/删除（R）/放弃（U）］：（框选要修剪的对象，个别修剪不了的对象使用删除命令）

7）应用图层，将标题栏的内栏线更改到细实线图层，如图 9－28 所示。

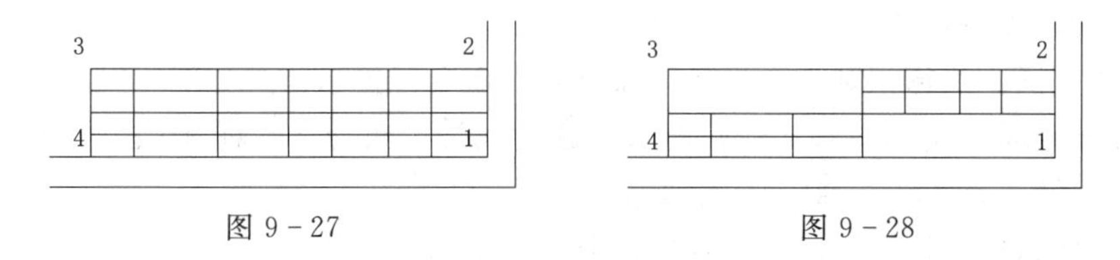

图 9－27　　　　图 9－28

（5）以“A3 标题栏 .dwg”为文件名进行保存。

实训9－2 绘制双扇平开门

一、实训内容

按照1：100的比例绘制如图9－29所示的双扇平开门。通过本次实训，主要熟悉矩形、圆弧、镜像、缩放命令的操作。

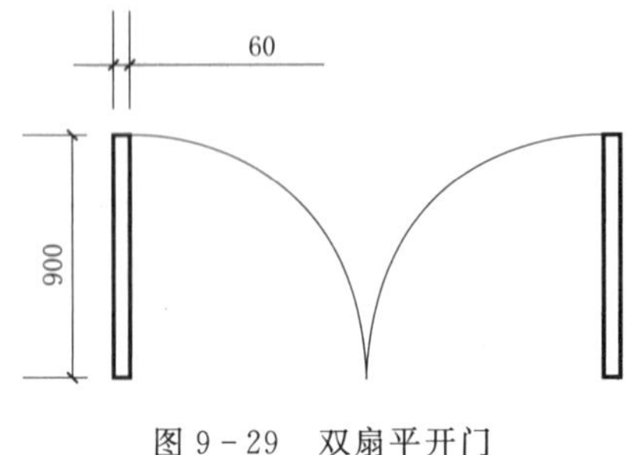

图9－29 双扇平开门

二、操作指导

(1) 打开文件“A3图框.dwg”，在A3图幅内绘制。

(2) 先用矩形命令绘制左边的矩形。

(3) 用圆弧命令的圆心、起点、端点方式绘制左边的圆弧。

(4) 进行比例缩放。

(5) 以“双扇平开门.dwg”为文件名进行保存。

实训9－3 绘制指北针和花瓣图案

一、实训内容

绘制如图9－30、图9－31所示指北针和花瓣图案。通过本次实训，主要熟悉多段线、圆、阵列命令的操作。

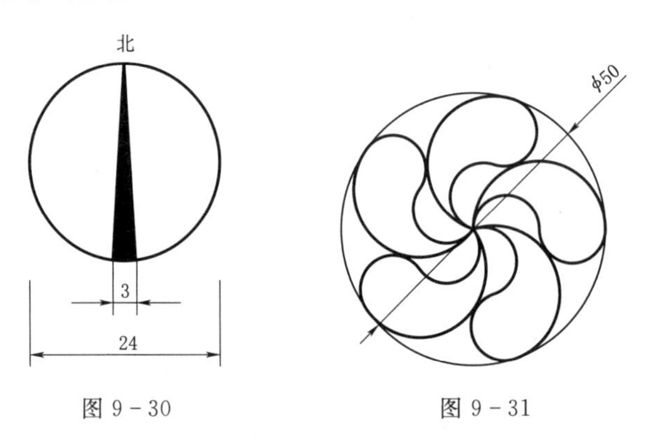

图9－30　　图9－31

二、操作指导

(1) 打开文件“A3图框.dwg”，在A3图幅内绘制。

(2) 先按照制图标准绘制指北针。

(3) 操作如下：

1) 绘制圆。执行“圆心，半径”命令后，命令行提示信息如下：

指定圆的圆心或［三点(3P)/两点(2P)/相切、相切、半径(T)］：(指定圆心)

指定圆的半径或［直径(D)］：12↙

2) 绘制指针。执行多段线命令后，命令行提示信息如下：

指定起点：(用鼠标单击确定)

当前线宽为 0.0000

指定下一个点或［圆弧（A)/半宽（H)/长度（L)/放弃（U)/宽度（W)］：W

指定起点宽度<0，0000>：(按回车键，表示设置起点宽度为 0)

指定端点宽度<0，0000>：3（输入端点宽度为 3)

指定下一个点或［圆弧（A)/半宽（H)/长度（L)/放弃（U)/宽度（W)］：(用鼠标单击进行绘制)

效果如图 9－30 所示。

（4）用圆的命令绘制花瓣。

（5）操作如下：

1）绘制圆。执行“圆心，半径”命令后，命令行提示信息如下：

指定圆的圆心或［三点（3P)/两点（2P)/相切、相切、半径（T)］：(指定圆心)

指定圆的半径或［直径（D)］：24↙

2）先用“两点”方式绘制三个圆，如图 9－32（a）所示。注意“对象捕捉”设置捕捉圆心、象限点。

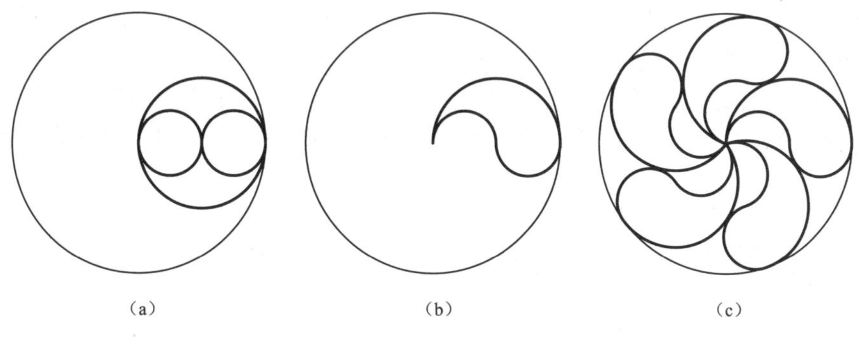

(a)　(b)　(c)

图 9－32

3）然后用“修剪”命令修剪出一个花瓣，如图 9－32（b）所示。

4）最后用“环形阵列”命令阵列出 5 个花瓣，如图 9－32（c）所示。

（6）以“指北针和花瓣．dwg”为文件名进行保存。

实训 9－4　利用椭圆及打断、镜像命令绘制图形

一、实训内容

绘制如图 9－33 所示平面图形。通过本次实训，主要熟悉椭圆、圆、镜像、打断命令的操作。

二、操作指导

（1）打开文件“A3 图框．dwg”，在 A3 图幅内绘制两条中心线。

（2）先绘制大椭圆，然后偏移得到小椭圆，操作如下：

1）绘制两个椭圆。执行椭圆命令后选择“圆心”方式，绘制外面大椭圆，命令行提示信息如下：

指定椭圆的轴端点或［圆弧（A)/中心点（C)］：_c

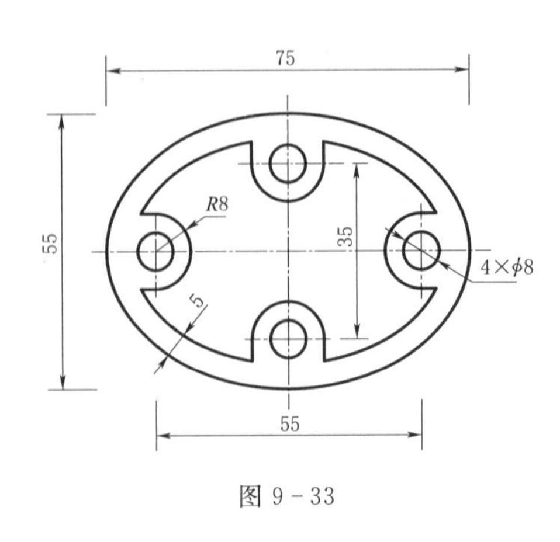

图 9-33

指定椭圆的中心点：(点击中心线交点)

指定轴的端点：37.5↙

指定另一条半轴长度或［旋转（R)］：27.5↙

指定偏移距离为 5，得到里面的椭圆，如图 9-34（a）所示。

2）偏移命令确定小圆圆心。执行偏移命令后，命令行提示信息如下：

指定偏移距离或［通过（T)/删除（E)/图层（L)］<10.0000>：27.5

选择要偏移的对象，或［退出（E)/放弃（U)］<退出>：(选择竖直方向的中心线)

指定要偏移的那一侧上的点，或［退出（E)/多个（M)/放弃（U)］<退出>：(鼠标左键在数值中心线右方单击，得到竖直方向圆心定位线)

再次偏移指定偏移距离 17.5，选择水平方向的中心线，用鼠标左键在水平中心线上方单击，得到水平方向圆心定位线。

3）用圆命令绘制水平中心线上的两个圆，再复制两个圆到竖直方向。

4）用直线命令补出两端直线，然后用打断命令编辑图形，如图 9-34（b）所示。

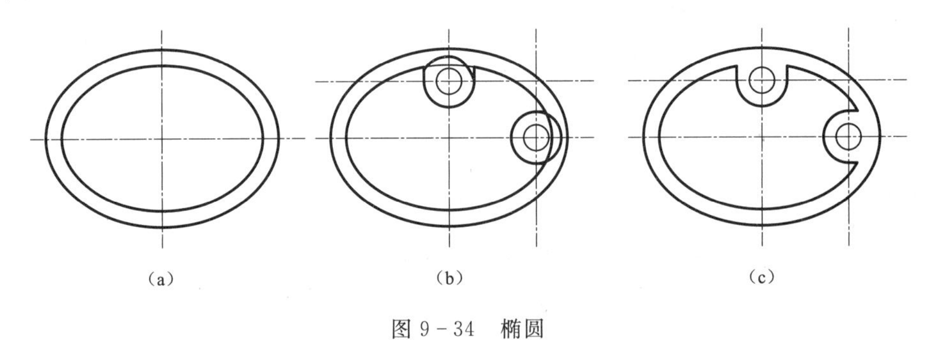

(a)　　(b)　　(c)

图 9-34　椭圆

5）最后两次用镜像命令将其镜像到另一侧，效果如图 9-34（c）所示。

(3）以“椭圆 .dwg”为文件名进行保存。

实训 9-5　利用圆弧及复制、镜像命令绘制图形

一、实训内容

绘制如图 9-35 所示平面图形。通过本次实训，主要熟悉圆、圆弧、镜像、打断命令的操作。

二、操作指导

(1）打开文件“A3 图框 .dwg”，在 A3 图幅内绘制两条中心线和直径为 38 的圆。

（2）先绘制直径为 50 的大圆，然后在右侧中心线与点画线圆的交点绘制直径为 6 的小圆，如图 9－36（a）所示。

（3）用极坐标绘制与水平中心线 30°夹角的倾斜线（输入：24＜30），在交点处绘制直径为 6 的小圆。镜像得到下面的小圆，如图 9－36（b）所示。

（4）用圆弧命令绘制连接两小圆的圆弧，修剪后如图 9－36（c）所示。

（5）镜像得到另一侧，如图 9－35 所示。

（6）以“平面图形练习．dwg”为文件名进行保存。

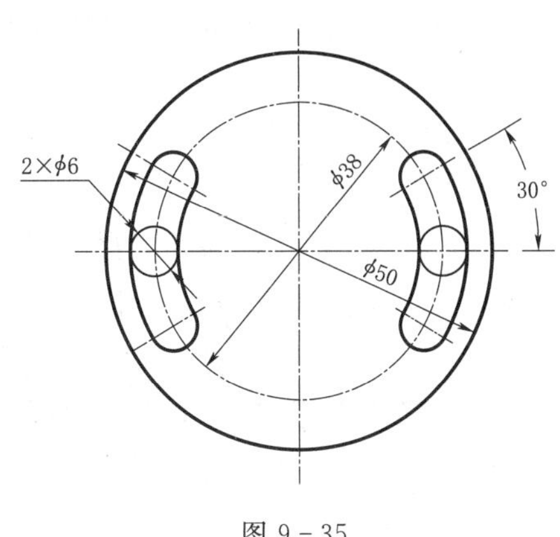

图 9－35

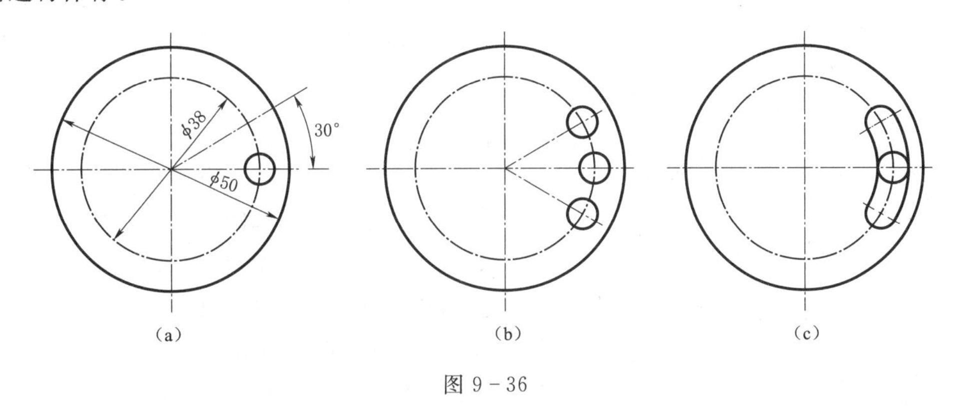

图 9－36

实训 9－6　利用多边形及阵列命令绘制五角星

一、实训内容

绘制如图 9－37 所示图形。通过本次实训，主要熟悉圆、多边形、阵列、图案填充命令的操作。

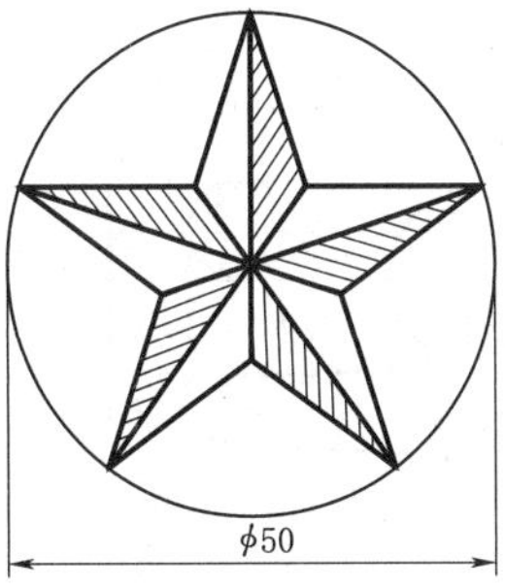

二、操作指导

（1）打开文件“A3 图框．dwg”，在 A3 图幅内绘制直径为 50 的圆。

（2）用多边形命令的“内接于圆”的方式绘制五边形，如图 9－38（a）所示。

（3）用直线命令连接顶点，如图 9－38（b）所示。

（4）用图案填充命令，在功能区“图案”选项卡中选择“ANSI31”，在“特性”选项卡中调整斜线的角度和比例，先填充五角星其中之一，如图 9－38（c）所示。再用环形阵列命令填充其余部分图案，如图 9－37 所示。

φ50

图 9－37

(5) 以"五角星.dwg"为文件名进行保存。

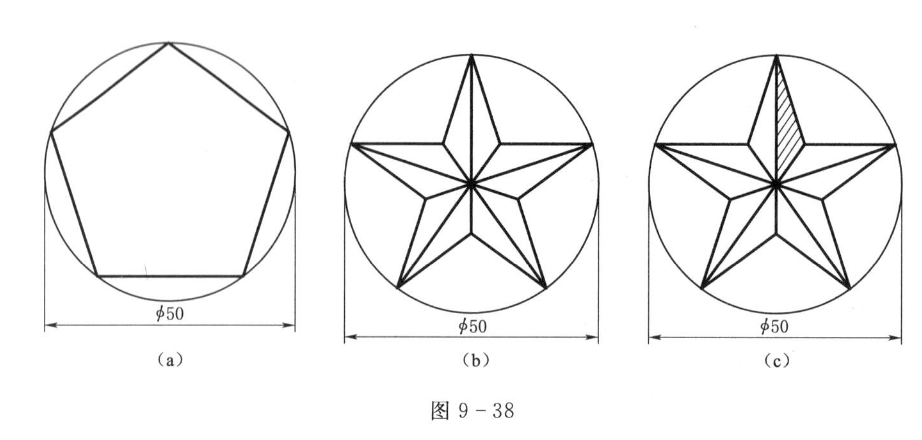

图 9-38

实训 9-7　绘制蹲便器

一、实训内容

用 1∶5 比例绘制如图 9-39 所示蹲便器平面图形。通过本次实训，主要熟悉镜像、修剪、缩放等命令的操作。

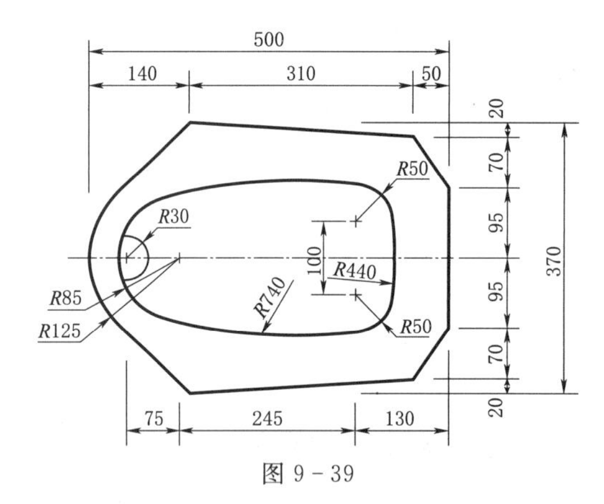

图 9-39

二、操作指导

(1) 打开文件"A3 图框.dwg"，在 A3 图幅的图框内绘制。

(2) 根据图形所给尺寸，先绘制圆的部分，如图 9-40 (a) 所示。

(3) 用直角坐标形式绘制轴线上的直线，利用临时对象捕捉的"捕捉到切点"绘制图中直线与圆的切线，镜像得到下面部分，最后剪切如图 9-40 (b) 所示。

(4) 用圆的相切、相切、半径的方式绘制 $R740$、$R440$ 的圆弧，如图 9-40 (c) 所示，最后用比例缩放，如图 9-39 所示。

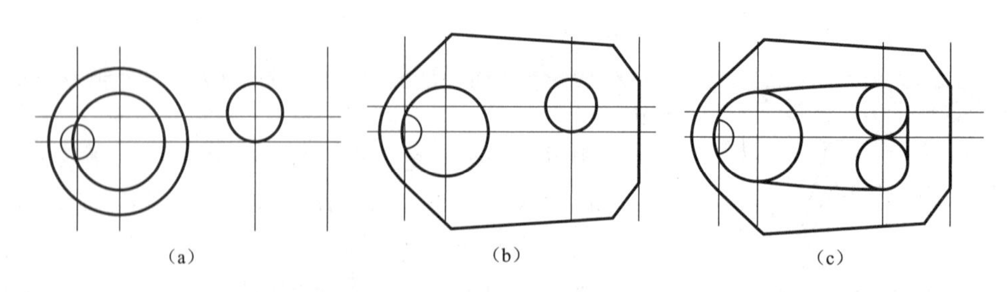

图 9-40

（5）以“蹲便器.dwg”为文件名进行保存。

实训 9-8 补绘三视图

一、实训内容

用 1∶1 的比例补绘如图 9-41 所示形体的左视图。通过本次实训，主要学习三视图的绘制方法和步骤。

二、操作指导

方法一：像手工绘图一样先绘制辅助线再补视图。

（1）先绘制已知的主视图和左视图。

（2）用直线或构造线命令绘制 45°辅助线。

（3）用构造线命令绘制过左视图各特征点的竖直线，保证宽相等，如图 9-42 所示。

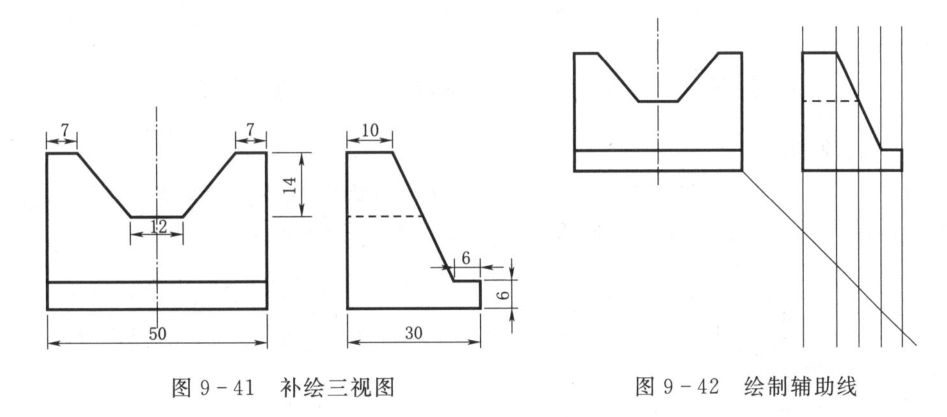

图 9-41　补绘三视图　　图 9-42　绘制辅助线

（4）利用极轴、对象捕捉和对象追踪，根据投影规律捕捉主视图特征点，追踪竖直线与 45°辅助线的交点绘制俯视图右侧，再利用镜像命令绘制左侧部分，如图 9-43 所示。

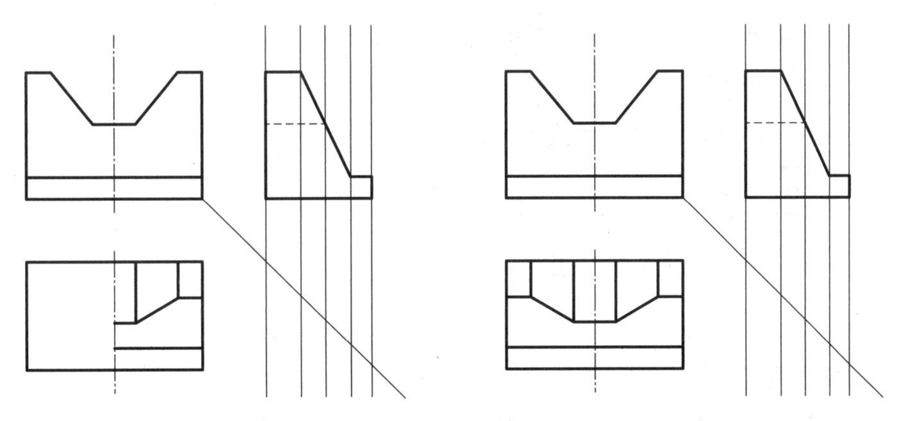

图 9-43　补绘俯视图

方法二：用旋转复制命令绘制，如图 9-44 所示。

（1）先用旋转命令的复制方式将左视图复制到某一位置。

（2）根据投影规律调整旋转后的左视图到合适位置，如图 9－45 所示。

（3）按照投影规律补绘俯视图。

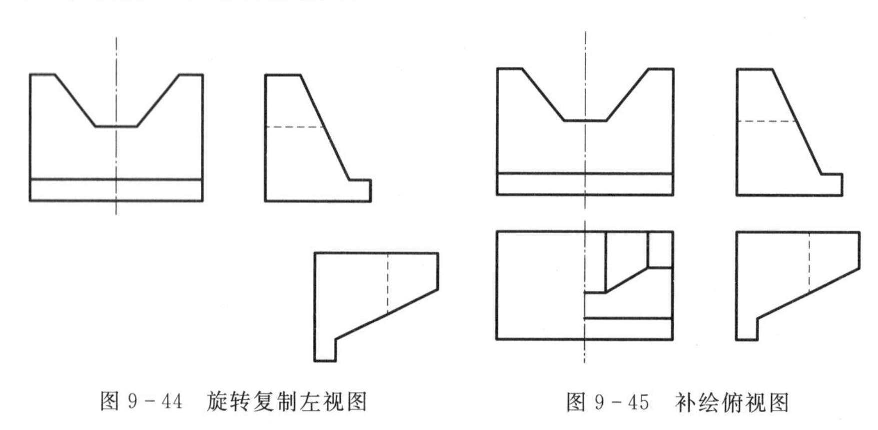

图 9－44　旋转复制左视图　　　　图 9－45　补绘俯视图

实训 9－9　绘制溢流坝横剖面图并填充材料

一、实训内容

用 1∶100 比例绘制如图 9－46 所示溢流坝横剖面图并填充。通过本次实训，主要熟悉样条曲线、图案填充、缩放点样式、多点等命令的操作。

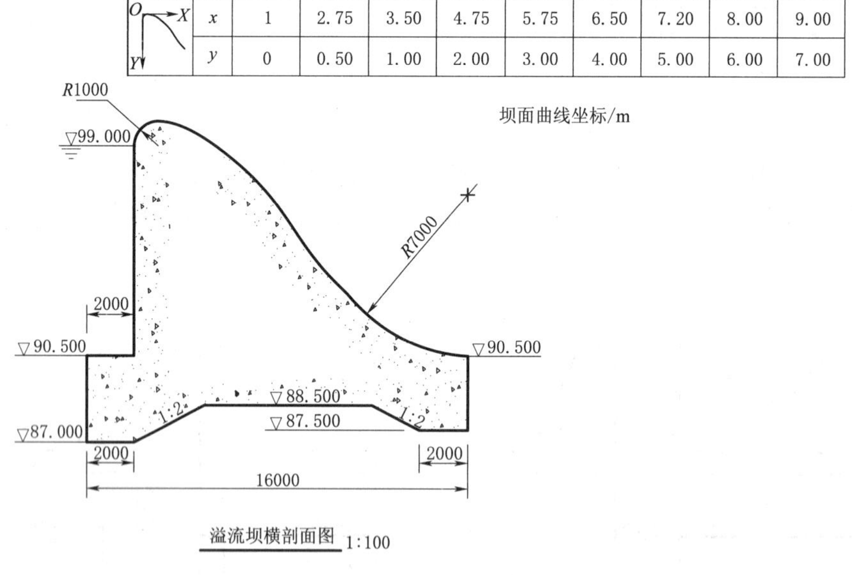

O→X, Y↓	x	1	2.75	3.50	4.75	5.75	6.50	7.20	8.00	9.00
	y	0	0.50	1.00	2.00	3.00	4.00	5.00	6.00	7.00

图 9－46　溢流坝横剖面图

二、操作指导

（1）打开文件“A3 图框 . dwg”，在 A3 图幅的图框内绘制。

（2）根据图形所给尺寸，先绘制直线部分，如图 9－47（a）所示。

（3）绘制溢流坝顶部 $R1000$ 的圆弧，命令行输入“UCS”，按图 9－47（b）所示

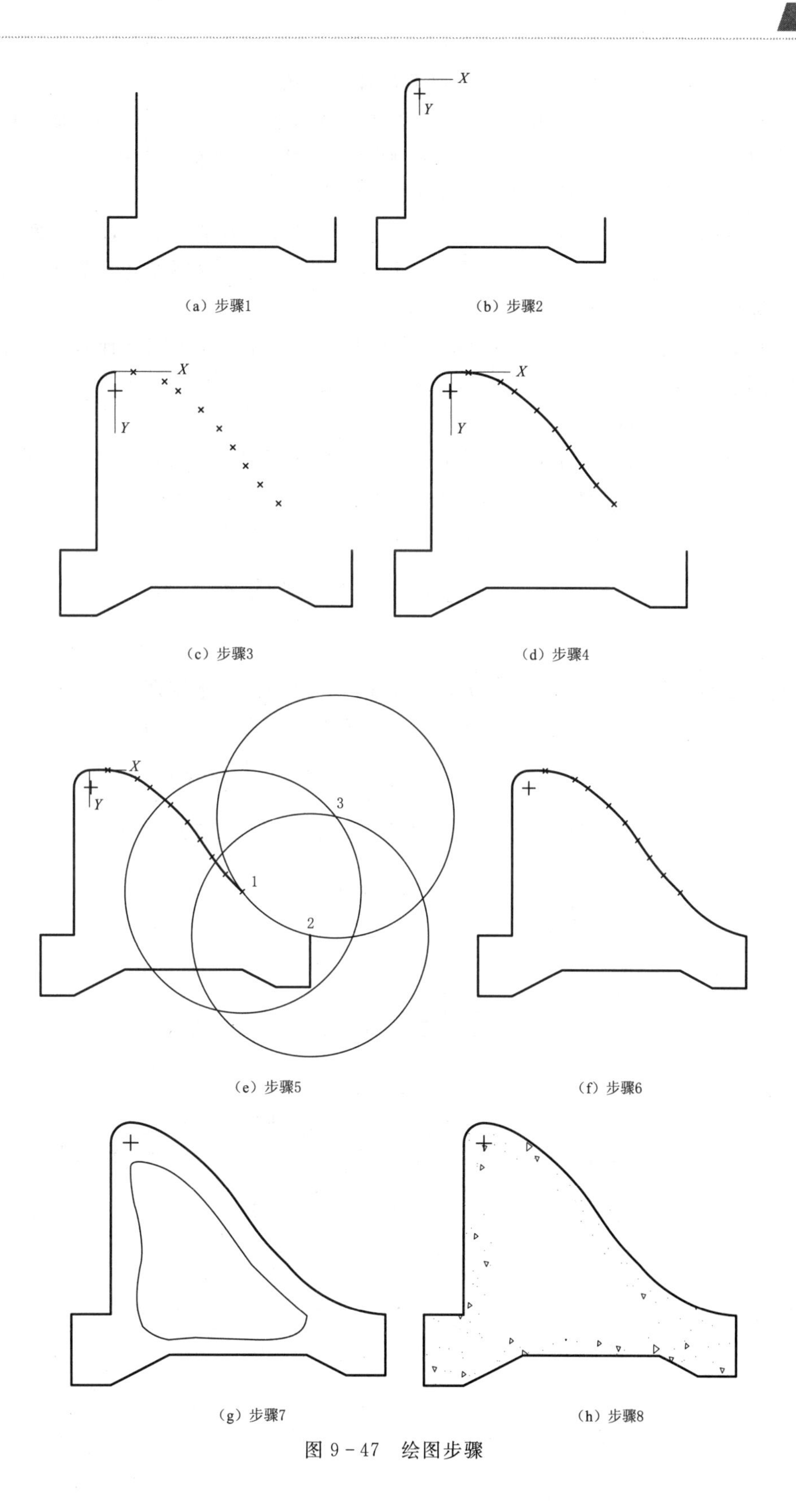

（a）步骤1 （b）步骤2

（c）步骤3 （d）步骤4

（e）步骤5 （f）步骤6

（g）步骤7 （h）步骤8

图 9－47　绘图步骤

位置建立用户坐标系，指定原点、X 轴正方向和 Y 轴正方向。

(4) 绘制坝面曲线。绘制前为了便于观察应先设置点样式，再用多点命令依次输入坝面曲线的各点坐标，如图 9-47 (c) 所示。并将"对象捕捉"中的"节点"选中设置好，最后用样条曲线连接各点，如图 9-47 (d) 所示。

(5) 绘制反弧段。分别以 1、2 点为圆心，7000mm 为半径做圆，得到两个圆的交点即为反弧段圆弧圆心 3 点，如图 9-47 (e) 所示。以 3 点为圆心、7000mm 为半径做圆修剪后得到反弧段，如图 9-47 (f) 所示。

(6) 命令行输入"UCS"，回到世界坐标系。将点样式改为默认样式，并用样条曲线绘制填充图案的内边界，如图 9-47 (g) 所示。

(7) 按 1∶100 进行比例缩放。

(8) 剖面图案填充。执行图案填充命令，在功能区"图案填充创建"选项卡中选择图案，调整填充的比例，并取消"关联边界"，将样条曲线和溢流坝轮廓线之间的部分进行填充，最后删除样条曲线绘制的填充内边界，如图 9-47 (h) 所示。

实训 9-10　利用多线命令绘制墙体、窗户

一、实训内容

利用多线命令按图 9-48 所示的尺寸绘制墙体及窗户。本实训设计的图形主要练习使用多线命令进行设置。通过本实训，要求熟练掌握多线命令的使用。

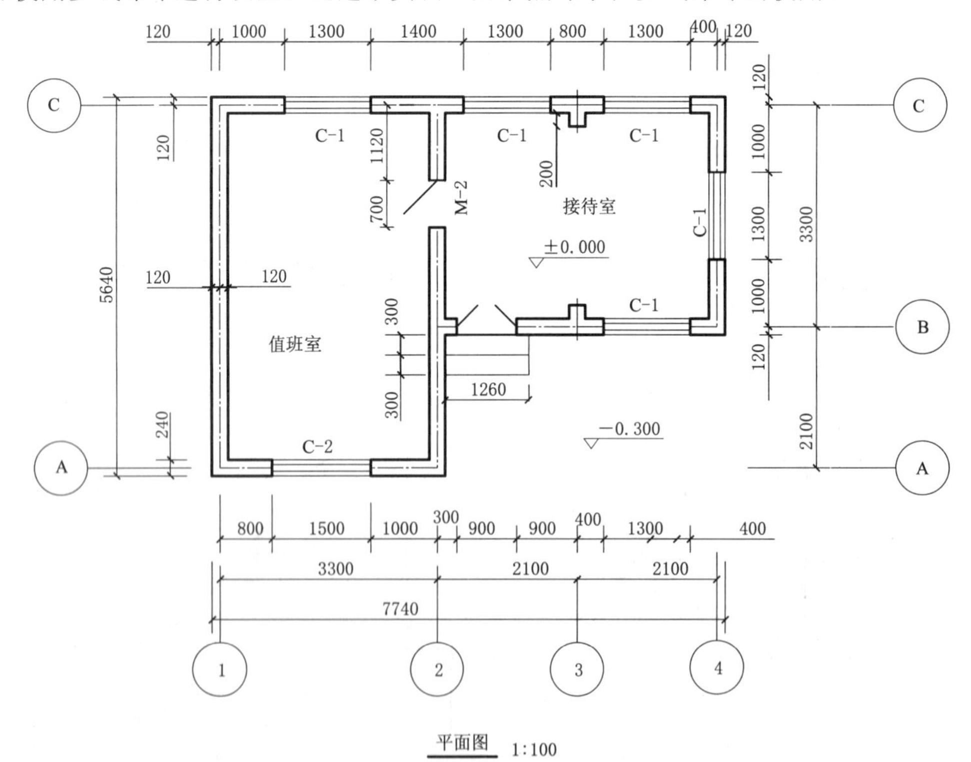

图 9-48　建筑平面图

二、操作指导

(1) 打开文件“A3图框.dwg”，在A3图幅的图框内绘制。

(2) 绘制轴线。根据图形所给尺寸，从左下角出发，先以直线命令分别绘制一条水平轴线和一条垂直轴线，然后再依次偏移得到其他轴线，如图9-49所示。

(3) 绘制墙线。先创建多线样式，根据图示墙体厚度为240，在“新建多线样式”对话框中，单击“0.5 随层 Bylayer”行的任意位置选中该项，在“偏移”文本框中输入“120”；再单击“－0.5 随层 Bylayer”行的任意位置选中该项，将其“偏移”值修改为“－120”。单击“置为当前”按钮，按顺时针先绘制外墙，再绘制内墙，如图9-50所示。

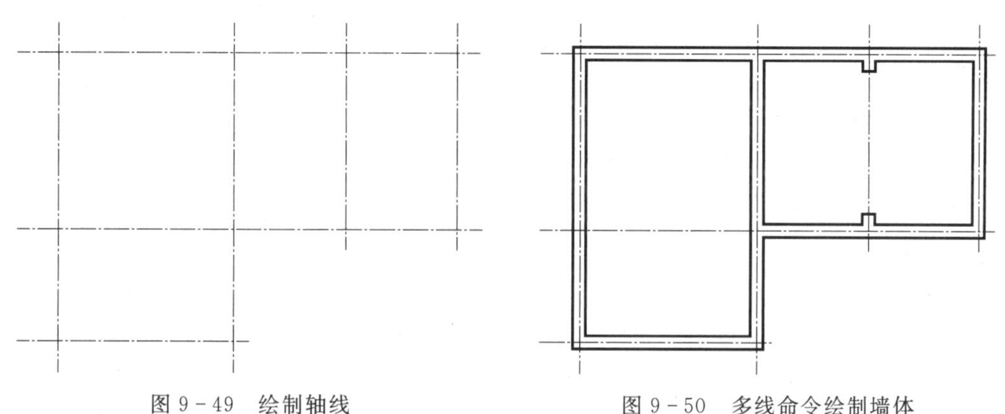

图9-49　绘制轴线　　　　图9-50　多线命令绘制墙体

(4) 整理墙线，门窗开洞。先修剪墙线，点击“修改”→“对象”→“多线”，在“多线编辑工具”对话框中选择合适的工具进行多线编辑，无法用多线编辑命令编辑的多线可分解后修剪；再根据门窗的定位与定形尺寸利用偏移和修剪命令确定门窗洞口，如图9-51所示。

(5) 绘制门窗符号。根据门窗尺寸绘制门窗并插入门窗洞口，如图9-52所示。

(6) 绘制台阶、轴线编号等。

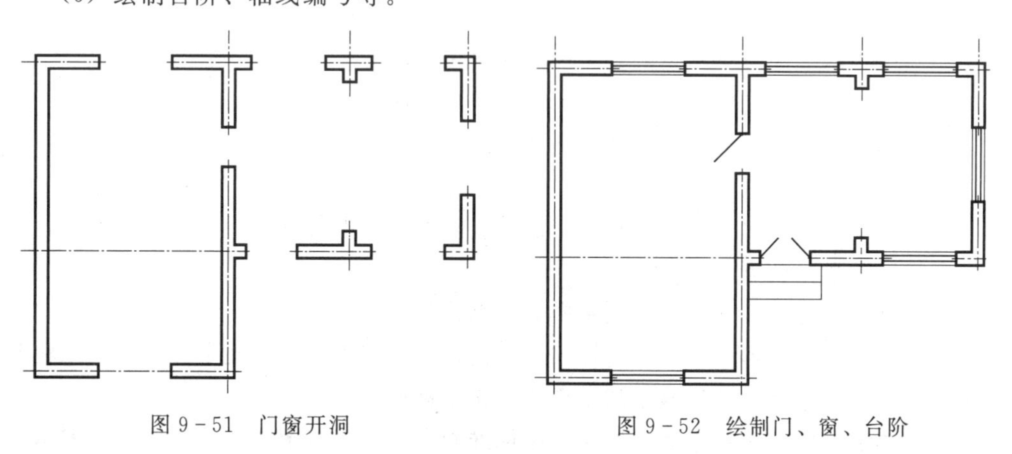

图9-51　门窗开洞　　　　图9-52　绘制门、窗、台阶

说明：建筑平面图中主要涉及三种宽度的实线，被剖切到的柱子、墙体的断面轮廓线为粗实线；门窗的开启示意线为中粗实线；其余可见轮廓线为细实线。

项目十

文字、表格及尺寸标注

【能力目标】

1. 掌握文字样式的创建及注写文字。
2. 掌握表格样式的创建和绘制表格。
3. 掌握尺寸标注样式的创建和应用。

【思政目标】

通过讲解文字及标注的CAD绘制标准，让学生深刻理解职业规范的严肃性，鼓励学生技能成才、技能报国。

任务一　文　　字

本任务主要掌握文字样式的创建及应用。

一、设置文字样式

输入文字时，默认使用当前的文字样式为Standard样式，用户可以重新设置字体、字号、倾斜角度、方向和其他文字特征等。

1. 执行途径

(1) 单击注释功能区面板的文字样式按钮。

(2) 从“格式”下拉菜单中选取“文字样式”命令。

(3) 命令行中输入命令：STY↙（回车）。

2. 命令操作

执行命令后，弹出“文字样式”对话框，如图10－1所示。

各选项的含义如下：

• 当前文字样式：列出当前文字样式，默认为“Standard”。

• 样式：显示图形中已定义的样式。双击样式列表中的某一文字样式，可以将其置为当前样式。下面预览区显示指定样式的文字样例。

• 字体名：用于选择字体。按照国家标准规定，工程制图中的汉字应为仿宋体。

• 注释性：用于创建注释性文字。

• 高度：用于设定文字的高度。如果默认文字的高度为0.0000，则在使用单行

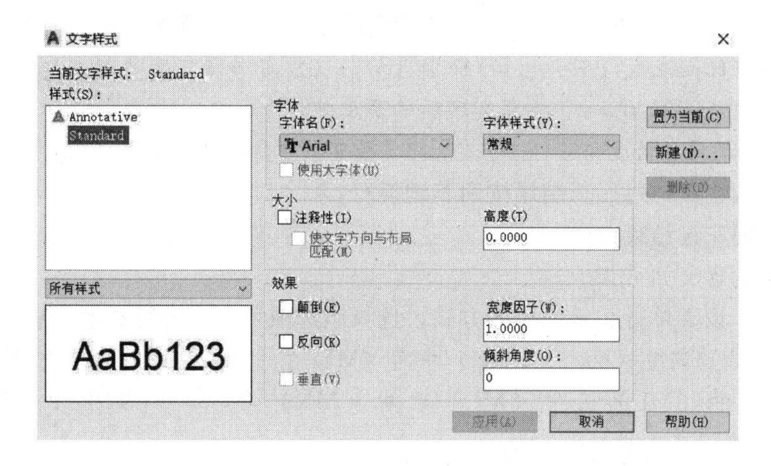

图 10－1 “文字样式”对话框

文字命令输入文字时，命令行将显示“指定高度”，要求重新指定文字的高度。如果在“高度”文本框中输入了文字高度，则系统将按此高度输入文字，而不再提示指定高度。

• 效果：用于设置字体的特性。选择“颠倒”，文字将上下颠倒显示；选择“反向”，文字将左右颠倒显示；选择“垂直”，文字将显示垂直排列。

• 宽度因子：用于设置文字的宽度和高度之比。输入小于 1.0 的值文字将变窄，输入大于 1.0 的值则文字将变宽。

• 倾斜角度：设置文字的倾斜角。

• 置为当前：将选定的文字样式置为当前。

• 新建：用于创建新的文字样式，单击后显示“新建文字样式”对话框，如图 10－2 所示，输入新的样式名后点击“确定”，返回到“文字样式”对话框。

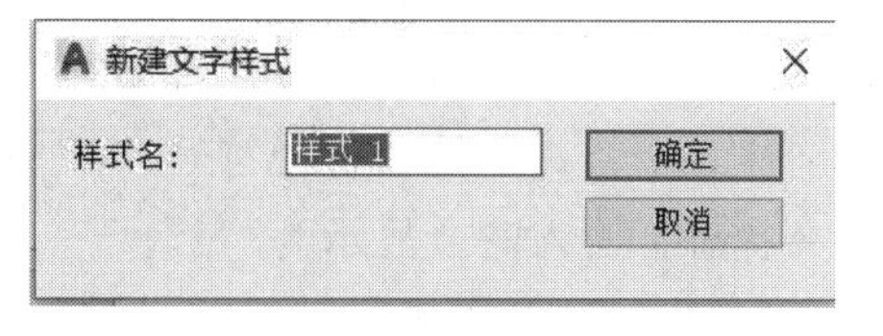

图 10－2 “新建文字样式”对话框

• 删除：删除未使用的文字样式。

在“文字样式”对话框设置完样式后，单击“应用”按钮并单击“置为当前”即可使用当前文字样式创建文字。

二、文字的创建与编辑

AutoCAD 提供了单行文字和多行文字两种创建方式。单行文字比较灵活，每行文字都是独立的对象，适用于内容简短的少量文字；多行文字适用于有格式排版要求的大量文字段落。

（一）创建单行文字

1. 执行途径

（1）单击“注释”功能区面板的单行文字按钮。

（2）从“绘图”下拉菜单中选取“文字”→“单行文字”。

（3）命令行输入：DT↙（回车）。

2. 命令操作

执行命令后，命令行提示信息如下：

当前文字样式："Standard"　文字高度：2.5000　注释性：否　对正：左

指定文字的起点或［对正（J）/样式（S）］：（指定书写文字的起点）

指定高度＜2.5000＞：（指定文字新的高度值）

指定文字的旋转角度＜0＞：（指定文字的旋转角度，如按回车键，表示文字不旋转）

开始输入正文，每一行结尾按回车键换行。

按两次回车键结束命令。

各选项的含义如下：

• 对正：设置单行文字的对齐方式。选择该选项后，命令行提示信息如下：

［对齐（A）/调整（F）/中心（C）/中间（M）/右（R）/左上（TL）/中上（TC）/右上（TR）/左中（ML）/正中（MC）/右中（MR）/左下（BL）/中下（BC）/右下（BR）］：（选择对齐方式）

• 样式：如果创建了多个文字样式后，选择该选项后可以选择要使用的文字样式。

说明：

1）可以在命令行中输入数字或通过在屏幕上指定两点来确定文字高度。

2）单行文字命令可以连续输入多行文字。但是每行文字都是独立的对象，可对其进行重新定位、调整格式或进行其他编辑。

3）AutoCAD 提供了一些特殊字符的注写方法，常用的有：

%%C：注写直径符号"ϕ"

%%D：注写角度符号"°"

%%P：注写上下偏差符号"±"

%%%：注写百分比符号"%"

注意：特殊字符中直径符号"ϕ"不是中文文字，应在英文状态下输入，否则在中文状态下输入时会显示为"?"。

（二）创建多行文字

多行文字又称段落文字，但无论行数是多少，所有的内容都被认为是单个对象。

1. 执行途径

（1）单击注释功能区面板的多行文字按钮 **A**。

（2）从"绘图"下拉菜单中选取"文字"→"多行文字"。

（3）命令行中输入命令：MT↙（回车）。

2. 命令操作

执行命令后，命令行提示信息如下：

当前文字样式："汉字"　文字高度：2.5　注释性：否

指定第一角点：

指定对角点或［高度（H）/对正（J）/行距（L）/旋转（R）/样式（S）/宽度（W）/栏（C）］：（依次指定文字边框的两个对角点，在文字框内输入、编辑文字）

指定文字边框的两个对角点后，功能区将显示"文字编辑器"选项卡，如图 10-3 所示。可以输入或粘贴其他格式文件中的文字，还可以插入符号、设置段落内文字的字符格式、调整行距及创建堆叠字符等，最后点击关闭按钮✕。

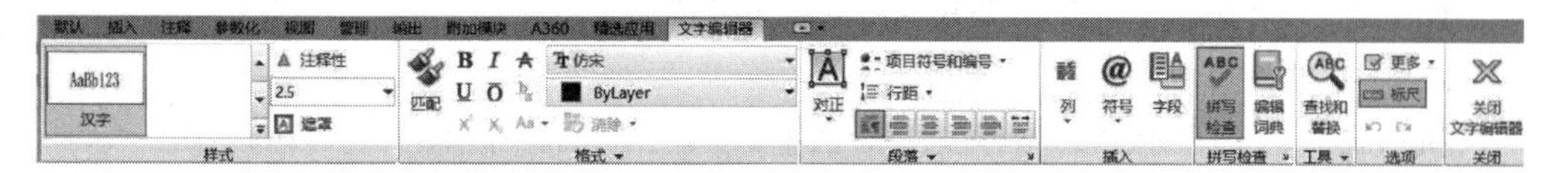

图 10－3　多行文字“文字编辑器”选项卡

各选项的含义如下：

- 样式：控制文字样式和文字高度。
- 格式：控制文字粗体、斜体、底线或顶线，以及文字的字体和颜色。
- 段落：控制对正方式、行距及项目符号或编号。
- 插入：允许插入符号、分栏及字段等功能变量。
- 拼写检查：协助检查拼写是否正确。
- 工具：查找及替换功能，输入文字及自动大写。
- 选项：包括标尺、字符集及编辑器设置。
- 关闭：关闭多行文字编辑器。

（三）编辑文字

无论采用哪种方法创建的文字都可以像其他对象一样进行修改，如移动、旋转、删除和复制。用户可以通过以下常用方法修改文字：

（1）鼠标单击或双击：单击单行文本，进入编辑状态，可修改文字内容；双击多行文本，打开多行文字“文字编辑器”选项卡，可修改文字内容、高度、段落间距等。鼠标单击或双击是修改文字的常用方法。

（2）菜单方式：“修改”→“对象”→“文字”→“编辑”，启动 textedit 命令。

（3）特性选项板：选择要修改的文字，右击弹出快捷菜单后选择“特性”选项（或按 Ctrl＋1），弹出“特性”选项板，通过“文字”面板可以修改文字的样式、内容、高度、对正方式、旋转角度、行间距等。

（4）夹点：文字对象还具有夹点，可用于移动、缩放和旋转。其中，单行文字只有一个夹点，位于文本对象的左下角点；多行文字具有三个夹点，用来表示多行文本框的大小。

任务二　表　　格

本任务主要掌握表格样式的创建及应用。

一、设置表格样式

创建表格需要设置所需的表格样式。AutoCAD 在默认情况下，当前的表格样式是“Standard”，其第一行是标题行，第二行是列标题行，其他行都是数据行。用户也可以创建自己的表格样式。

1. 执行途径

（1）单击注释功能区面板的表格样式按钮。

（2）从“格式”下拉菜单中选取“表格样式”。

（3）命令行中输入命令：Tablestyle↙（回车）。

2. 命令操作

执行命令后，显示“表格样式”对话框，如图 10-4 所示。

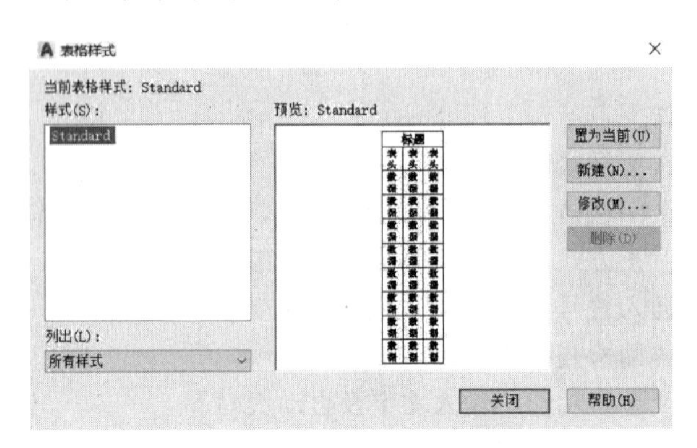

图 10-4 “表格样式”对话框

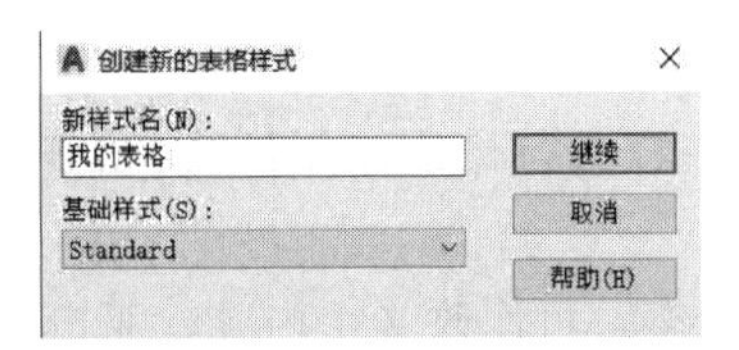

图 10-5 “创建新的表格样式”对话框

单击“新建”按钮，打开“创建新的表格样式”对话框，如图 10-5 所示。

在“基础样式”下拉列表框中选择一个表格样式，为新的表格样式提供默认设置，然后输入新样式名：“我的表格”。单击“继续”按钮，打开“新建表格样式：我的表格”对话框，如图 10-6 所示。

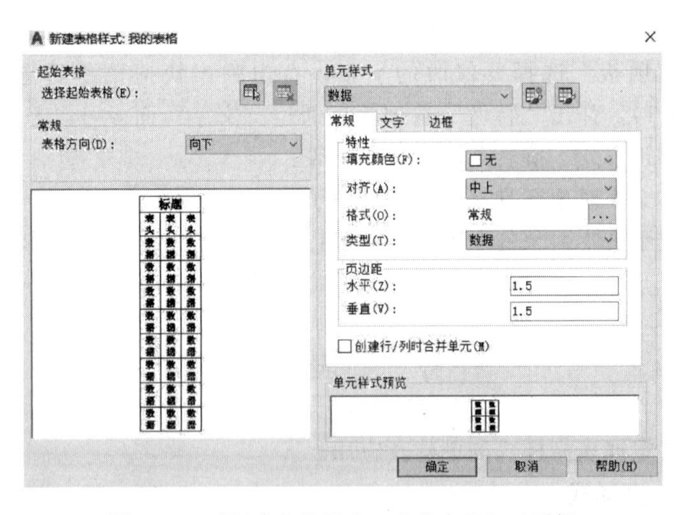

图 10-6 “新建表格样式：我的表格”对话框

各选项的含义如下：

• 表格方向：用来设置表格方向。

• 向下：创建由上而下读取的表格，标题行和列标题行位于表格的顶部。

• 向上：创建由下而上读取的表格，标题行和列标题行位于表格的底部。

• 单元样式：表格由标题、表头、数据等三个单元组成。在“单元样式”下拉列表中依次选择这三种单元，通过“基本”“文字”“边框”三个选项卡便可对每个单元样式进行设置。

• 页边距：用来控制单元边界和单元内容之间的间距，单元边距设置应用于表格中的所有单元。默认设置为 0.06（英制）和 1.5（公制），“水平”选项设置单元中的文字或块与左右单元边界之间的距离，“垂直”选项设置单元中的文字或块与上下单元边界之间的距离。

根据需要全部设置完毕后，单击“确定”按钮，关闭对话框，新的表格样式创建完毕。

二、创建与编辑表格

在 AutoCAD 中，用户可以从空表格开始或选择表格样式来绘制表格对象，还可以将表格链接至 Microsoft Excel 电子表格中的数据。

（一）创建表格

表格由行与列组成，最小单位为单元。

1. 执行途径

（1）单击注释功能区面板的表格按钮。

（2）从下拉菜单中选取：“绘图”→“表格...”。

（3）命令行中输入命令：Table↙（回车）。

2. 命令操作

执行命令后，显示“插入表格”对话框，如图 10-7 所示。

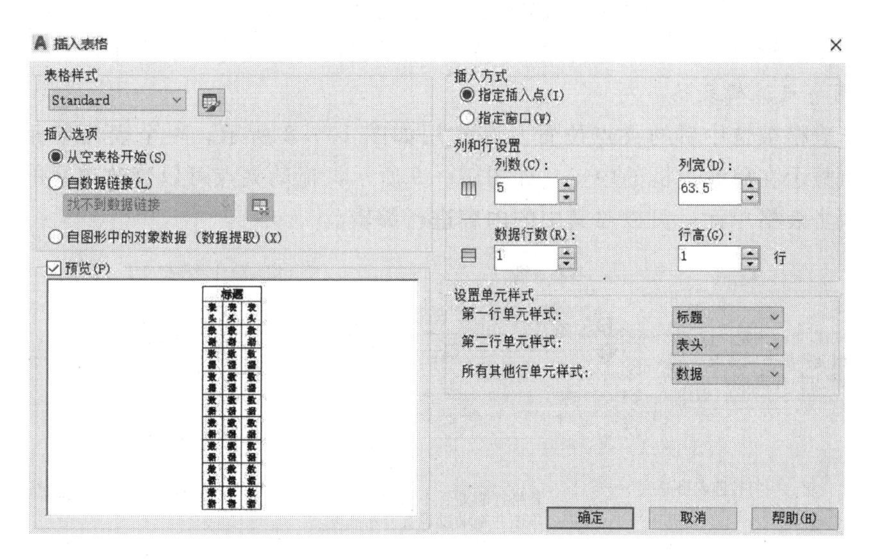

图 10-7 “插入表格”对话框

各选项的含义如下：

• 表格样式：可通过下拉列表选择当前要使用的表格样式。

• 插入选项：可设置表格数据的来源，有“从空表格开始”“自数据链接”“自图形中的对象数据”三种选择。

• 插入方式：可设置表格的插入方法。各方式含义如下：

指定插入点：该方式以指定的插入点作为表格的左上角。用户可以使用鼠标定位，也可以在命令行中输入坐标值来定位。如果表格样式将表格的方向设置为由下而上读取，则插入点位于表格的左下角。

指定窗口：该方式以指定的第一个角点作为表格的左上角。然后根据指定的第二个角点自动计算列宽和整数行数，省略不足一行的部分。

• 列和行设置：用于设置列和行的数目和大小，注意行高的单位为“行”。

注意：如果选定“指定窗口”方式，则用户可以指定列数或列宽，但是不能同时选择两者。行数由用户指定的窗口尺寸和行高决定。

• 设置单元样式：用于设置第一行、第二行、所有其他行的单元样式，默认设置为第一行为标题行、第二行为表头行，其他行均为数据行。

（二）编辑表格

表格创建完成后，用户可以对表格进行剪切、复制、删除、移动、缩放和旋转等简单操作，可以均匀地调整表格的行、列大小等。

在对表格进行编辑之前，先要选择编辑对象，选择编辑对象的方法有以下几种：

（1）单击表格上的任意网格线，可以选中整个表格。

（2）在表格单元内单击，可选中该单元。

（3）若要选择多个相邻单元，可以先选中一个单元，再按住 Shift 键并在另一个单元内单击，此时这两个单元及其之间所有单元都将被选中。

选择了编辑对象后，可进行表格编辑。编辑表格的常用方法有以下两种。

1. 用夹点编辑表格

整个表格被选中后的夹点位置及其作用如图 10－8 所示。一个表格单元被选中时，夹点显示在单元边框的中点，如图 10－9 所示，拖动夹点可以修改单元的行高和列宽。双击表格单元，可以对其中的内容进行编辑。

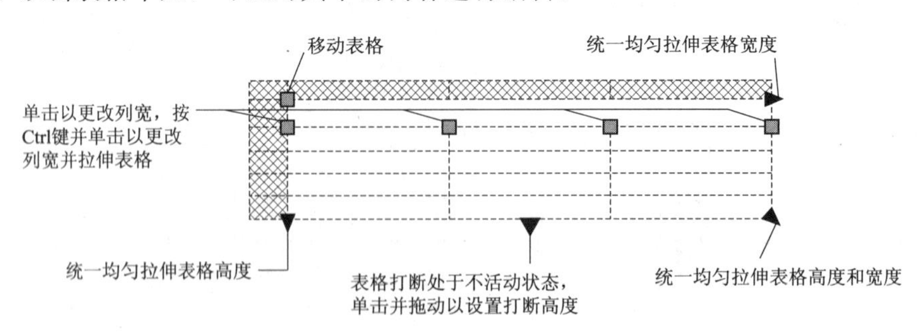

图 10－8　整个表格夹点的位置与作用

在表格单元内部单击时，功能区将显示“表格单元”选项卡，如图 10－9 所示。

使用“表格单元”选项卡，可以执行一些相关的操作，如编辑行和列，合并单元和取消合并单元，改变单元边框的外观等操作。

2. 用快捷菜单编辑表格

选中整个表格后右击，弹出整个表格的编辑快捷菜单；如果选中的是一个表格单元，右击则会弹出表格单元的编辑快捷菜单。利用其上列出的命令可以对表格进行剪切、复制、缩放等，也可以对表格进行编辑，如插入或删除列和行、合并相邻单元或编辑单元文字等。

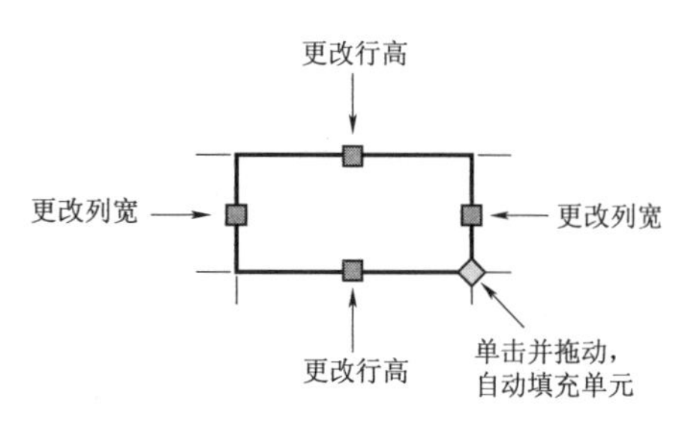

图 10-9　一个表格单元夹点的位置与作用

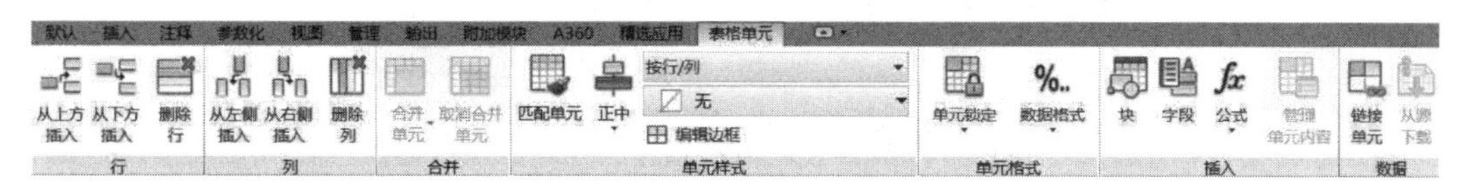

图 10-10　“表格单元”选项卡

说明：调整时表格中的最小列宽不能小于单个字符的宽度，空白表格的最小行高是文字的高度、上下单元垂直边距和垂直间隙（1/3 文字高度）之和。调整完毕后，按 Esc 键可以退出选择状态。

任务三　尺寸标注样式的创建

本任务主要掌握尺寸标注样式的创建。

尺寸标注是使用图纸指导施工的重要依据，是图样中不可缺少的内容。目前我国各行业制图标准中对尺寸标注的要求并不完全相同，因此，在标注尺寸前要根据需要创建合适的标注样式。AutoCAD 默认的标注样式是“ISO-25”，可以根据制图标准在此基础上创建新的标注样式。

一、设置标注样式

1. 执行途径

（1）单击注释功能区面板的标注样式按钮。

（2）从“格式”下拉菜单中选取“标注样式”。

（3）命令行中输入命令：DIM↙（回车）。

2. 命令操作

执行命令后，弹出“标注样式管理器”对话框，如图 10-11 所示。

对话框中常用各选项卡的含义如下：

• 当前标注样式：显示当前标注样式的名称。

• 样式：列出图形中的标注样式。当前样式被亮显。在列表中单击鼠标右键可显示快捷菜单及选项，可用于设置当前标注样式、重命名样式和删除样式。但不能删除当前样式或当前图形使用的样式。

• 列出：在下拉列表框中列出所有样式的名称，有“所有样式”和“当前样式”两种。如果只希望查看图形中标注当前使用的标注样式，请选择“正在使用的样式”。

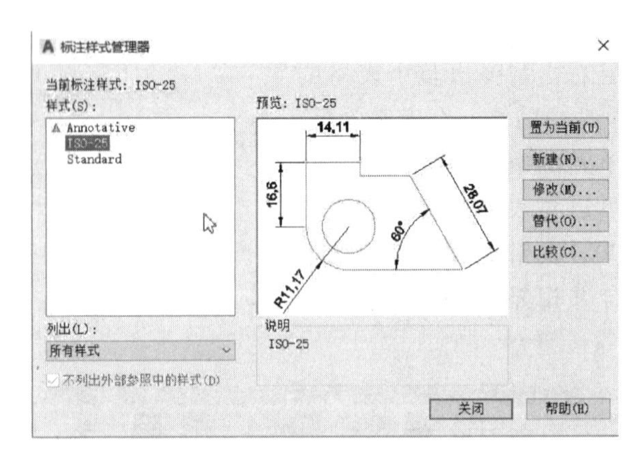

图 10-11 “标注样式管理器”对话框

• 预览：显示当前标注样式的示例。

• 置为当前：单击该按钮，将选中的样式设置为当前标注样式。

• 新建：单击该按钮，将弹出“创建新标注样式”对话框，如图 10-12 所示，输入新样式名后点击“继续”按钮，弹出“新建标注样式”对话框，如图 10-13 所示。

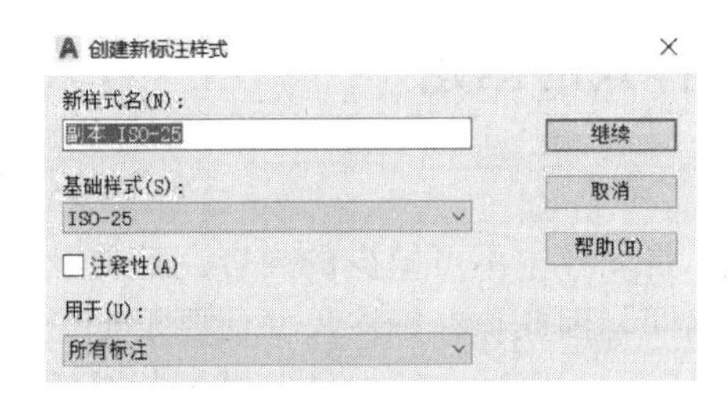

图 10-12 “创建新标注样式”对话框

• 修改：显示“修改标注样式”对话框，从中可以修改标注样式。

• 替代：显示“替代当前样式”对话框，从中可以设置标注样式的临时替代。替代样式是对已有标注样式进行局部修改，并用于当前图形的尺寸标注，但替代后的标注样式不会存储在系统文件中，下一次使用时，仍然采用已保存的标注样式进行尺寸标注。

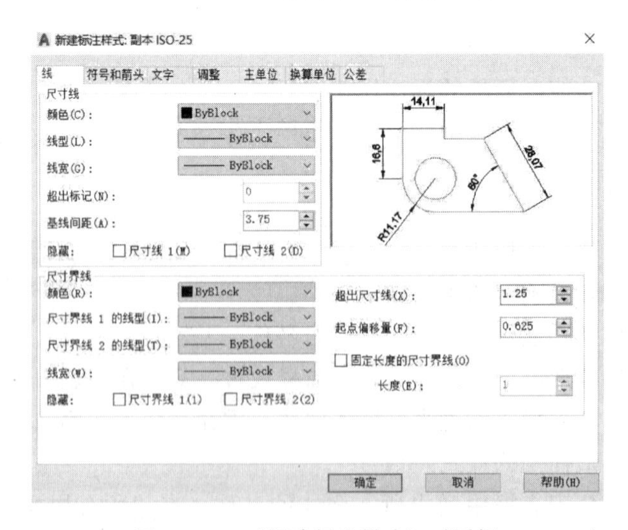

图 10-13 “新建标注样式”对话框

• 比较：显示“比较标注样式”对话框，从中可以比较两个标注样式或列出一个标注样式的所有特性。

在“新建标注样式”对话框中有 7 个选项卡，利用这 7 个选项卡可以设置不同的尺寸标注样式，最后单击“确定”按钮，返回“标注样式管理器”对话框。

(一)“线”选项卡

用来设置尺寸线和尺寸界线的特性，选项卡如图 10－13 所示。

各选项的含义如下：

• 尺寸线：其中“超出标记”是指尺寸线超出尺寸界线的距离；“基线间距”是指基线标注中各尺寸线之间的距离；“隐藏”则分别指定第一、二条尺寸线是否被隐藏。

• 尺寸界线：其中“超出尺寸线”是指尺寸界线在尺寸线上方伸出的距离；“起点偏移量”是指尺寸界线到该标注的轮廓线起点的偏移距离；“隐藏”选项则分别指定第一、二条尺寸界线是否被隐藏；“固定长度的尺寸界线”选项中可设置尺寸界线的固定长度值。

(二)“符号和箭头”选项卡

用来设置箭头、圆心标记、弧长符号和半径折弯标注的格式和位置，选项卡如图 10－14 所示。

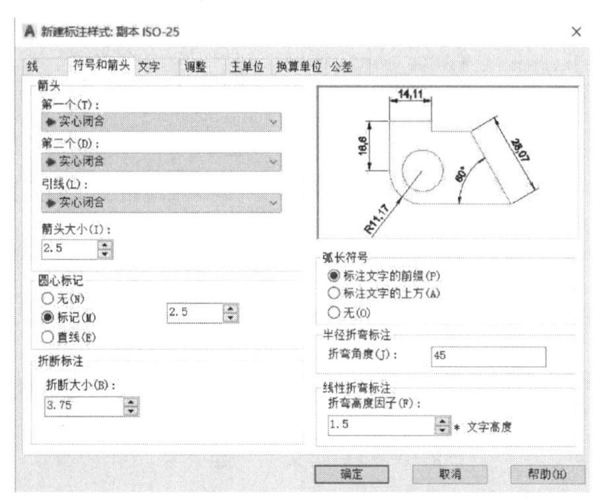

图 10－14 “符号和箭头”选项卡

各选项的含义如下：

(1)“箭头”设置主要控制标注箭头的外观。

• 第一个：设置第一条尺寸线的箭头类型。当改变第一个箭头的类型时，第二个箭头自动改变以匹配第一个箭头。

• 第二个：设置第二条尺寸线的箭头类型。当改变第二个箭头的类型时不影响第一个箭头的类型。

• 引线：设置引线的箭头类型。

• 箭头大小：设置箭头的大小。

(2)“圆心标记”设置主要控制直径标注和半径标注的圆心标记和中心线的外观。

• 无：表示不标记。

• 标记：表示对圆或圆弧加圆心标记。

• 直线表示对圆或圆弧绘制中心线。

右边数字用于设置圆心标记或中心线的大小。

(3)“折断标注”设置控制折断标注的间距宽度。

• 折断大小：显示和设置用于折断标注的间距大小。

(4)“弧长符号”设置用来控制弧长标注中圆弧符号的显示。

• 标注文字的前缀：将弧长符号放置在标注文字之前。

• 标注文字的上方：将弧长符号放置在标注文字的上方。

• 无：不显示弧长符号。

(5)“半径折弯标注”用来控制折弯半径标注的角度。

(6)“线性折弯标注”用来控制线性标注折弯的显示。

(三)“文字”选项卡

用来设置标注文字的格式、位置和对齐方式，选项卡如图 10－15 所示。

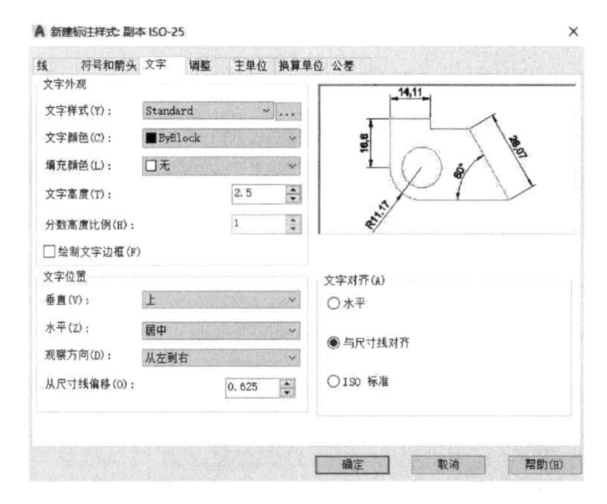

图 10－15 “文字”选项卡

各选项的含义如下：

(1)“文字外观”设置用来控制标注文字的格式和大小。

• 文字样式：显示和设置当前标注文字样式。从列表中选择一种样式。要创建和修改标注文字样式，请选择列表旁边的...按钮。

• 文字颜色：设置标注文字的颜色。通常选择“随层 Bylayer”。用户可以单击其右侧的下三角按钮，在弹出的下拉列表中选择所需的颜色。

• 填充颜色：设置标注中文字背景的颜色，默认为“无”。

• 文字高度：设置当前标注文字样式的高度。在文本框中输入值。如果在“文字样式”中将文字高度设置为固定值，则该高度将替代此处设置的文字高度。如果要使用在“文字”选项卡上设置的高度，则需确保“文字样式”中的文字高度设置为 0。

• 分数高度比例：设置相对于标注文字的分数比例。仅当在“主单位”选项卡上选择“分数”作为“单位格式”时，此选项才可用。用此处输入的值乘以文字高度，即可确定标注分数相对于标注文字的高度。

• 绘制文字边框：如选中此项，将在标注文字周围绘制一个边框，默认为不加边框。

(2)“文字位置”设置用来控制标注文字相对尺寸线的位置。

• 垂直：设置标注文字沿尺寸线在垂直方向上的对齐方式。

• 水平：设置标注文字沿尺寸线和尺寸界线在水平方向上的对齐方式。

• 从尺寸线偏移：设置标注文字与尺寸线之间的间距。

(3)“文字对齐”设置用来控制标注文字的方向。

• 水平：表示标注文字始终沿水平线放置。

• 与尺寸线对齐：表示标注文字沿尺寸线方向放置。

• ISO 标准：表示当标注文字在尺寸界线内侧时，标注文字与尺寸线对齐；当标注文字在尺寸界线外侧时，标注文字水平位置。

(四)“调整”选项卡

用来控制标注文字、箭头、引线和尺寸线的放置，选项卡如图 10－16 所示。

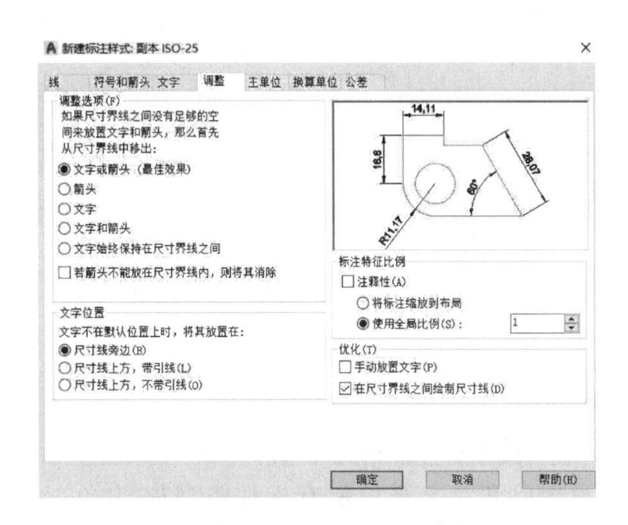

图 10－16 “调整”选项卡

各选项的含义如下：

(1) 调整选项。如果有足够大的空间，文字和箭头都将放在尺寸界线内，否则将按照“调整”选项放置文字和箭头。“调整选项”的作用就是根据两条尺寸界线间的距离确定文字和箭头的位置。

(2) 文字位置。设置当标注文字不在默认位置时的位置，有三种方式：“尺寸线旁边”“尺寸线上方，带引线”“尺寸线上方，不带引线”。

(3) 标注特征比例。用来设置全局标注比例或图纸空间比例。

• 注释性：选中此特性，用户可以自动完成缩放注释的过程，从而使注释能够以正确的大小在图纸上打印或显示。

• 将标注缩放到布局：根据当前模型空间视口和图纸空间之间的比例确定比例因子。

• 使用全局比例：设置指定大小、距离或包含文字的间距和箭头大小等所有标注样式的比例。

（4）优化。对标注尺寸和尺寸线进行细微调整。

• 手动放置文字：忽略所有水平对正放置，而放置在用户指定的位置。

• 在尺寸界线之间绘制尺寸线：始终将尺寸线放置在尺寸界线之间，即使箭头位于尺寸界线外。

（五）“主单位”选项卡

用来设置标注单位的格式和精度，并设置标注文字的前缀和后缀，选项卡如图10－17所示。

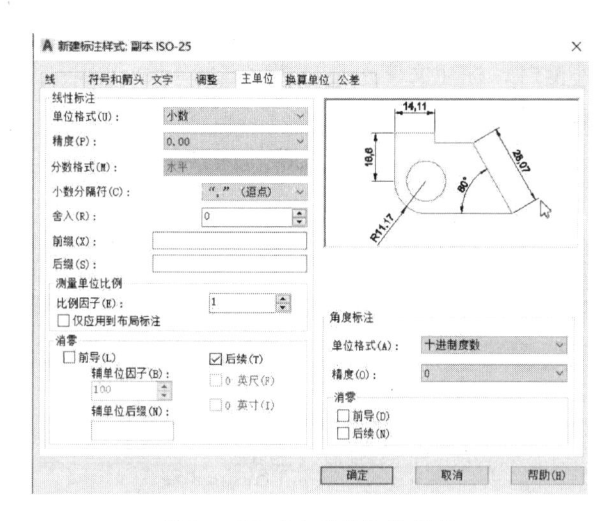

图10－17 “主单位”选项卡

各选项的含义如下：

（1）线性标注。设置线性标注的格式和精度。

• 单位格式：设置除角度之外的所有标注类型的当前单位格式。一般选择“小数”。

• 精度：显示和设置标注文字中的小数位数。

• 分数格式：设置分数格式。

• 小数分隔符：设置小数格式的分隔符号，包括句点、逗点和空格三种。

• 舍入：设置标注测量值的四舍五入规则（角度除外）。

• 前缀：在标注文字中包含前缀。当输入前缀时，将覆盖在直径和半径等标注中使用的任何默认前缀。

• 后缀：设置文字后缀，可以输入文字或用控制代码显示特殊符号。

（2）测量单位比例。用于确定测量时的缩放系数。实际标注值等于测量值与该比例的乘积。

• 比例因子：设置线性标注测量值的比例因子。该值不应用到角度标注。

• 仅应用到布局标注：用于控制是否将所设置的比例因子仅应用在图纸空间。

(3) 消零。用于控制是否显示前导零或后续零。

• 前导：将小数点的第一位零省略，如“0.234”将变为“.234”。

• 后续：将小数点后无意义的零省略，如“0.230”将变为“0.23”。

(4) 角度标注。用于设置角度标注的角度格式、精度以及是否消零。

• 单位格式：设置角度单位格式。

• 精度：设置角度测量值的精度。

(六)“换算单位”选项卡

用于指定换算单位的显示，并设置其格式、精度以及位置等，其在特殊情况下才使用。

(七)“公差”选项卡

用于控制在标注文字中是否显示公差以及格式等，主要用于机械图。

二、标注样式的修改

当发现某个标注样式存在问题，需要进行修改时，打开“标注样式管理器”对话框，选择需要修改的标注样式，然后单击“修改(M)...”按钮进行修改。

在该对话框中所有选项卡的内容设置方法与“新建标注样式”对话框相同，修改标注样式的参数后，图形中所有该标注样式创建的尺寸标注都随之更新，更新后的尺寸标注将按修改后的设置显示。

任务四　尺寸标注命令的应用

本任务主要掌握用适宜的标注命令进行相应尺寸标注，以及标注后的修改和编辑。

CAD 常用的尺寸标注命令包括线性标注、对齐标注、圆弧标注、坐标标注、半径标注、直径标注、角度标注等。

执行途径：

(1) 单击注释功能区面板的对应按钮，如图 10-18 所示。

(2) 在标注工具栏中单击对应标注按钮，标注工具栏如图 10-19 所示。

(3) 从“标注”下拉菜单中选取相对应的命令。

(4) 在命令行中输入对应的标注命令。

一、线性标注

用于标注水平、垂直和旋转尺寸。标注示例如图 10-20 所示。

执行线性命令后，标注水平方向尺寸。命令行提示信息如下：

指定第一条尺寸界线原点或＜选择对象＞：(指定图 10-19 中 1 点)

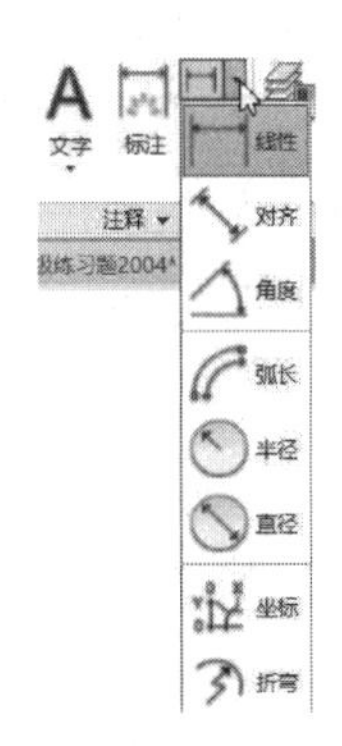

图 10-18　“注释”面板的标注命令

图 10－19 “标注”工具栏

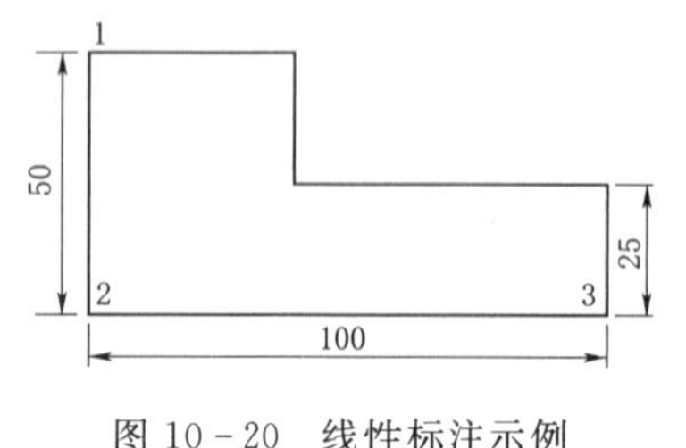

图 10－20 线性标注示例

指定第二条尺寸界线原点：（指定图 10－19 中 2 点）

指定尺寸线位置或［多行文字（M）/文字（T）/角度（A）/水平（H）/垂直（V）/旋转（R）］：（移动光标指定尺寸线位置）

标注文字＝50

再次执行“线性”命令，标注垂直方向尺寸。命令行提示信息如下：

指定第一条尺寸界线原点或＜选择对象＞：（指定图 10－19 中 2 点）

指定第二条尺寸界线原点：（指定图 10－19 中 3 点）

指定尺寸线位置或［多行文字（M）/文字（T）/角度（A）/水平（H）/垂直（V）/旋转（R）］：（移动光标指定尺寸线位置）

标注文字＝100

各选项的含义如下：

• 多行文字：选择该选项后，弹出“文字格式”对话框，可以输入和编辑标注文字。
• 文字：根据命令行的提示输入新的标注文字内容。
• 角度：根据命令行的提示输入标注文字角度来修改尺寸的角度。
• 水平：用于将尺寸文字水平放置。
• 垂直：用于将尺寸文字垂直放置。
• 旋转：用于创建具有倾斜角度的线性尺寸标注。

二、对齐标注

用于标注与指定位置或对象平行的尺寸标注。标注示例如图 10－21 所示。

执行对齐命令后，命令行提示信息如下：

指定第一条尺寸界线原点或＜选择对象＞：（指定图 10－21 中 1 点）

指定第二条尺寸界线原点：（指定图 10－21 中 2 点）

指定尺寸线位置或［多行文字（M）/文字（T）/角度（A）］：（移动光标指定尺寸线位置）

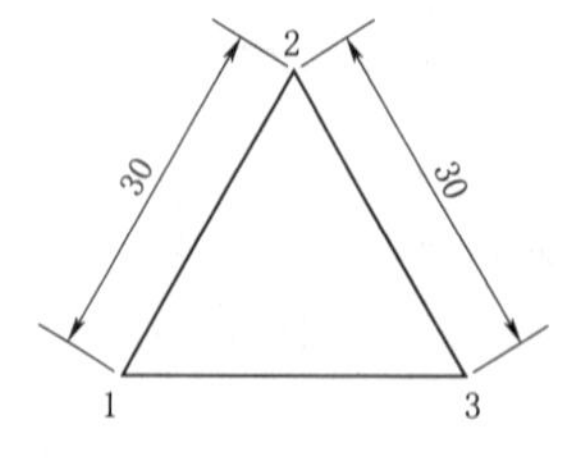

图 10－21 对齐标注示例

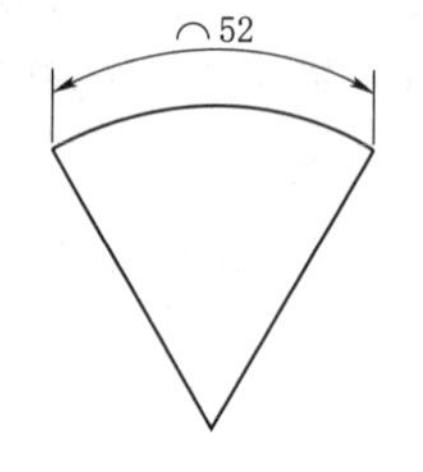

图 10－22 弧长标注示例

标注文字＝30

各选项的含义与线性标注中各选项的含义相同，在此不再重复。

三、弧长标注

用于标注圆弧或多段线弧线段上的距离。标注示例如图 10－22 所示。

执行命令后，命令行提示信息如下：

选择弧线段或多段线弧线段：（选择图 10－22 中的圆弧）

指定弧长标注位置或［多行文字（M）/文字（T）/角度（A）/部分（P）］：

标注文字＝52

四、坐标标注

用于显示原点（称为基准）到特征点的 X 或 Y 坐标。坐标标注由 X 或 Y 值和引线组成。X 基准坐标标注沿 X 轴测量特征点与基准点的距离。Y 基准坐标标注沿 Y 轴测量距离。标注示例如图 10－23 所示。

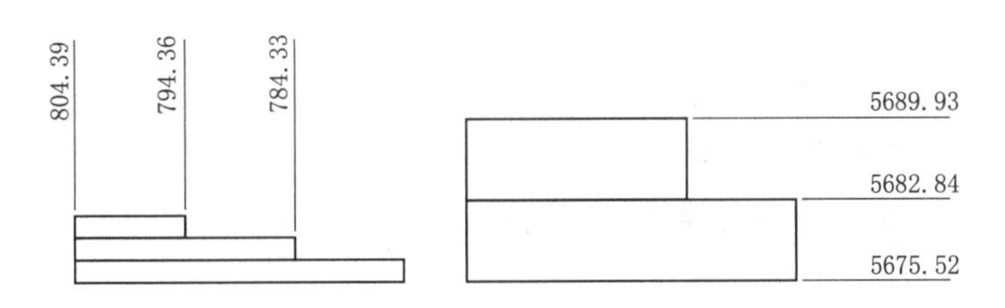

图 10－23　坐标标注示例

执行坐标命令后，命令行提示信息如下：

指定点坐标：

指定引线端点或［X 基准（X）/Y 基准（Y）/多行文字（M）/文字（T）/角度（A）］：

标注文字＝804.39

各选项的含义如下：

• 指定引线端点：确定引线端点。系统将根据所确定的两点之间的坐标差确定它是 X 坐标标注还是 Y 坐标标注，并将该坐标尺寸标注在引线的终点处。如果 X 坐标之差大于 Y 坐标之差，则标注 X 坐标，反之标注 Y 坐标。

• X 基准：标注 X 坐标并确定引线和标注文字的方向。

• Y 基准：标注 Y 坐标并确定引线和标注文字的方向。

五、半径标注、直径标注和折弯标注

半径标注用于标注圆或圆弧的半径尺寸；直径标注用于标注圆或圆弧的直径尺寸。当圆或圆弧的中心位于布局之外且无法在其实际位置显示时，可用折弯半径标注。标注示例如图 10－24 所示。

（一）半径标注

执行半径命令后，命令行提示信息如下：

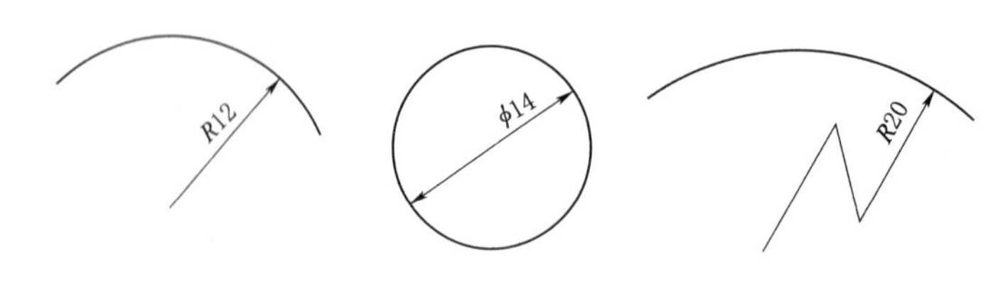

图 10－24 半径标注、直径标注和折弯标注示例

选择圆弧或圆：

标注文字＝12

指定尺寸线位置或［多行文字（M）/文字（T）/角度（A）］：

（二）直径标注

执行直径命令后，命令行提示信息如下：

选择圆弧或圆：

标注文字＝14

指定尺寸线位置或［多行文字（M）/文字（T）/角度（A）］：

（三）半径折弯标注的步骤

执行折弯命令后，命令行提示信息如下：

选择圆弧或圆：

指定图示中心位置：

标注文字＝20

指定尺寸线位置或［多行文字（M）/文字（T）/角度（A）］：

指定折弯位置：（用鼠标点取）

说明：在“新建标注样式”对话框中“符号和箭头”选项卡的“半径折弯标注”下，用户可以控制折弯的角度。

六、角度标注

用于标注两条直线或三个点之间的精确角度，标注示例如图 10－25 所示。

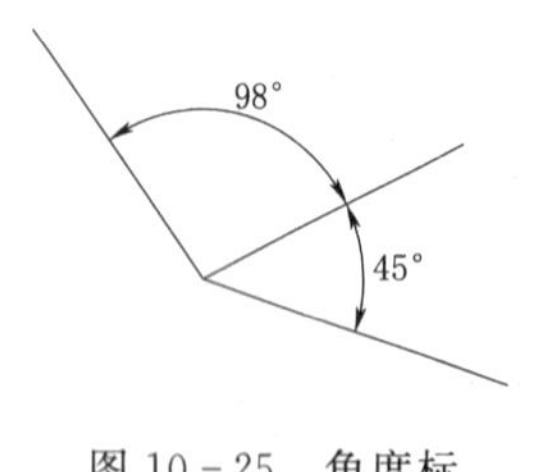

图 10－25 角度标注示例

执行角度命令后，命令行提示信息如下：

选择圆弧、圆、直线或<指定顶点>：

选择第二条直线：

指定标注弧线位置或［多行文字（M）/文字（T）/角度（A）/象限点（Q）］：

标注文字＝98

其中：

• 如选择圆弧为标注对象，系统将以圆弧的两个端点作为角度尺寸的两条界线的起始点。

• 如选择圆为标注对象，系统将以圆心为顶点，两个指定点为尺寸界线的原点。

• 如选择直线为标注对象，系统将以两条直线的交点或延长线的交点作为顶点，两条直线作为尺寸界线。

• 指定顶点：直接指定顶点、角的第一个端点和角的第二个端点来标注角度。

• 象限点：指定圆或圆弧上的象限点来标注弧长，尺寸线将与圆弧重合。

七、基线标注、连续标注和快速标注

在进行基线标注或连续标注之前，需要以现有的用线性、对齐或角度标注命令创建的尺寸作为基准，以此为基础创建尺寸。快速标注用于一次性标注多个对象。

（一）基线标注

首先创建一个线性标注 15。

执行基线命令后，命令行提示信息如下：

命令：_dimbaseline

指定第二条尺寸界线原点或［放弃（U）/选择（S）］<选择>：

标注文字＝30

指定第二条尺寸界线原点或［放弃（U）/选择（S）］<选择>：

标注文字＝45

标注效果如图 10－26 所示。

说明：“选择（S）”用来重新选择线性、对齐或角度标注作为基准标注的基准。

（二）连续标注

首先创建一个竖直方向的线性标注 14。

执行连续命令后，命令行提示信息如下：

命令：_dimcontinue

指定第二条尺寸界线原点或［放弃（U）/选择（S）］<选择>：

标注文字＝11

指定第二条尺寸界线原点或［放弃（U）/选择（S）］<选择>：

标注文字＝12

标注效果如图 10－26 所示。

（三）快速标注

执行快速标注命令后，命令行提示信息如下：

关联标注优先级＝端点（CAD 优先将所选图线的端点作为尺寸界线的原点）

选择要标注的几何图形：（窗交方式从右向左指定对角点）

选择要标注的几何图形：（按回车键结束选取）

指定尺寸线位置或［连续（C）/并列（S）/基线（B）/坐标（O）/半径（R）/直径（D）/基准点（P）/编辑（E）/设置（T）］<连续>：（在适当位置拾取一点，指定尺寸线的位置）

标注效果如图 10－27 所示。

八、尺寸标注的编辑与修改

当尺寸标注不符合要求或绘制错误时，在标注工具栏中单击相应命令按钮、、可以对创建的标注进行编辑、修改和更新。

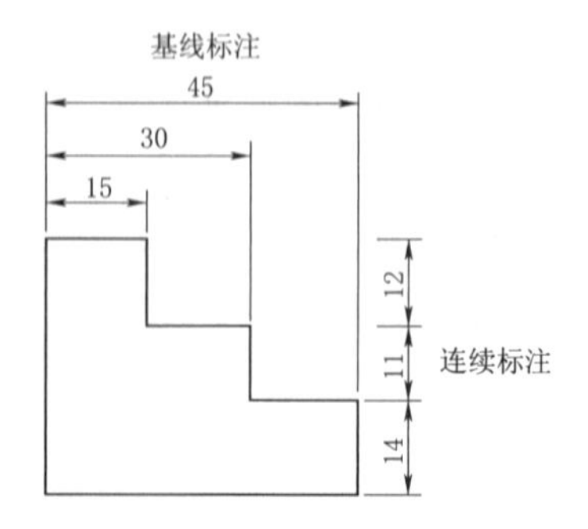

图 10-26 基线标注和连续标注的示例

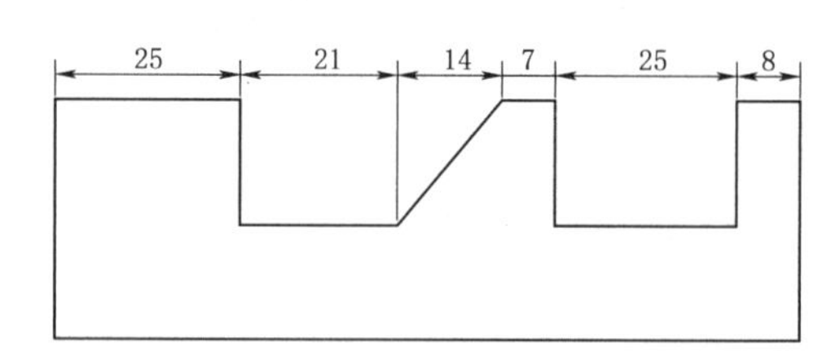

图 10-27 快速标注的示例

1. 编辑标注

编辑已有标注的标注文字内容和放置位置，如图 10-28 所示。

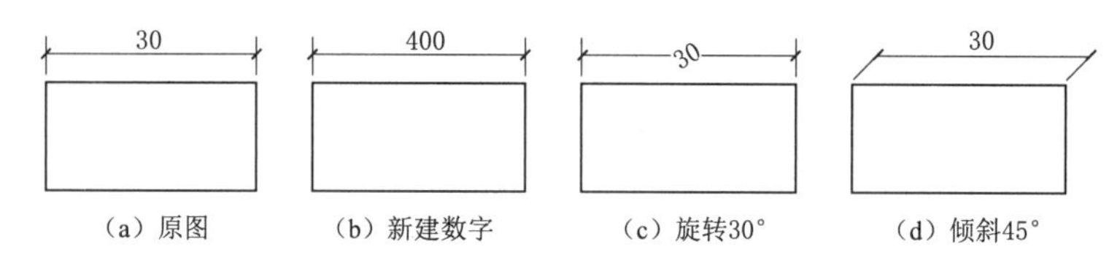

图 10-28 编辑标注示例

执行命令后，命令行提示信息如下：

命令：_dimedit

输入标注编辑类型 [默认 (H)/新建 (N)/旋转 (R)/倾斜 (O)] <默认>：

选择对象：找到 1 个

选择对象：(按回车键结束)

各选项的含义如下：

• 默认：选择该选项并选择尺寸对象，可以按默认位置和方向放置尺寸文字。

• 新建：选择该选项，功能区将显示"文字编辑器"选项卡，修改或输入尺寸文字后，选择需要修改的尺寸对象即可修改当前的尺寸文字。

• 旋转：选择该选项，可以将尺寸文字旋转一定的角度，同样是先设置角度值，然后选择尺寸对象。

• 倾斜：选择该选项，可以使非角度标注的尺寸界线设置角度倾斜。这时需要先选择尺寸对象，然后设置倾斜角度值。

2. 编辑标注文字

用于改变标注文字的位置，如图 10-29 所示。

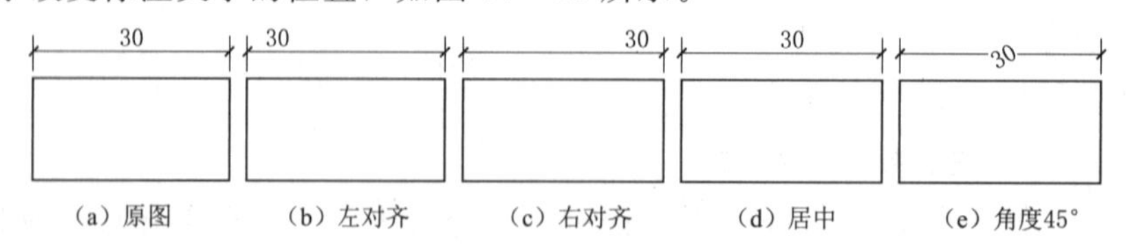

图 10-29 编辑标注文字示例

执行命令后，命令行提示信息如下：

命令：_dimtedit

选择标注：

为标注文字指定新位置或［左对齐（L）/右对齐（R）/居中（C）/默认（H）/角度（A）］：

各选项的含义如下：

- 左对齐：将标注文字放置到尺寸线左端。
- 右对齐：将标注文字放置到尺寸线右端（以上两项仅适用于线性、直径、半径标注）。
- 居中：将标注文字放置到尺寸线的中心。
- 默认：将标注文字放置到由标注样式指定的位置。
- 角度：按指定的角度来放置标注文字。

说明：默认情况下选择一个要编辑的尺寸标注，激活标注文字中间的夹点，拖动鼠标左键来移动标注文字的位置，移动到新位置后，用键盘上的 Esc 键终止命令的执行。

3. 标注更新

按照当前尺寸标注样式所定义的形式，将已经标注的尺寸进行更新，如图 10－30 所示。

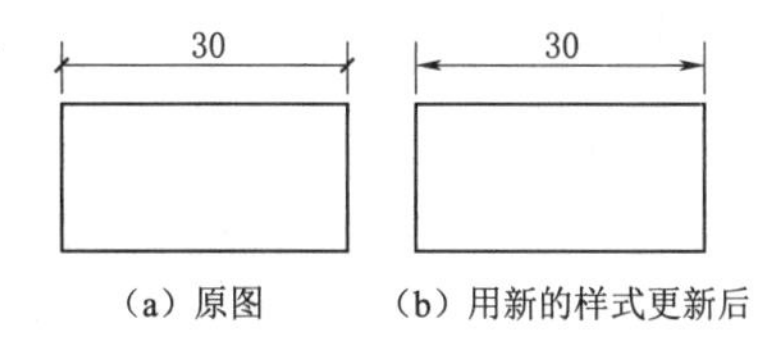

图 10－30　标注更新示例

执行命令后，命令行提示信息如下：

命令：_dimstyle

当前标注样式：副本 对齐　注释性：否

输入标注样式选项

［注释性（AN）/保存（S）/恢复（R）/状态（ST）/变量（V）/应用（A）/?］<恢复>：_apply

选择对象：找到 1 个

实　训

实训 10－1　填写标题栏

一、实训内容

创建如图 10－31 中“汉字”和“数字和字母”两种文字样式，并用“汉字”样

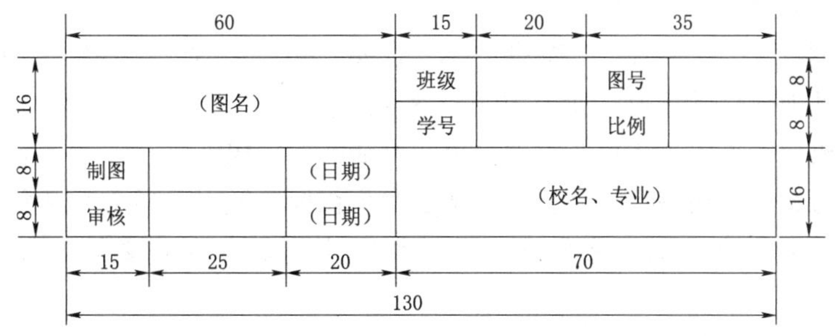

图 10－31　标题栏

式填写标题栏中的文字内容，其中图名为 10 号字，校名为 7 号字，其余为 5 号字。通过本次实训，主要熟悉创建文字样式和注写文字。

二、操作提示

（1）打开实训 9－1 中的文件“A3 图框 . dwg”，在 A3 图幅的标题栏里按实训要求注写文字。

（2）创建“汉字”文字样式。

图 10－32 “新建文字样式”对话框

执行文字样式命令后，显示“文字样式”对话框。单击“新建”按钮，弹出“新建文字样式”对话框，如图 10－32 所示。在“样式名”文本框中输入“汉字”，单击“确定”按钮，返回“文字样式”对话框。

在“字体名”下拉列表中选择“T 仿宋”字体（注意：不要选成“T@仿宋”字体）；在“宽度因子”文本框中设置宽度比例值为“0.7000”，其他使用默认值，如图 10－33 所示。

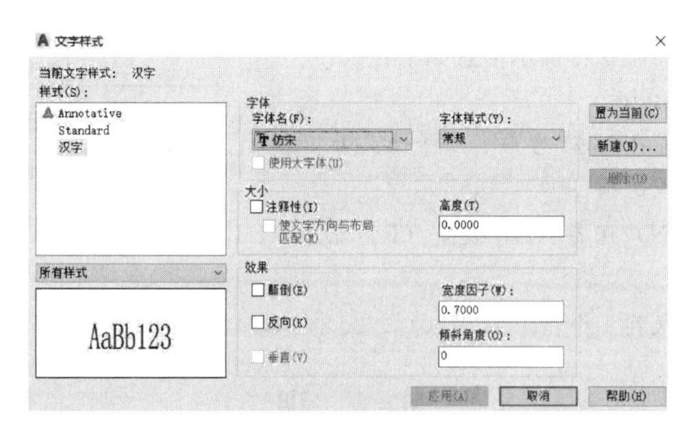

图 10－33 汉字的“文字样式”对话框

设置完成后，单击“应用”按钮，完成创建。

（3）创建“数字和字母”文字样式。

单击“新建”按钮，弹出“新建文字样式”对话框，输入“数字和字母”文字样式名，单击“确定”按钮，返回到“文字样式”对话框。

在“字体”下拉列表中选择“A gbeitc. shx 字体”；“宽度因子”值为“1.0000”；其他使用默认值，如图 10－34 所示。

设置完成后，单击“应用”按钮，关闭对话框，完成创建。

（4）注写文字。用多行文字或单行文字命令在标题栏中填写文字内容。

注意：用多行文字命令要先在“文字编辑器”选项卡中设置好文字高度后再注写。

（5）以“A3 标题栏 . dwg”为文件名保存文件。

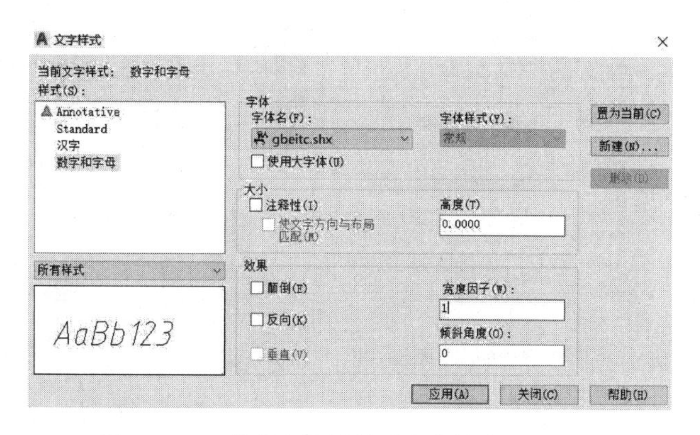

图 10-34　数字和字母的“文字样式”对话框

实训 10-2　绘制门窗列表并填写内容

一、实训内容

用表格命令绘制如图 10-35 所示的门窗列表，要求使用实训 10-1 中的“汉字”文字样式注写汉字，文字高度为 3.5，对齐方式为正中，列宽 25。

门窗列表			
名称	大小	数量	备注
M1	900	5	平开门
M2	1200	1	推拉门
M3	700	2	平开门
C1	2100	2	普通窗
C2	2700	2	普通窗
C3	3300	2	普通窗

图 10-35　门窗列表

二、操作提示

（1）打开实训 10-1 中的文件“A3 标题栏 .dwg”，在 A3 图幅内创建表格。

（2）新建“门窗列表”表格样式。执行表格样式命令，显示“表格样式”对话框。单击“新建”按钮，弹出“创建新的表格样式”对话框，在“新样式名”文本框中输入“门窗列表”，单击“继续”按钮，弹出“新建表格样式：门窗列表”对话框。在对话框中对单元样式进行设置，在“常规”选项卡中设置对齐：“正中”；在“文字”选项卡中设置文字样式：“汉字”；文字高度：“5”，其余采用默认设置，如图 10-36、图 10-37 所示，点击“确定”按钮，回到“表格样式”对话框，点击“置为当前”并关闭。

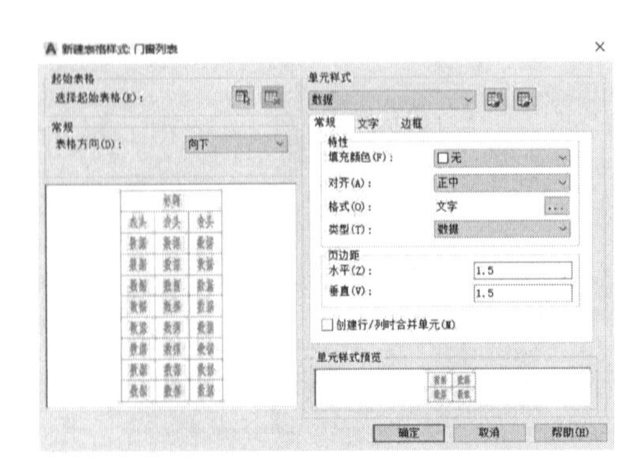

图 10－36 “常规”选项卡

图 10－37 “文字”选项卡

(3) 创建表格。执行表格命令，弹出“插入表格”对话框，根据实训要求设置表格的行、列数及行宽、列宽，如图 10－38 所示，点击“确定”按钮，回到绘图窗口在合适位置插入表格。

(4) 在表格中利用键盘的方向键↑、←、↓、→依次输入文字。

(5) 以“门窗列表.dwg”为文件名保存文件。

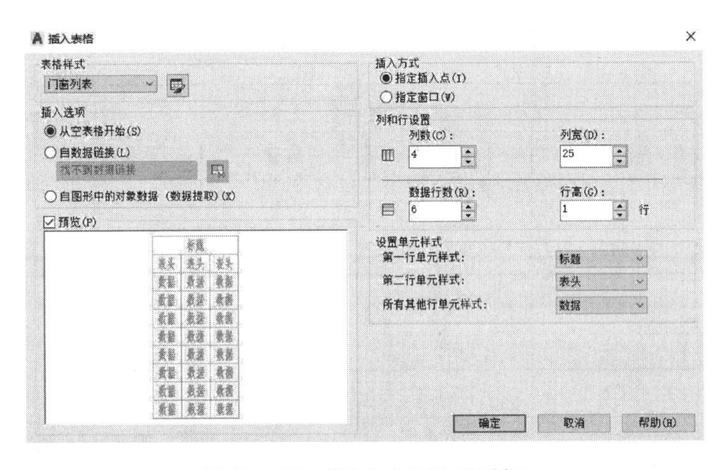

图 10－38 “插入表格”对话框

实训 10－3 按比例绘制平面图形并标注尺寸

一、实训内容

按 1：50 比例绘制如图 10－39 所示涵洞平面图形并标注尺寸。

二、操作提示

(1) 绘制涵洞图形并缩放为 1：50（略）。

(2) 创建标注样式“涵洞”。单击标注样式按钮，弹出“标注样式管理器”对话框。单击“新建”按钮，弹出“创建新标注样式”对话框，输入新样式名“涵洞”，基础样式为“ISO－25”，选择用于“所有标注”。单击“继续”按钮，弹出“新建标注样式”对话框，设置如下：

1）“线”选项卡：尺寸线“基线间距”取值7，尺寸界线“超出尺寸线”取值2，“起点偏移量”取值3。

2）“符号和箭头”选项卡：“箭头大小”取值3。

3）“文字”选项卡：“文字样式”选择“数字和字母”，文字高度取值2.5，文字对齐方式为“与尺寸线对齐”。

4）“调整”选项卡：“优化”选择“手动放置文字”。

5）“主单位”选项卡：单位格式为“小数”，精度取值“0”。“测量单位比例”选择比例因子为50。

6）其余未提及的均取默认值。单击“确定”按钮，返回“标注样式管理器”对话框。

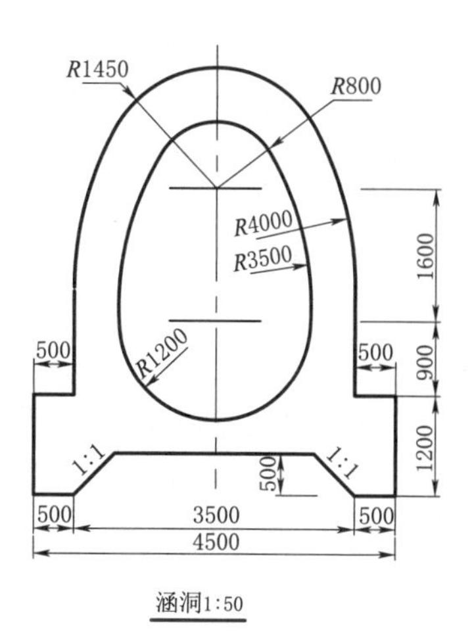

图10-39　涵洞

（3）在标注工具栏上单击“线性”和“连续”按钮标注水平和竖直的线性尺寸。

（4）标注半径。其中R1450、R800用替代方式建立一种新样式，将文字对齐方式改为水平。

（5）标注斜坡的坡度（1∶1）。用单行文字命令，指定文字样式为“数字和字母”，高度为2.5，角度分别为45°和-45°，按图中所示的位置标注坡度。

实训10-4　按比例绘制平面图形并标注尺寸

一、实训内容

按1∶20比例绘制如图10-40所示基础图样并标注尺寸。

二、操作提示

（1）绘制如图10-40所示的基础（用1∶1绘制后缩小1/20倍）。

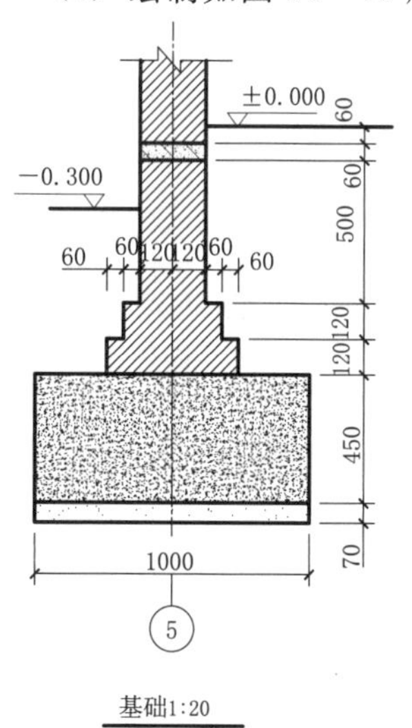

图10-40　基础图样

（2）创建标注样式“基础”。单击标注工具栏中的“标注样式”按钮，弹出“标注样式管理器”对话框。单击“新建”按钮，弹出“创建新标注样式”对话框，在“新样式名”文本框中输入“基础”，基础样式为“ISO-25”，选择用于“所有标注”。单击“继续”按钮，弹出“新建标注样式：基础”对话框，设置如下：

1）“线”选项卡：尺寸线“基线间距”取值7，尺寸界线“超出尺寸线”取值2，“起点偏移量”取值3，其余采用默认值。

2）“符号和箭头”选项卡：“箭头”改为“建筑标记”，“箭头大小”取值3，其余采用默认值。

3）“文字”选项卡：“文字样式”选择“数字和字母”，文字高度取值3.5，文字对齐方式为“与尺寸线对齐”，其余采用默认值。

4）“调整”选项卡：“调整选项”选择“文字和箭头”，“优化”选择“手动放置文字”，其余采用默认值。

5）“主单位”选项卡：“单位格式”为“小数”，精度取值 0，测量单位比例因子为 20。

6）其余未提及的均取默认值。单击“确定”按钮，返回“标注样式管理器”对话框。

（3）在标注工具栏上单击“线性”和“连续”按钮标注水平和竖直的线性尺寸。

（4）绘制标高符号并标注高程。

项目十一

图块和查询

【能力目标】

1. 掌握图块的创建和插入方法。
2. 熟悉图块属性的定义和编辑。
3. 掌握查询图形对象的信息。

【思政目标】

通过讲解图块的创建和信息的查询，培养学生自主探究学习的能力，激发学习兴趣。

任务一　图　　块

本任务主要掌握图块的创建和插入，定义图块属性。

在绘制水利工程图的过程中，为避免重复绘制相同的内容，提高绘图速度和工作效率，AutoCAD 2018 用户可以将重复的图形定义为一个整体，即图块，随时调用插入。图块是许多图形对象的组合，用户可以方便地按照一定比例和角度重复使用，并进行相应修改，同时节省了大量内存空间。要应用图块，首先需要创建图块。图块的创建分为内部图块和外部图块。

一、内部图块的创建

内部图块保存在当前图形文件内部，因此只能在当前图形文件中调用，不能用于其他图形文件。

1. 执行途径

（1）单击块功能区面板的创建按钮。

（2）从“绘图”下拉菜单中选取：“块”→“创建”。

（3）命令行中输入命令：B↙（回车）。

2. 命令操作

执行命令后，弹出“块定义”对话框，如图 11－1 所示。

对话框中常用各选项的含义如下：

• 名称：为创建的内部块命名，文本框中可输入块的名称。

• 基点：确定图块插入的基点。用户可以直接输入基点的 X、Y、Z 的坐标值，

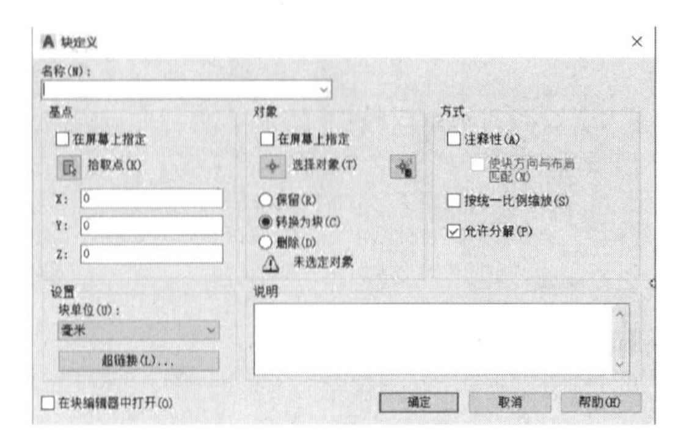

图 11－1 “块定义”对话框

也可以单击拾取点按钮返回绘图区中指定基点。

• 对象：选择要定义成块的对象。可以通过选择“在屏幕上指定”，或单击选择对象按钮返回绘图区中选取要创建为图块的对象。其中有“保留”“转换为块”“删除”三个选项，各选项的含义如下：

保留：创建块后，选定的图形在绘图窗口中保留显示。

转换为块：创建块后，将选定对象转化为图中的块。

删除：创建块后，从图中删除选定的对象。

• 设置：指定块的设置，各选项的含义如下：

块单位：指定块参照插入单位。单击下拉箭头，将出现下拉列表菜单，用户可从中选取单位。

超链接：单击该按钮将弹出“插入超链接”对话框，在对话框中可以将某个超链接与块定义相关联。

• 方式：指定块的行为，各选项的含义如下：

注释性：可以创建注释性块参照。使用注释性块和注释性属性，可以将多个对象合并为可用于注释图形的单个对象。

使块方向与布局匹配：指定在图纸空间视口中的块参照的方向与布局的方向匹配。如果未选中“注释性”复选框，则该复选框不可用。

按统一比例缩放：指定插入时是否按统一比例缩放。

允许分解：指定插入时是否可以被分解。

二、外部图块的创建

外部图块是图块的另一种创建类型，它不依赖于某个图形文件，而是以图形文件的形式单独保存，因此在任何图形中都可以调用。

1. 执行途径

命令行中输入命令：WB↙（回车）。

2. 命令操作

执行命令后，AutoCAD 会弹出“写块”对话框，如图 11－2 所示。

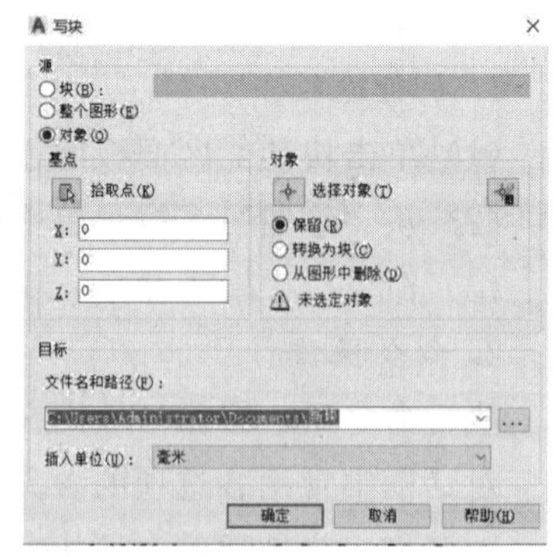

图 11－2 “写块”对话框

各选项的含义如下：

• 源：可以通过如下几个选项来设置块的来源：

块：从右边的列表框中，选定已经定义好的图块输出为块文件。

整个图形：将整张图定义成块文件。

对象：默认选项，在绘图区域中选定对象并将其定义成块文件。

• 基点：块插入的基点。可以通过单击拾取点按钮后，用光标直接在绘图窗口中点取的方式先选取基点；或直接输入基点的坐标值。

• 对象：与“块定义”对话框的各项参数含义相同。

单击“目标”选项组中“文件名和路径”后的...按钮，在打开的对话框中指定具体块保存路径。在指定文件名称时，只需要输入文件名称而不用带扩展名，系统一般将扩展名定义为.dwg。此时如果在“目标”选项组中未指定文件名和路径，软件将以默认的保存位置保存该文件。

三、插入图块

完成图块的创建后，根据绘图需要，即可将所需图块多次插入当前图形中。

1. 执行途径

（1）单击块功能区面板的插入按钮。

（2）从“插入”下拉菜单中选取“块”。

（3）命令行中输入命令：Insert↙（回车）。

2. 命令操作

执行命令后，弹出“插入”对话框，如图 11-3 所示。

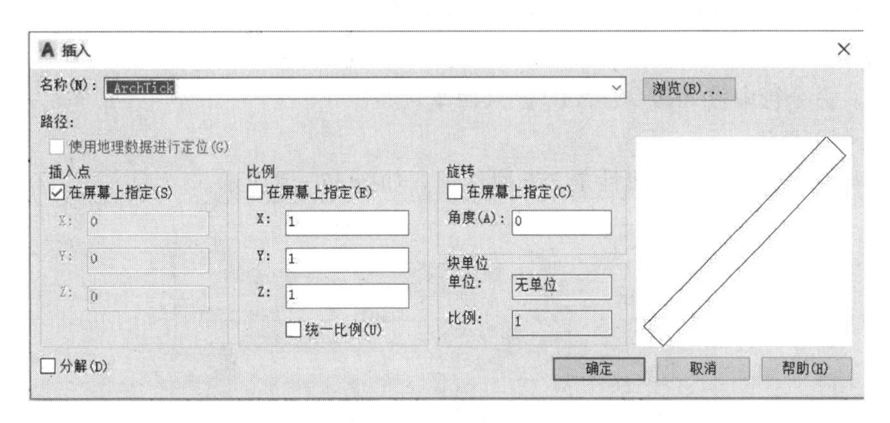

图 11-3 “插入”对话框

各选项的含义如下：

• 名称：在下拉列表中选择要插入的图块或者直接输入要插入图块的名称。

• 浏览：单击该按钮，将出现“选择图形文件”对话框，用户可利用该对话框选取已有的图块文件。

• 插入点：指定块插入的基准点，与创建图块时的“基点”重合。可以直接输入 X、Y、Z 的坐标值，也可以返回绘图窗口指定一点作为插入点。

• 比例：指定插入块的缩放比例，可以在屏幕上指定，也可以直接在文本框中输入数值来设置比例系数。如果指定负的 X、Y 和 Z 缩放比例因子，则插入块的镜像图像。若选择“统一比例”，则只需输入 X 方向的比例即可，Y、Z 方向的比例系数与 X 方向一致。

• 旋转：设置插入块的旋转角度。可以在屏幕上指定，也可以直接在文本框中输入数值设置插入块的旋转角度。

• 块单位：显示当前选择图块的单位和比例。

• 分解：若该选项选中，则图块插入时自动分解，即图块分解成单独的图元对象，可以单独进行编辑。

说明：

1）块可以互相嵌套，即可把一个块放入另一个块中。

2）如果在创建图块时，组成块的图形对象位于 0 层，且所有特性设置为“随层”，则在插入图块时，插入的图块对象特性都继承当前层的设置。

四、定义图块属性

图块在插入的同时，还可以附带一些文字信息，比如标高符号中的标高值、轴线符号中的轴线编号等，这些信息称为块属性，它们也是块的一个组成部分。属性是不能脱离图块而存在的，在删除图块时，属性也会被删除。属性是由属性标记和属性值两部分组成的。要创建带有属性的图块，首先应该定义图块的属性，然后再创建。图块属性在建筑绘图中的合理应用，大大提高了绘图的效率。

1. 执行途径

(1) 单击块功能区面板的定义属性按钮。

(2) 从“绘图”下拉菜单中选取：“块”→“定义属性”。

(3) 命令行中输入命令：ATT↙（回车）。

2. 命令操作

执行命令后，弹出“属性定义”对话框，如图 11－4 所示。

图 11－4 “属性定义”对话框

各选项的含义如下：

• 模式：在图形中插入块时，设置与块关联的属性值选项，共有 6 种模式。

不可见：指定插入块时不显示或打印属性值。

固定：在插入块时赋予属性固定值。

验证：插入块时提示验证属性值是否正确。

预设：插入包含预置属性值的块时，将属性设置为默认值。

锁定位置：锁定块参照中属性的位置。解锁后，属性可以相对于使用夹点编辑的块的其他部分移动，并且可以调整多行属性的大小。

多行：指定属性值可以包含多行文字。选定此选项后，可以指定属性的边界宽度。

• 属性：确定属性的标志、提示以及缺省值。在该设置区中，可以利用“标记”文本框输入属性的标志，利用“提示”文本框输入属性提示，利用“默认”文本框输入属性的缺省值。

• 插入点：确定属性文本插入时的基点。在该设置区中，可以通过单击按钮在绘图屏幕上直接选取插入点，也可以直接输入插入点的坐标值。

• 文字设置：确定属性文本的格式，包括对正、文字样式、文字高度和旋转等。

执行完以上操作后，单击“确定”按钮，即完成了一次属性的定义。

说明：

1）用户必须输入属性标志。属性标志可以由字母、数字、字符等组成，但是字符之间不能有空格。AutoCAD 将属性标志中的小写字母自动转换为大写字母。

2）为了在插入块时提示用户输入属性值，用户可以在定义属性时输入属性提示。如果用户直接用回车来响应属性提示，则用户确定的属性标志将作为属性提示。如果用户选用常量方式的属性，则 AutoCAD 将不显示这一提示。

3）用户可以将使用次数较多的属性值作为缺省值。如果用户直接用回车来响应，则 AutoCAD 将不设置缺省值。

4）用户可以利用 ATTDEF 命令确定多个属性。例如，标题栏图块创建时可以定义“设计”“审核”“图号”“比例”等多个属性。

五、图块属性的编辑

用户可以修改已经附着到图块上的全部属性、文字选项及特性。

1. 执行途径

(1) 单击块功能区展开面板的块属性管理器按钮。

(2) 从“修改”下拉菜单中选取：“对象”→“属性”→“块属性管理器”。

(3) 命令行中输入命令：BATT↙（回车）。

2. 命令操作

执行命令后，弹出“块属性管理器”对话框，如图 11-5 所示。

在“块（B）”下拉列表框中选择要修改的块的名称，单击编辑(E)...按钮，弹出如图 11-6 所示的“编辑属性”对话框，开始对属性的修改。

默认情况下，这里所作的属性修改在当前图形中将应用于现有的所有块对象。单击“块属性管理器”对话框底部的设置(S)...按钮，打开“块属性设置”对话框，如图 11-7 所示。在这里可以选择要在列表中显示的项目。如果要将修改结果应用于现有的块对象，选中☑将修改应用到现有参照(X)复选框。对块属性做了修改之后，单击“块属性

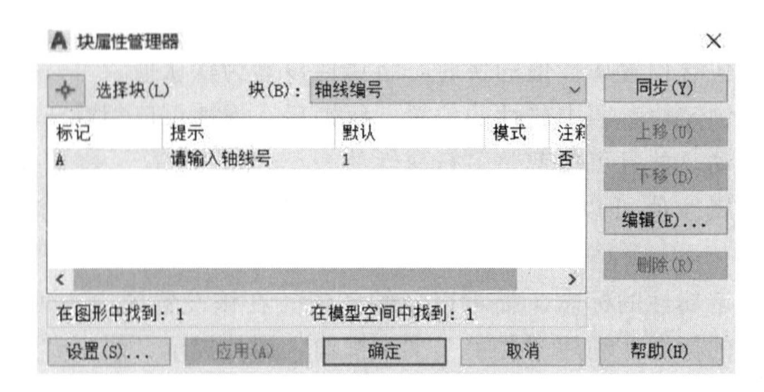

图 11－5 “块属性管理器”对话框

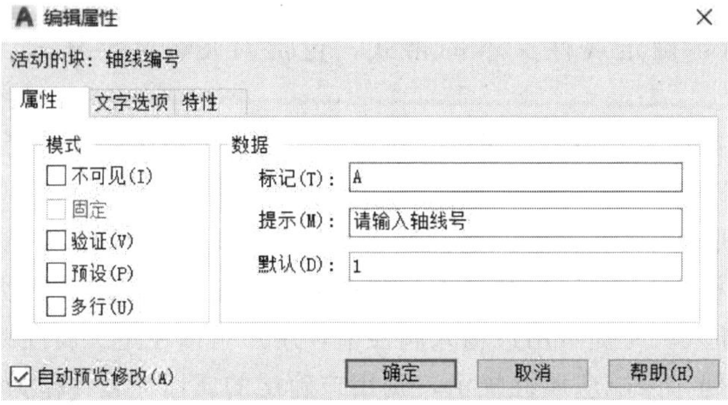

图 11－6 “编辑属性”对话框

管理器”对话框中的同步(Y)按钮，即可通过已修改的属性来更新现有的所有块对象。

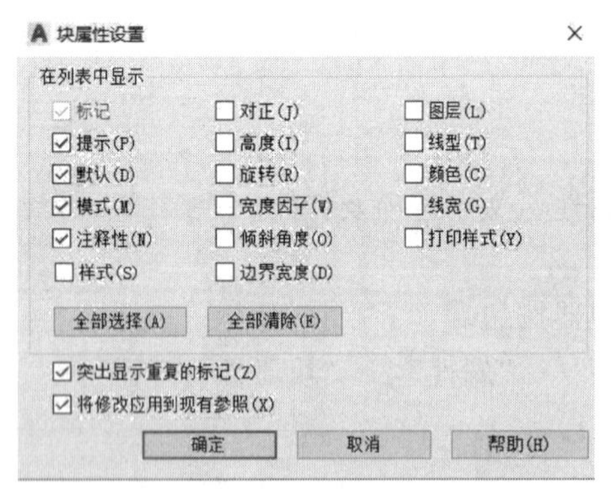

图 11－7 “块属性设置”对话框

说明：

1）在默认情况下，由于插入的图块中所有对象是一个整体，因此不能对某个对象进行单独编辑。如果需要在一个块中单独修改一个或多个对象，只有先对图块进行分解后才能进行修改。

2）为了减小图形文件大小，提高系统性能，可以从“文件”下拉菜单中选取：“图形实用工具”→“清理”，将图形中存在的已经定义但是从未使用的图块删除。

任务二 信 息 查 询

本任务主要掌握查询图形信息的操作步骤。

在绘图过程中，经常需要获取图形对象的距离、半径、角度、面积、体积等特性。利用 AutoCAD 2018 提供的查询工具可以方便地查询到这些图形信息。

一、距离查询

通过查询距离命令可以查询两点之间的距离、XY 平面中的夹角、与 XY 平面的夹角以及 X、Y、Z 方向上的增量。

1. 执行途径

(1) 单击实用工具功能区面板的测量下拉列表的距离按钮。

(2) 从“工具”下拉菜单中选取：“查询”→“距离”。

(3) 命令行中输入命令：DI↙（回车）。

2. 命令操作

执行命令后，命令行提示信息如下：

输入选项［距离（D)/半径（R)/角度（A)/面积（AR)/体积（V)］＜距离＞：D

指定第一点：(指定直线的第一点，图 11-8 中 A 点)

指定第二点或［多个点（M)］：(指定直线的第二点，图 11-8 中 B 点)

距离＝69.2256，XY 平面中的倾角＝330，与 XY 平面的夹角＝0

X 增量＝59.7671，Y 增量＝－34.9296，Z 增量＝0.0000

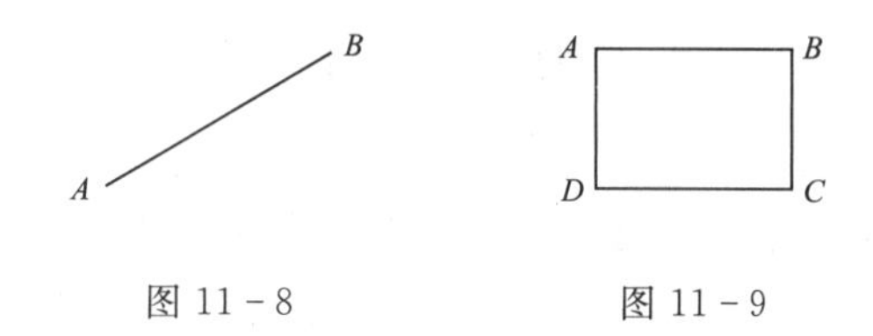

图 11-8　　图 11-9

二、面积查询

通过查询面积命令可以查询测量对象及所定义区域的面积和周长。

1. 执行途径

(1) 单击实用工具功能区面板的测量下拉列表的面积按钮。

(2) 从“工具”下拉菜单中选取：“查询”→“面积”。

(3) 命令行中输入命令：AREA↙（回车）。

2. 命令操作

执行命令后，命令行提示信息如下：

指定第一个角点或［对象（O)/增加面积（A)/减少面积（S)］＜对象（O)＞：O

选择对象：(选择矩形，图 11-9 中的矩形 $ABCD$)

区域＝500.0000，周长＝90.0000

说明：

查询图形对象信息的方法很多，在选择对象后，利用右键快捷菜单中的“特性”和“快捷特性”功能打开“特性”窗口，也可以对图形对象进行查询，如图 11-10 所示。

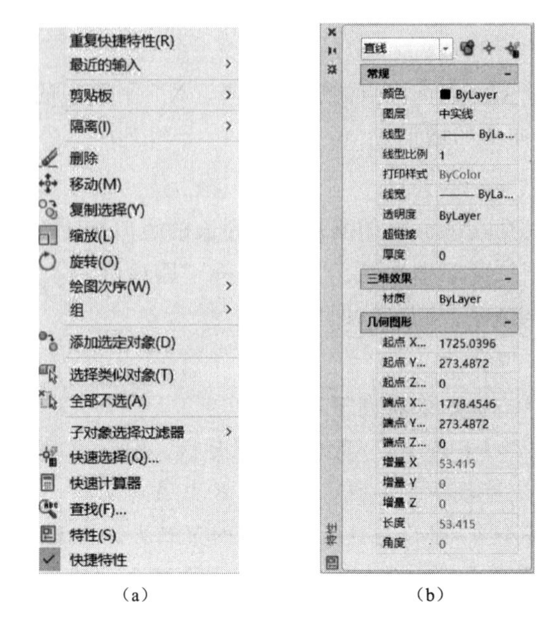

(a) (b)

图 11-10 右键快捷菜单和“特性”窗口

实 训

实训 11-1 创建窗户为内部图块

一、实训内容

在建筑平面图中，经常需要绘制大量的门、窗符号，这些门窗具有相同的形状和不同的尺寸，将其创建为块可以大大提高绘图效率。

二、操作提示

(1) 绘制窗户的图形 (100×100)，如图 11-11 所示。

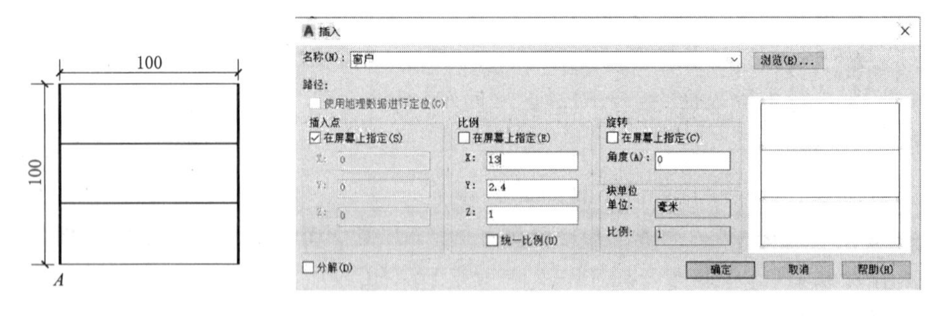

图 11-11 绘制窗户图形　　　　图 11-12 插入窗户

(2) 执行创建块命令，在“块定义”对话框的“名称”中输入“窗户”作为图块的名称。

(3) 单击“基点”选项区域中的“拾取插入基点”按钮，返回绘图窗口，捕捉左下角 A 点后，自动返回对话框。

（4）单击“对象”选项区域中的“选择对象”按钮，返回绘图窗口，选择所绘制的窗户图形，右击后返回“块定义”对话框。

（5）单击“确定”按钮，完成内部图块的创建。

（6）执行“插入块”命令，打开“插入”对话框。在“名称”文本框中找到“窗户”，如图 11－12 所示，根据平面图 11－13 中窗户的实际尺寸，在“比例”文本框中输入 X、Y 方向的比例倍数，单击“确定”按钮后返回到要插入的图形中，找到与基点 A 相对应的点单击插入即可。

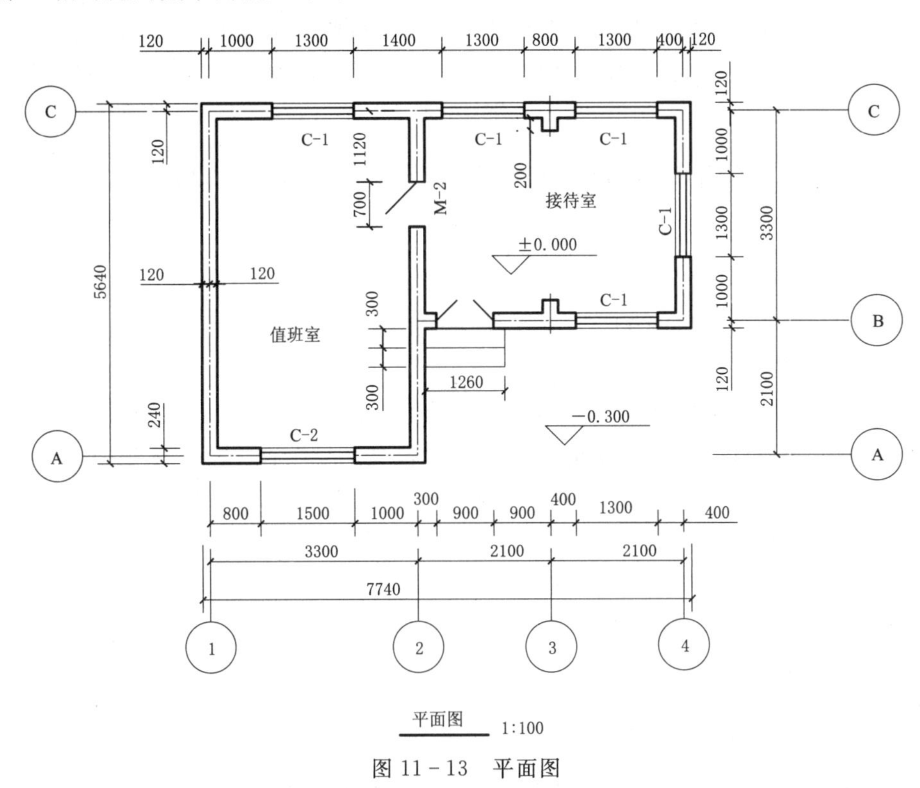

图 11－13　平面图

实训 11－2　创建轴线编号为带属性图块

一、实训内容

建筑平面图中经常要标注定位轴线，并且轴线的编号也不一样，为了达到快捷绘图的目的，可以将其创建为带属性的图块。

二、操作提示

（1）绘制定位轴线编号圆，用细实线绘制，直径为 8mm，如图 11－14（a）所示。

（2）定义块属性。展开块功能区面板，单击定义属性按钮后，弹出“属性定义”对话框，设置属性为：“标记”文本框中输入“BH”；“提示”文本框中输入“编号”；“默认”文本框中输入“1”。设置“对正”方式、“文字样式”和“文字高度”后将标记放到合适位置，如图 11－14（b）所示。

（3）创建图块。选取轴线编号图例和定义好的属性将其一起创建成图块，名称为

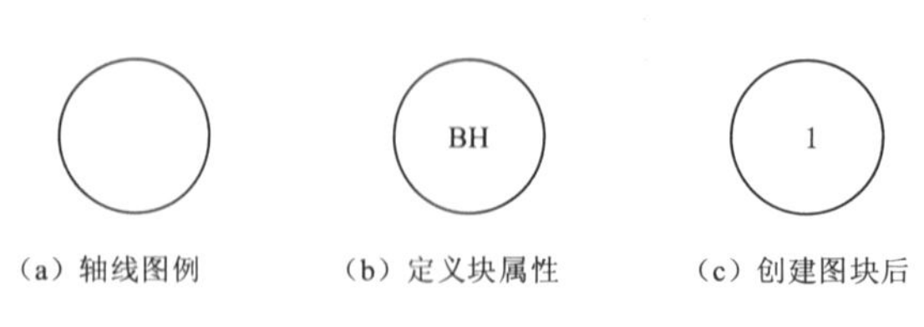

（a）轴线图例 （b）定义块属性 （c）创建图块后

图 11－14 “轴线编号”定义属性

“轴线编号”，先点击“拾取点”按钮，返回绘图区，拾取轴线编号圆心作为块插入的基点，再点击“选择对象”按钮，返回绘图区，选择已绘制好的轴线编号，点击“确定”后，定义的属性显示如图 11－14（c）所示，完成“轴线编号”带属性的图块创建。

（4）插入图块。执行“块插入”命令，将定义好的“轴线编号”图块插入到指定位置，在弹出的“块插入”对话框中选定“轴线编号”图块，确定插入位置，并输入新的轴线编号。

实训 11－3 创建标高符号为带属性图块

一、实训内容

在水利工程图中，经常需要标注大量的高程和水位符号，这些符号有相同的图例、不同的高程数值。将图 11－15 所示的标高符号创建为带属性的块。

二、操作提示

（1）绘制标高图例。如图 11－15（a）所示。

（2）定义块属性。单击块功能区面板的“定义属性”命令后，弹出“属性定义”对话框，设置属性为：“标记”文本框中输入“BG”，“提示”文本框中输入“高程数值”，“默认”文本框中输入“％％p0.000”。设置“对正”方式、“文字样式”和“文字高度”后将标记放到合适位置，如图 11－15（b）所示。

（3）创建图块。选取标高图例和定义好的属性将其一起创建成图块，名称为“标高符号”，先点击“拾取点”按钮，返回绘图区，拾取标高符号下面的“1”点作为块插入的基点，再点击“选择对象”按钮，返回绘图区，选择已绘制好的标高符号，点击“确定”后，定义的属性显示如图 11－15（c）所示，完成“标高符号”带属性的图块创建。

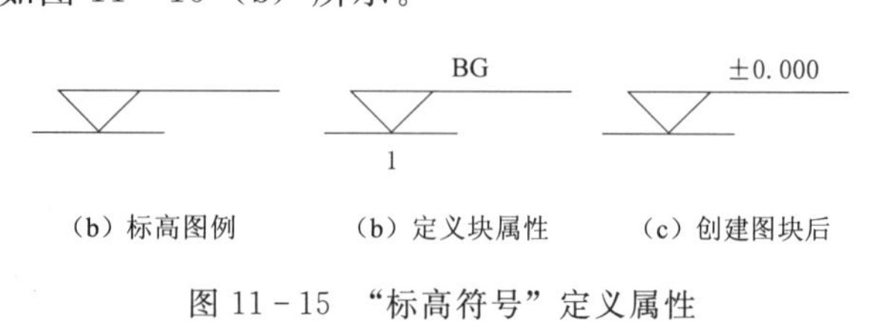

（b）标高图例 （b）定义块属性 （c）创建图块后

图 11－15 “标高符号”定义属性

（4）插入图块。执行“块插入”命令，将定义好的标高图块插入到指定位置，在弹出的“块插入”对话框中选定“标高符号”图块，确定插入位置，并输入新的标高值。

项目十二

水利工程图的绘制实例

【能力目标】

1. 掌握水利工程专业图样的绘制与编辑技巧。

2. 巩固图案填充与标注等命令在水利专业图样中的使用。

【思政目标】

通过讲解水利工程图样的绘制，使学生切身感受水利工程的宏伟、壮观，帮助其树立投身水利事业，建设富强、美丽中国的宏大愿望。

任务一　土石坝横断面的绘制

本任务主要学习土石坝横断面图的绘制与编辑。

本案例的土石坝是由黏土心墙防渗体、砂砾石填充料坝体、干砌石护坡护脚和堆石排水棱体组成，绘制内容包括土坝最大横断面图、3 个详图（坝脚、坝顶和排水棱体）、文字和尺寸注写。图中标注尺寸单位为 mm，高程单位为 m，由于图形实物尺寸较大，选择绘图比例为 1∶1000，绘图时，输入的所有图形尺寸都应在标注尺寸基础上除以 1000，如图 12－1 所示。

一、绘制轮廓

先从坝底高程 90.000m 处开始，利用直线命令粗实线绘制岩基线，利用点划线绘制防渗体中心线；然后绘制黏土心墙防渗体，在岩基线处绘制构造线（或长粗实线），利用偏移命令找到防渗体控制点位（变坡处和顶部），然后利用直线命令绘制 1∶0.5 和 1∶0.15 的斜线，绘制出防渗体；防渗体上部与防浪墙连接，防浪墙为钢筋混凝土材料修筑，利用直线命令绘制防浪墙，利用倒角命令修改；利用直线命令绘制坝顶混凝土路面和下游坝顶处缘石。

绘制土石坝上游侧坝坡和坝脚，上游侧坝坡为 1.2m 厚干砌块石护坡，用构造线定位变坡处位置高程 132.000m 和高程 116.000m，利用直线命令绘制 1∶2.75、1∶3 和 1∶3.5 斜线，再利用偏移命令向外侧偏移 1.2m 完成上游侧坝坡绘制；绘制坝脚，先利用直线命令绘制 1∶0.65 的斜线，再绘制底部 2.8m 平段，最后利用直线命令绘制 1∶0.5 的斜线。

绘制土石坝下游侧坝坡和排水棱体，下游侧坝坡为 0.4m 厚干砌块石护坡，用构

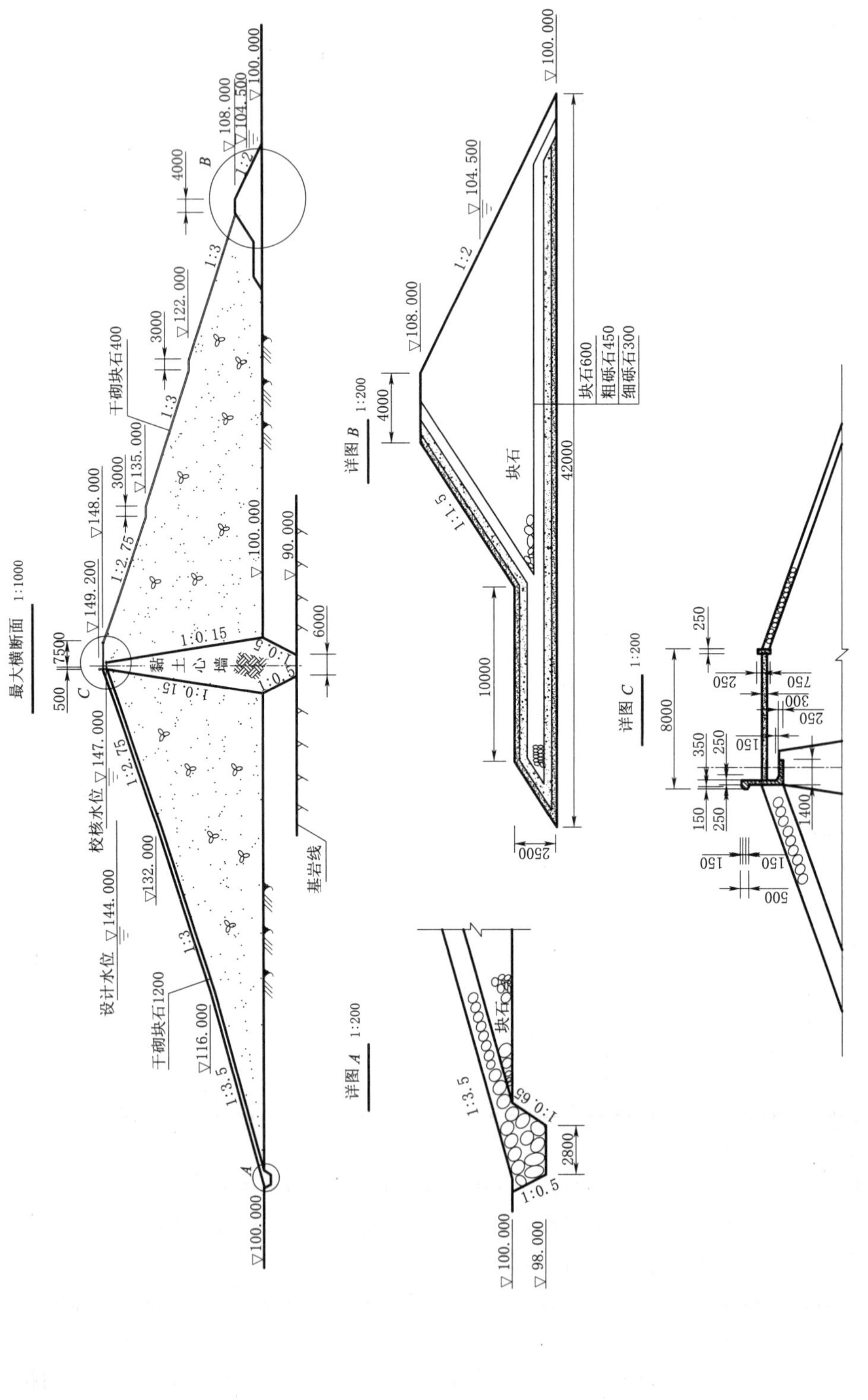

说明：图中高程单位为m，其余单位采用mm。

图 12-1 土石坝横断面图

造线定位变坡处位置高程 135.000m、高程 122.000m 和高程 108.000m，利用直线命令绘制 1∶2.75、1∶3 和 1∶3 斜线，同时绘制宽 3.0m 的马道，再利用偏移命令向外侧偏移 0.4m 完成下游侧坝坡绘制；绘制土石坝下游侧排水棱体，首先利用直线命令绘制 4.0m 棱体顶宽，然后利用直线命令绘制 1∶2 和 1∶1.5 的斜坡，再次利用直线命令绘制 42.0m 的底宽，利用偏移命令向上偏移 2.5m，在偏移完的直线与 1∶1.5 斜坡交点处向左侧绘制 10.0m，连接起来便得到排水棱体。结果如图 12－2 所示。

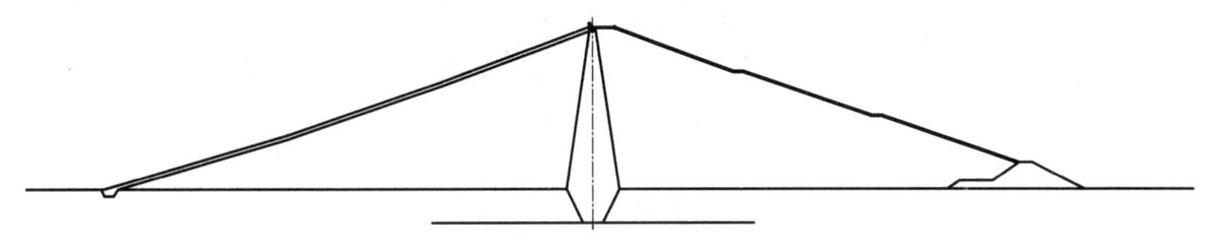

图 12－2 土石坝横断面轮廓

二、比例缩放

为了能把图形放置于标准的 A3 图框里，且大小合适，土石坝横断面图比例已是 1∶1000，不做调整，详图 *A*、详图 *B* 和详图 *C* 若按 1∶1000 比例绘制，需要缩放，比例变成 1∶200，布图如图 12－3 所示。

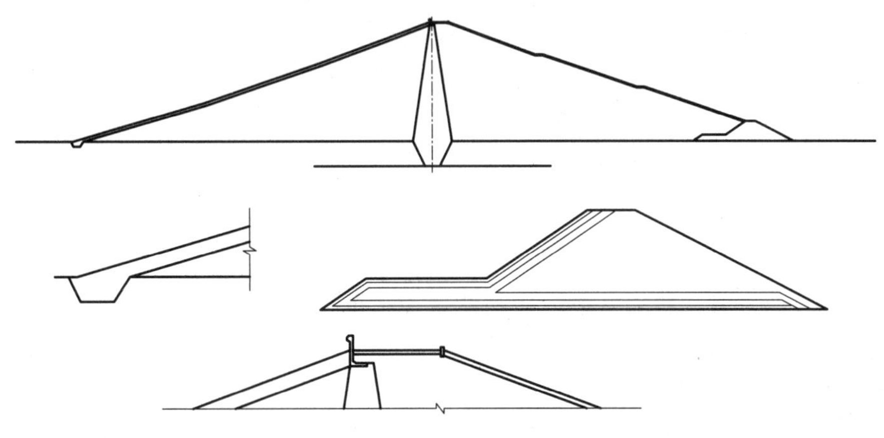

图 12－3 缩放比例布图

三、填充材料

单击绘图功能区面板上的“图案填充”按钮，在“图案填充创建”选项卡中选中黏土心墙图案，角度设为“45”，比例设为“0.5”，如图 12－4 所示，用“拾取点”的方式选择填充区域（在区域内单击），关闭即可，若只想填充部分符号来表示，可以绘制一个封闭图形，待填充完，再把封闭图形边界删除。混凝土填充同黏土心墙填充，角度设为“0”，比例设为“0.01”，如图 12－5 所示。同理填充砂砾石、钢筋等。如果没有相应填充样式，可以自己绘制，填充完如图 12－6 所示。

四、文字注写

单击注释功能区面板的“文字样式”按钮，新建“文字”和“数字与字母”样

图 12-4 “黏土心墙”图案填充选项卡

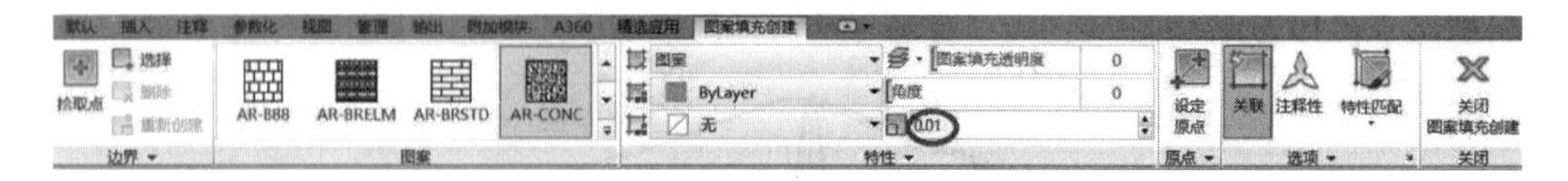

图 12-5 “混凝土填充”图案填充选项卡

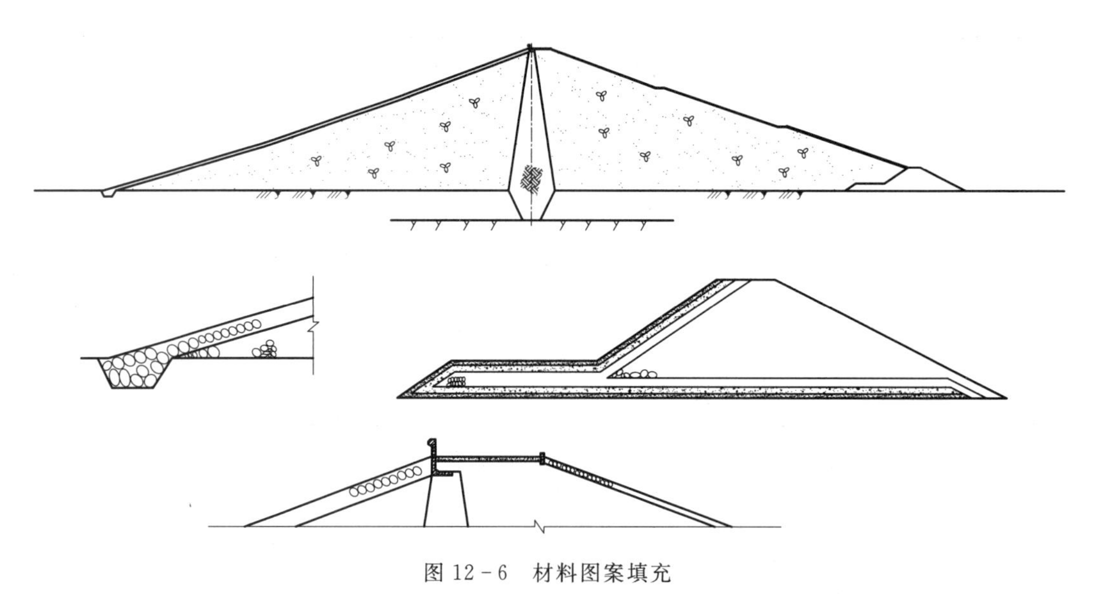

图 12-6 材料图案填充

式，选择好文字样式，然后单击注释功能区面板的“多行文字”按钮，进行文字注写，如图 12-7 所示。

五、创建并插入块

单击块功能区面板的“创建”按钮，新建块“标高”，单击块功能区面板的“插入”按钮，把新建块“标高”插入高程，如图 12-7 所示。

六、尺寸标注

单击注释功能区面板的“标注样式”按钮，新建标注样式，由于土石坝横断面图比例为 1：1000，新建标注样式“1000”，设置线、符号和箭头、文字、调整和主单位等选项卡的样式。详图 A、B 和 C 比例均为 1：200，在“标注样式”中对线、符号和箭头、文字、调整等选项卡的样式设置同新建标注样式“1000”，仅主单位选项卡的样式均设置为 200。单击注释功能区面板的对应标注按钮进行标注，如图 12-8 所示。

七、检查修改

最后检查修改，删除辅助线等，将图形放入标准 A3 图框里，结果如图 12-8 所示。

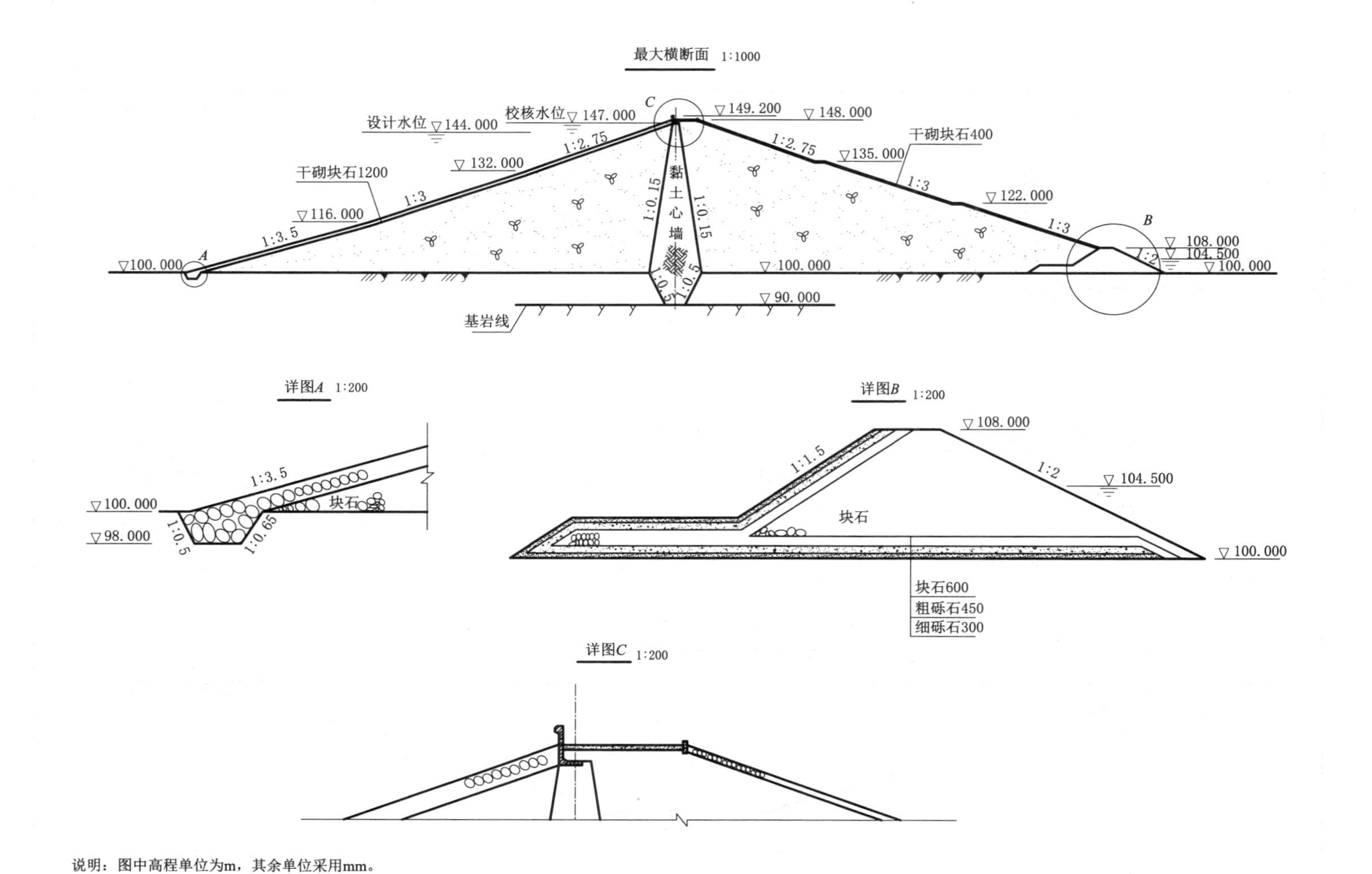

说明：图中高程单位为m，其余单位采用mm。

图 12-7　注写文字及插入块

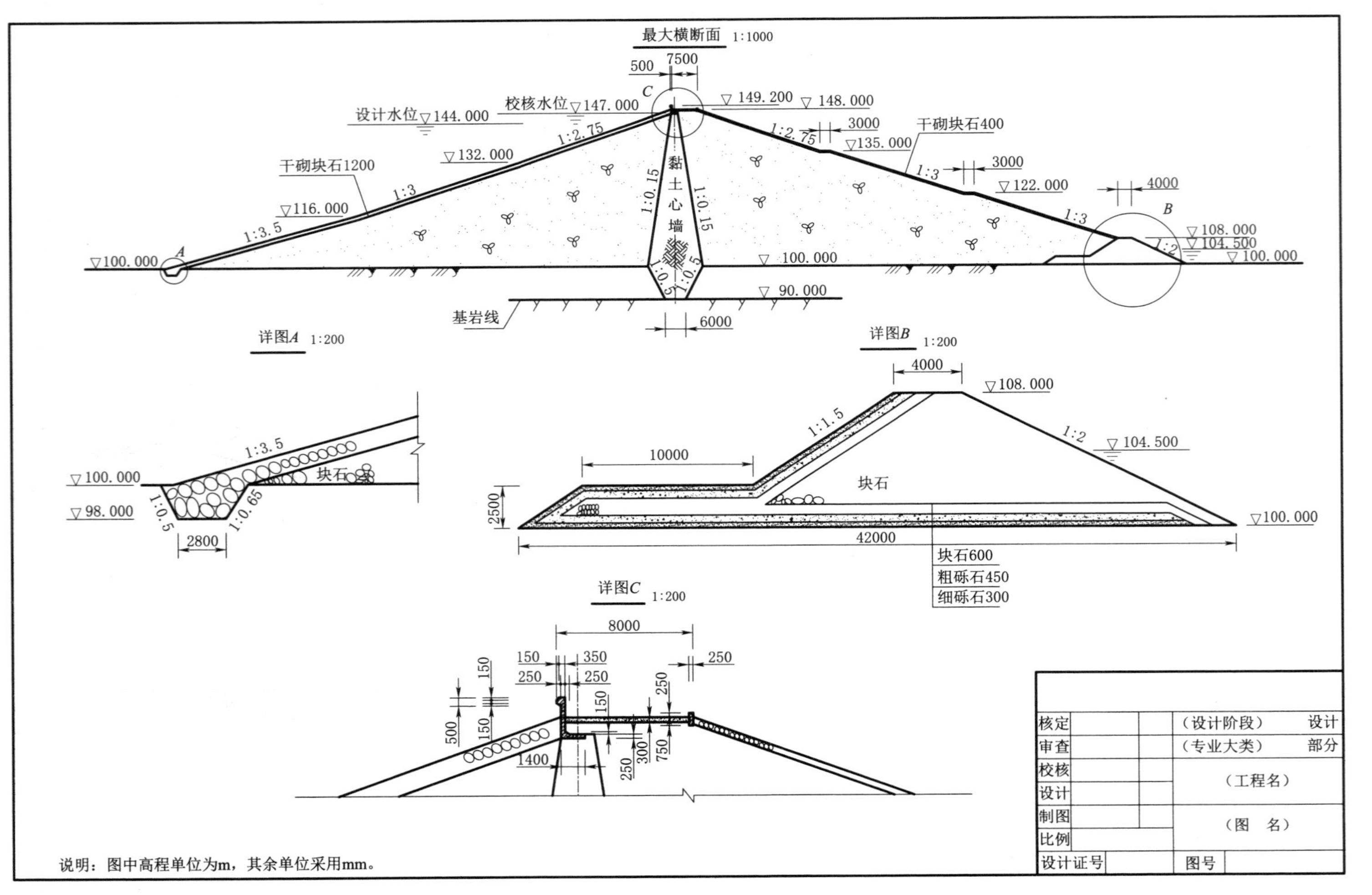

说明：图中高程单位为m，其余单位采用mm。

图 12－8 土石坝横断面图

任务二　水闸设计图的绘制

本任务主要学习水闸设计图的绘制与编辑。

本案例的水闸建于软土地基上，为混凝土水闸。绘图内容包括水闸平面图、纵剖视图、上下游立面图、断面图、文字和尺寸的注写。图中的标注尺寸单位为mm，高程单位为m。由于图形的实物尺寸较大，选择绘图比例为1：100，即绘图时，输入的所有图形尺寸都应在标注尺寸基础上除以100。如图12-9所示。

一、绘制平面图

(1) 轴线的绘制。把点画线图层置于当前图层，用直线命令绘制轴线。

(2) 半平面图的绘制。用直线和偏移命令绘制半个平面图，把各线的图层换成相关图层，例如，素线和示坡线的绘制，需要将细实线层置于当前层，修剪多余线段。用圆角、镜像、修剪等命令绘制闸墩圆弧，如图12-10所示。

(3) 水闸整体轮廓绘制。输入镜像命令，选择对象为所绘制的半平面，以轴线为镜像线镜像就得到如图12-11所示的图形。

二、绘制纵剖视图

用直线、圆弧和偏移等命令绘制纵剖视图，注意示坡线、素线和折断线为细实线，修剪多余线段，如图12-12所示。

三、绘制立面图及断面图

(1) 上下游立面图绘制。上下游立面图外轮廓是对称的，注意上游进口是弧形面，下游立面是扭面。用素线表达需要注意，闸墩上下游高度不同，需要注意表达。用直线、偏移和修剪命令绘制左侧上游立面图，以轴线为镜像线镜像就可以得到下游立面图外轮廓，然后用细实线绘制素线，如图12-13所示。

(2) *C—C* 断面图的绘制。*C—C* 断面为消力池断面，断面完全对称，用直线命令绘制完左侧断面图，然后利用镜像命令，以轴线为镜像线，镜像出右侧断面图，绘制出完整 *C—C* 断面，如图12-14所示。

四、材料填充

(1) 土基填充。单击绘图功能区面板上的“图案填充”按钮，在“图案填充创建”选项卡中选中图案，角度设为“45”，比例设为“0.5”，用“拾取点”的方式选择填充区域（在区域内单击），关闭即可，若只想填充部分符号来表示，可以绘制一个封闭图形，待填充完，把封闭图形删除，结果如图12-15所示。

(2) 混凝土。单击绘图功能区面板上的“图案填充”按钮，在“图案填充创建”选项卡中选中混凝土图案，选择需要填充的范围，填充完成关闭即可，结果如图12-15所示。

五、文字的标注

单击注释功能区面板的“文字样式”按钮，新建“文字”和“数字与字母”样式，选择好文字样式，然后单击注释功能区面板的“多行文字”按钮，进行文字注写，如图12-16所示。

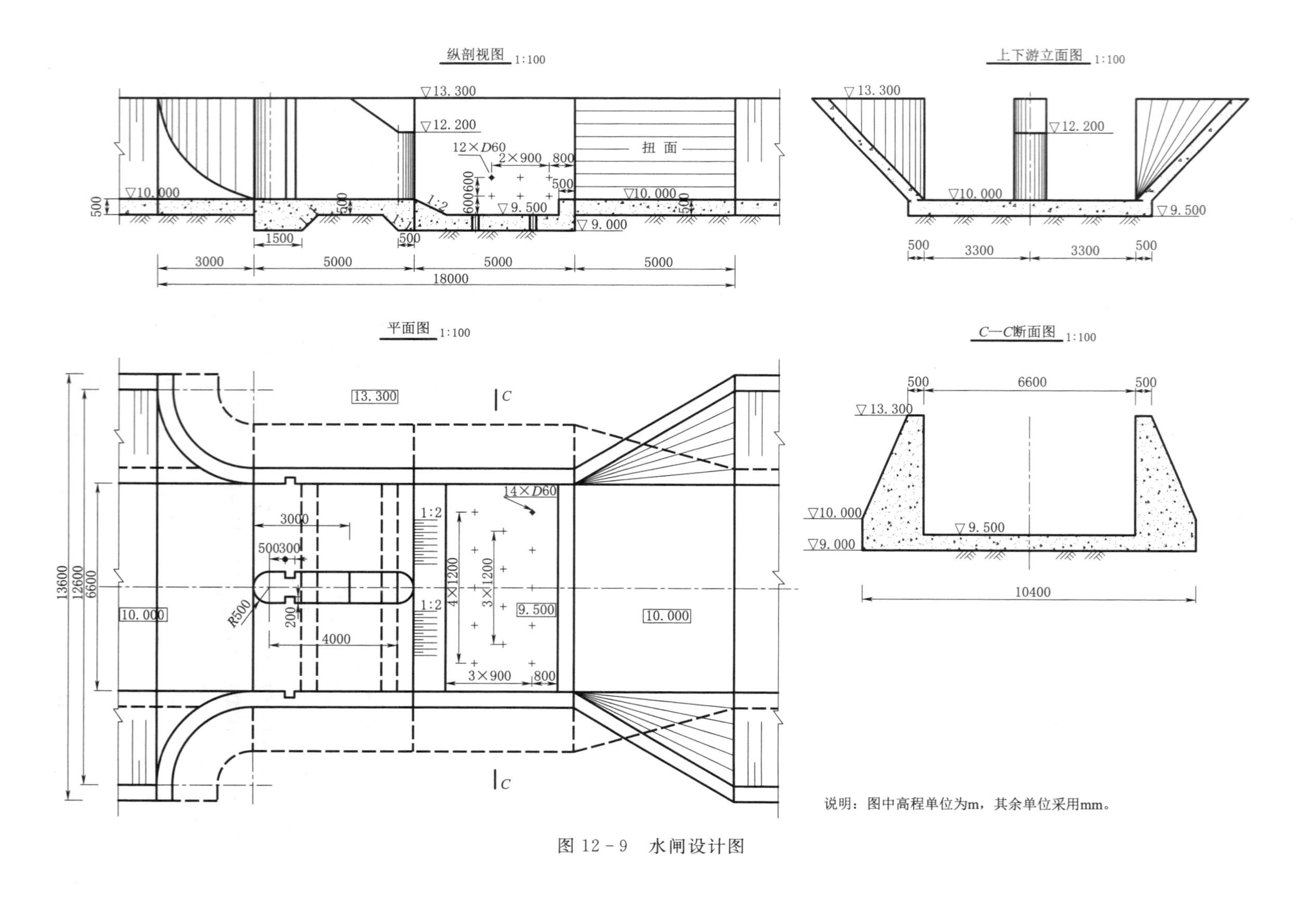
纵剖视图 1:100
上下游立面图 1:100
平面图 1:100
C—C断面图 1:100
扭面
12×D60
14×D60
说明：图中高程单位为m，其余单位采用mm。

图 12－9 水闸设计图

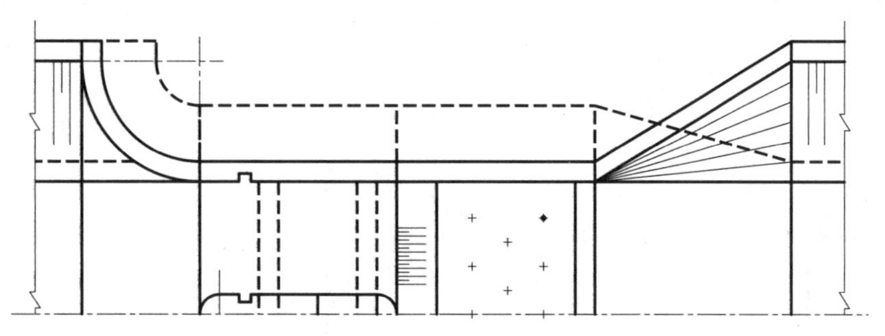

图 12-10 部分平面图

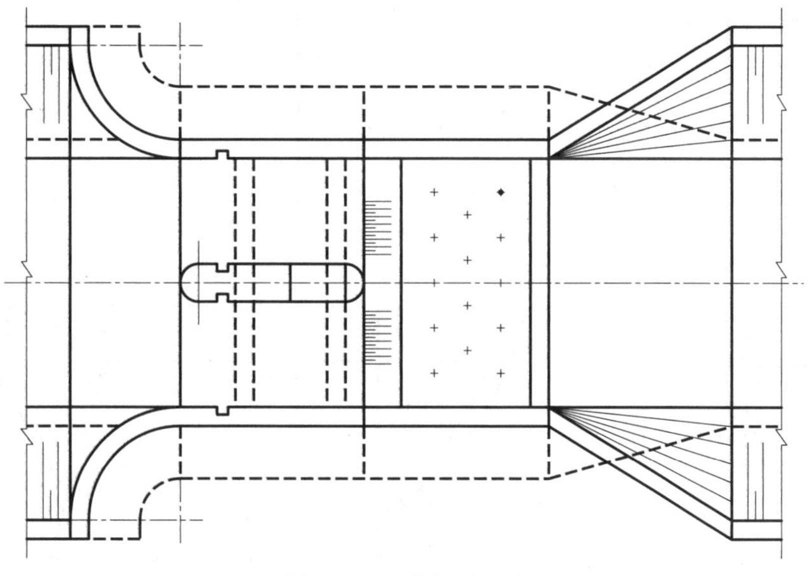

图 12-11 水闸平面图

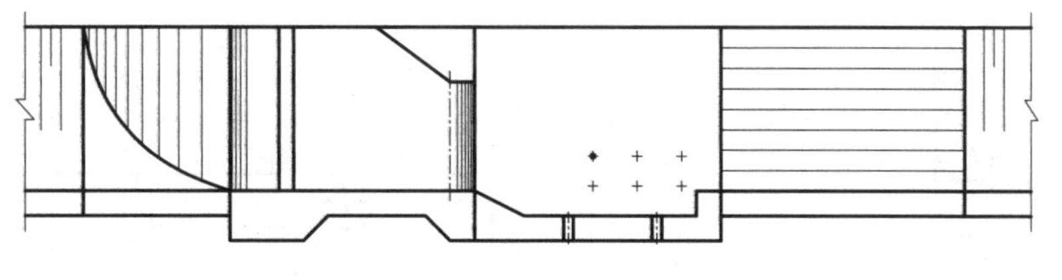

图 12-12 纵剖视图

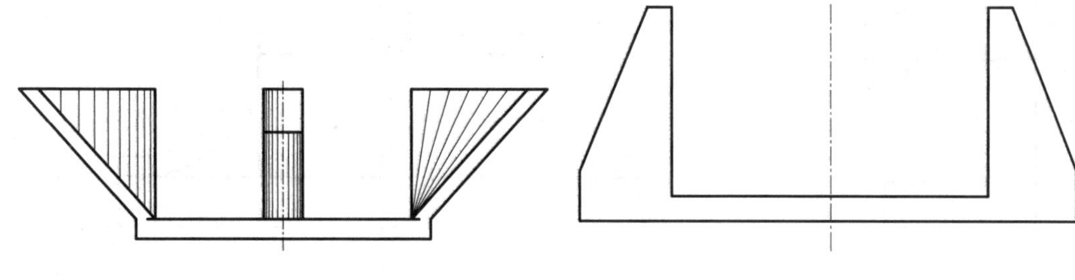

图 12-13 上下游立面图

图 12-14 C—C 断面图

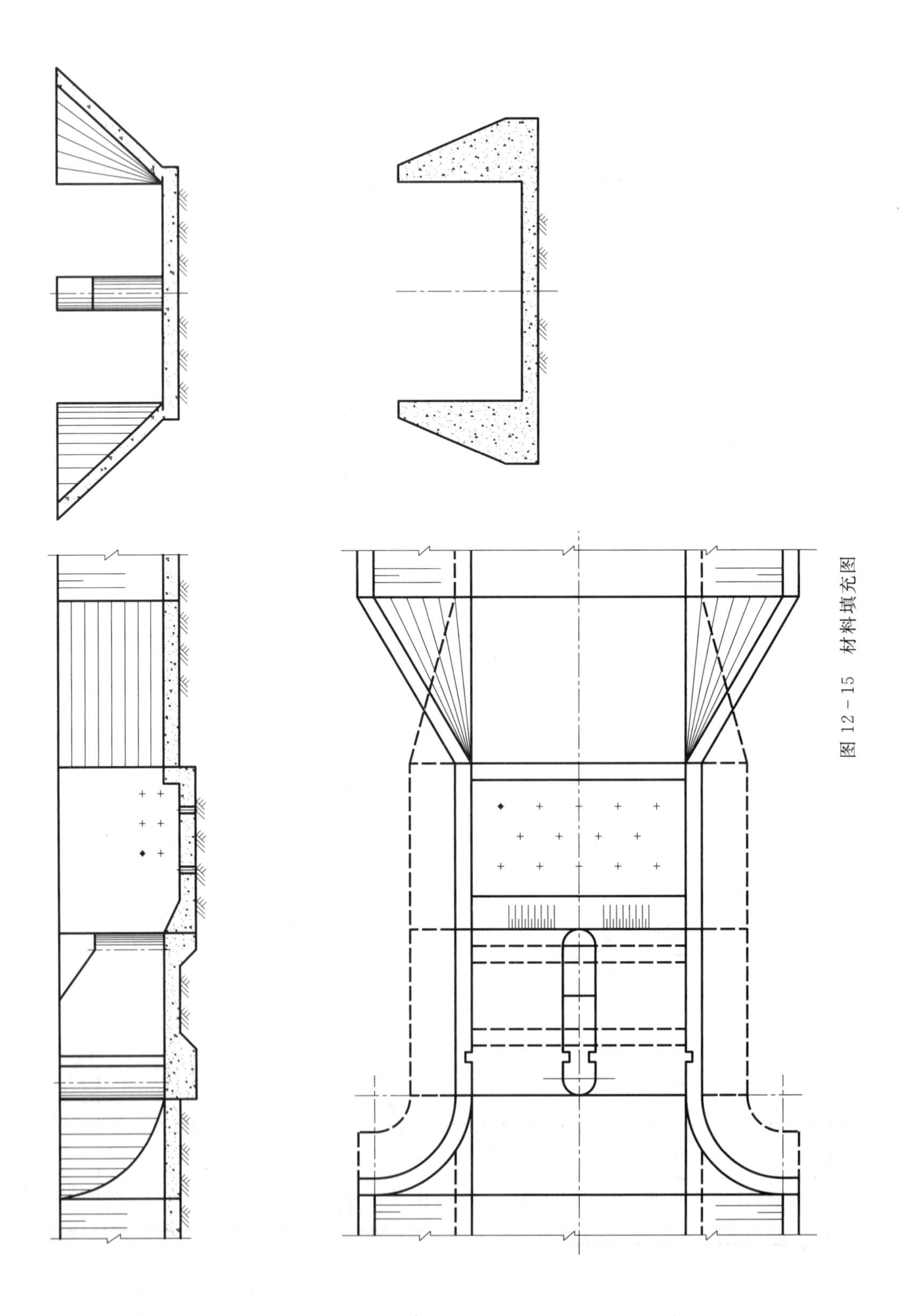

图 12-15 材料填充图

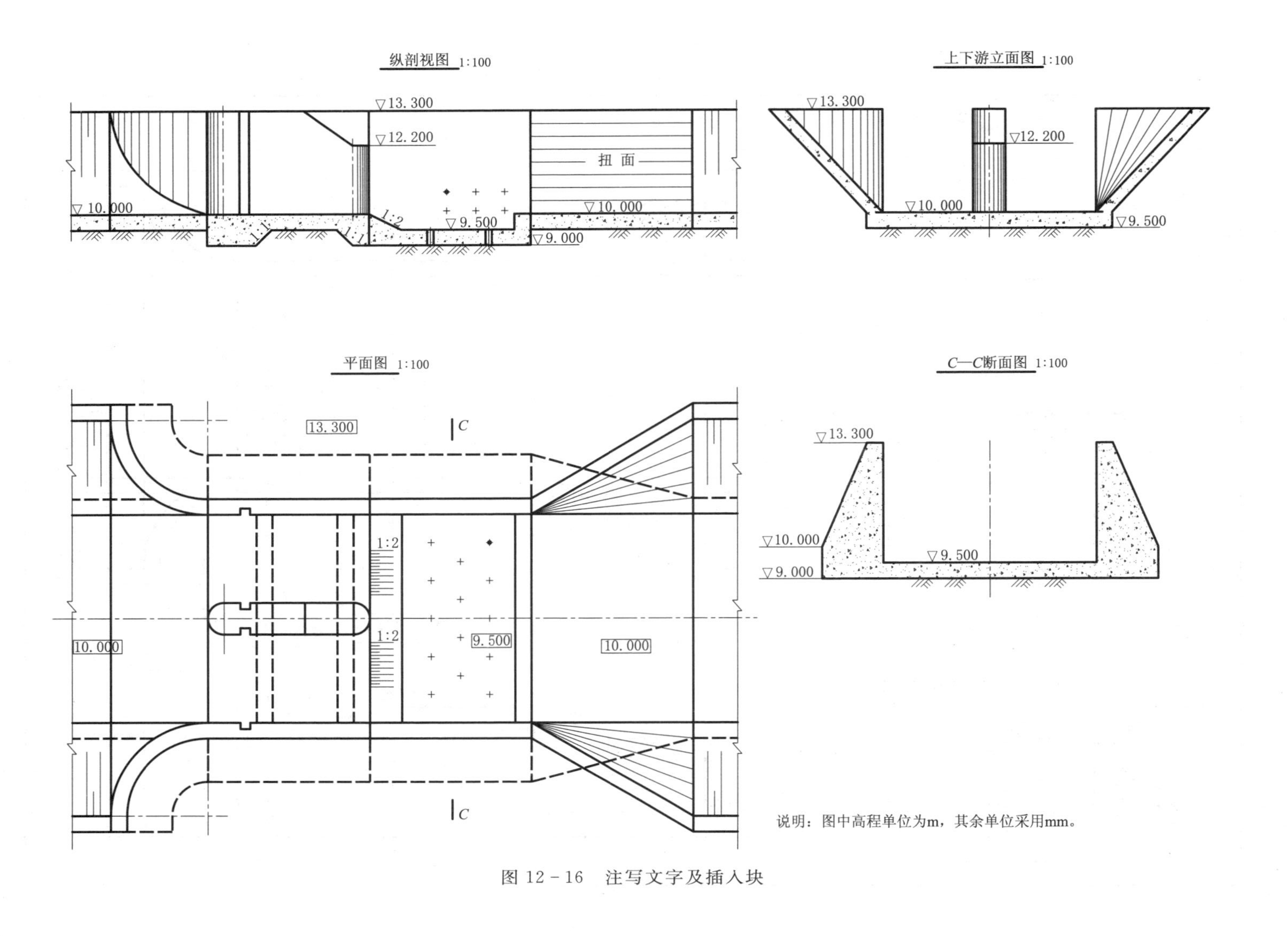

说明：图中高程单位为m，其余单位采用mm。

图 12-16　注写文字及插入块

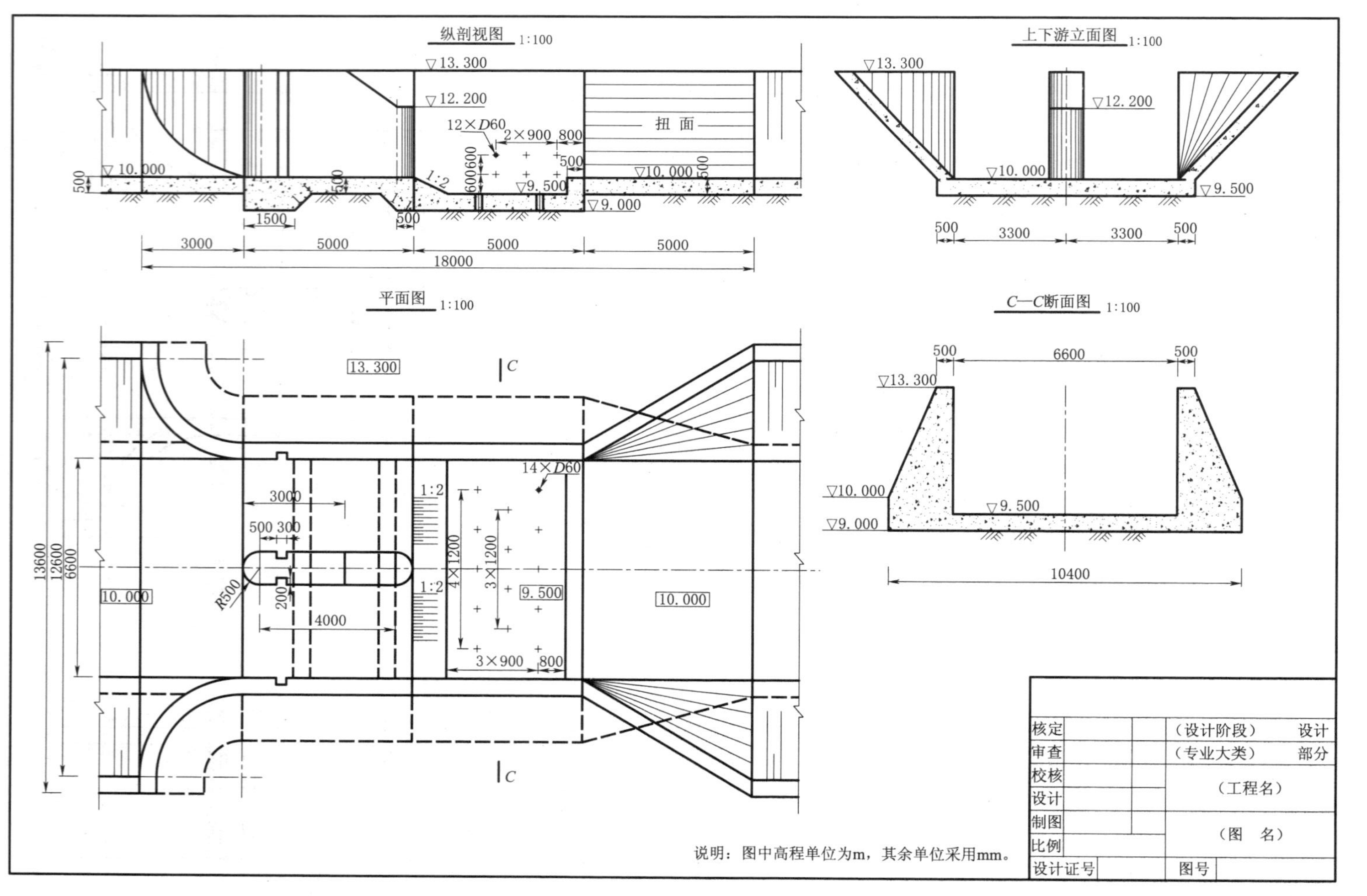
纵剖视图 1:100
上下游立面图 1:100
平面图 1:100
C—C断面图 1:100
扭面
核定
审查
校核
设计
制图
比例
设计证号
（设计阶段） 设计
（专业大类） 部分
（工程名）
（图 名）
图号
说明：图中高程单位为m，其余单位采用mm。

图 12-17 水闸设计图

六、创建并插入块

单击块功能区面板的“创建”按钮，新建块“标高”，单击块功能区面板的“插入”按钮，把新建块“标高”插入高程，如图 12－16 所示。

七、尺寸标注

单击注释功能区面板的“标注样式”按钮，新建标注样式，由于水闸平面图、纵剖视图、上下游立面图和 *C*—*C* 断面图，比例均为 1∶100，新建标注样式“100”，设置线、符号和箭头、文字、调整和主单位等选项卡的样式。主单位选项卡的样式均设置为 100。单击注释功能区面板的对应标注按钮进行标注，如图 12－17 所示。

八、检查修改

最后检查修改，删除辅助线等，将图形放入标准 A3 图框里，结果如图 12－17 所示。

任务三 跌水设计图的绘制

本任务主要学习跌水设计图的绘制与编辑。

本案例的一级跌水建于软土地基上，为浆砌石跌水。绘图内容包括跌水的平面图、纵剖视图、*B*—*B* 和 *C*—*C* 剖视图、文字和尺寸的注写。图中的标注尺寸单位为 mm，高程单位为 m。由于图形的实物尺寸较大，选择绘图比例为 1∶150，即绘图时，输入的所有图形尺寸都应在标注尺寸基础上除以 150，或者按原尺寸绘制，再整体缩小 150 的比例，如图 12－18 所示。

一、绘制平面图

（1）轴线的绘制。把点画线图层置于当前图层，用直线命令绘制轴线。

（2）半平面图的绘制。用直线和偏移命令绘制半个平面图，把各线的图层换成相关图层，例如，素线和示坡线的绘制，需要将细实线层置于当前层，修剪多余线段，如图 12－19 所示。

（3）跌水整体轮廓绘制。输入镜像命令，选择对象为所绘制的半平面，以轴线为镜像线镜像就得到如图 12－20 所示的图形。

二、绘制纵剖视图

用直线和偏移命令绘制纵剖视图，注意示坡线、素线和折断线为细实线，修剪多余线段，如图 12－21 所示。

三、绘制剖视图

（1）*B*—*B* 剖视图绘制。*B*—*B* 剖视图剖到消力池内部，消力池前部和后部区别在于护坦厚度不同，其他外轮廓是对称的。用直线、偏移和修剪命令绘制左侧剖视图，以轴线为镜像线镜像就可以得到右侧剖视图，然后修改底部护坦厚度，示坡线需要用细实线绘制，注意表达，如图 12－22 所示。

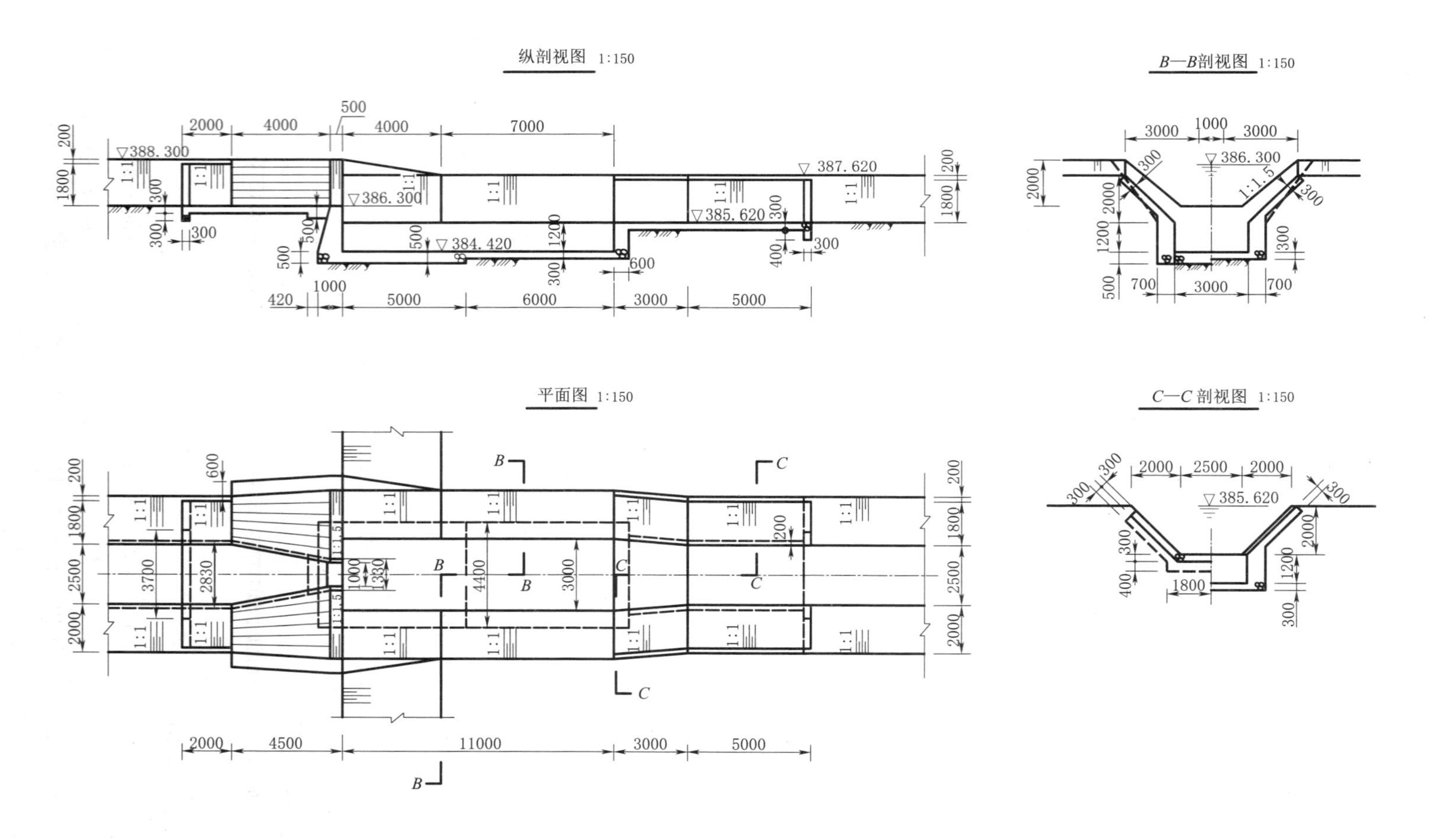

说明：图中高程单位为m，其余单位采用mm。

图 12－18 跌水设计图

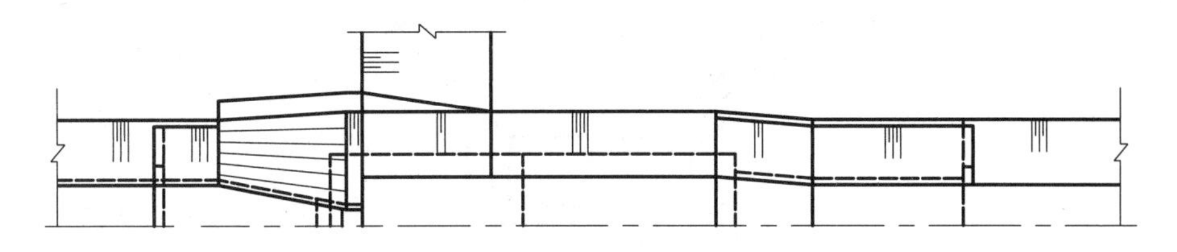

图 12-19 部分平面图

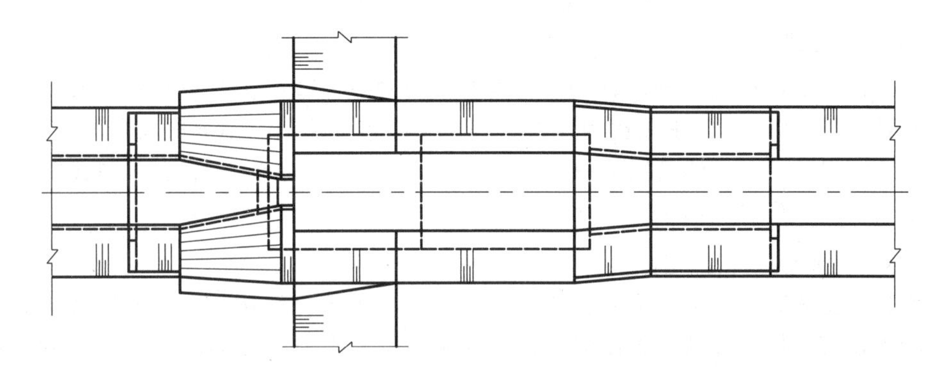

图 12-20 跌水平面图

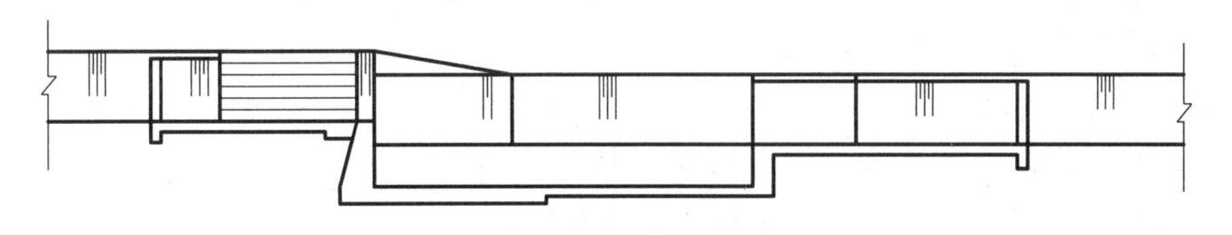

图 12-21 纵剖视图

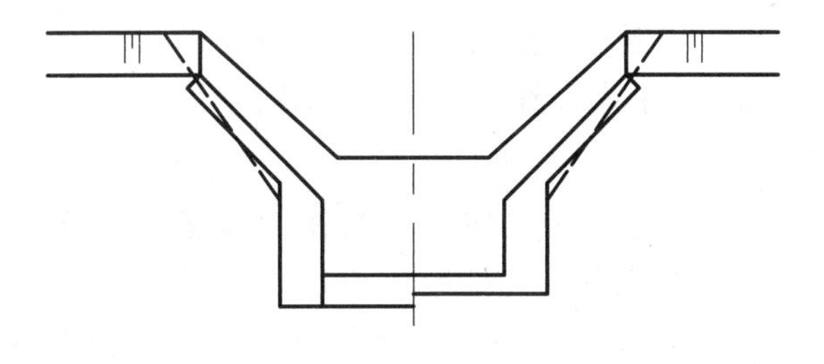

图 12-22 *B*—*B* 剖视图

(2) *C*—*C* 剖视图的绘制。*C*—*C* 剖视图为跌水出口连接段和整流段剖面，剖面只有部分相同，部分对称，大部分都不同，需要单独绘制。用直线和偏移命令绘制完左侧剖视图，然后利用镜像命令，以轴线为镜像线，镜像出右侧剖视图相同部分，再绘制右侧剖视图不同部分，最终绘制出完整 *C*—*C* 剖视图，如图 12-23 所示。

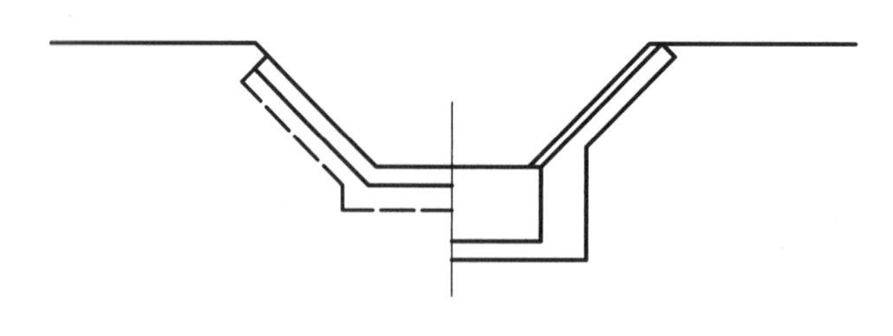

图 12-23 C—C 剖视图

四、比例缩放

为了能把图形放置于标准的 A3 图框里，且大小合适，跌水平面图、纵剖面图、B—B 剖视图和 C—C 剖视图比例均为 1∶150，直接按比例绘制会增加计算量，所以可以按实际尺寸绘制，然后统一缩小为 1/150，利用缩放命令，输入“1/150”，即可得到缩放后的图形。如图 12-24 所示。

五、材料填充

（1）土基填充。单击绘图功能区面板上的“图案填充”按钮，“图案填充创建”选项卡中没有图样中要填充的图案，这时需要绘制一个要填充的图案，再复制填充。结果如图 12-25 所示。

（2）浆砌石。单击绘图功能区面板上的“图案填充”按钮，在“图案填充创建”选项卡中选中浆砌石图案，选择需要填充的范围，填充完成关闭即可，也可绘制一个要填充的图案，再复制填充，结果如图 12-25 所示。

六、文字的标注

单击注释功能区面板的“文字样式”按钮，新建“文字”和“数字与字母”样式，选择好文字样式，然后单击注释功能区面板的“多行文字”进行文字注写，如图 12-26 所示。

七、创建并插入块

单击块功能区面板的“创建”按钮，新建块“标高”，单击“块”功能区面板的“插入”，把新建块“标高”插入高程，如图 12-26 所示。

八、尺寸标注

单击注释功能区面板的“标注样式”按钮，新建标注样式，由于跌水平面图、纵剖视图、B—B 剖视图和 C—C 剖视图，比例均为 1∶150，新建标注样式“150”，设置线、符号和箭头、文字、调整和主单位等选项卡的样式。主单位选项卡的样式均设置为 150。单击注释功能区面板的对应标注按钮进行标注，如图 12-27 所示。

九、检查修改

最后检查修改，删除辅助线等，将图形放入标准 A3 图框里，结果如图 12-27 所示。

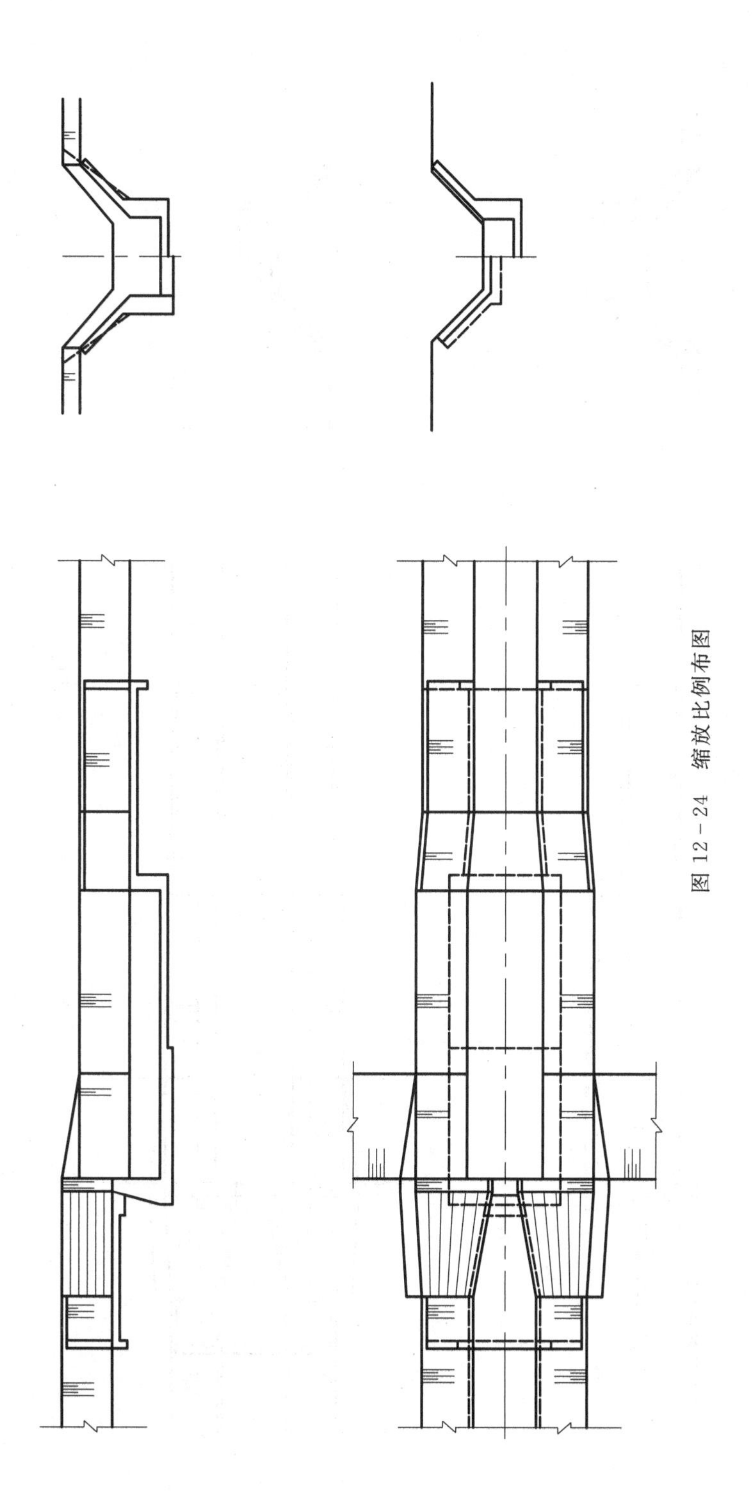

图 12-24 缩放比例布图

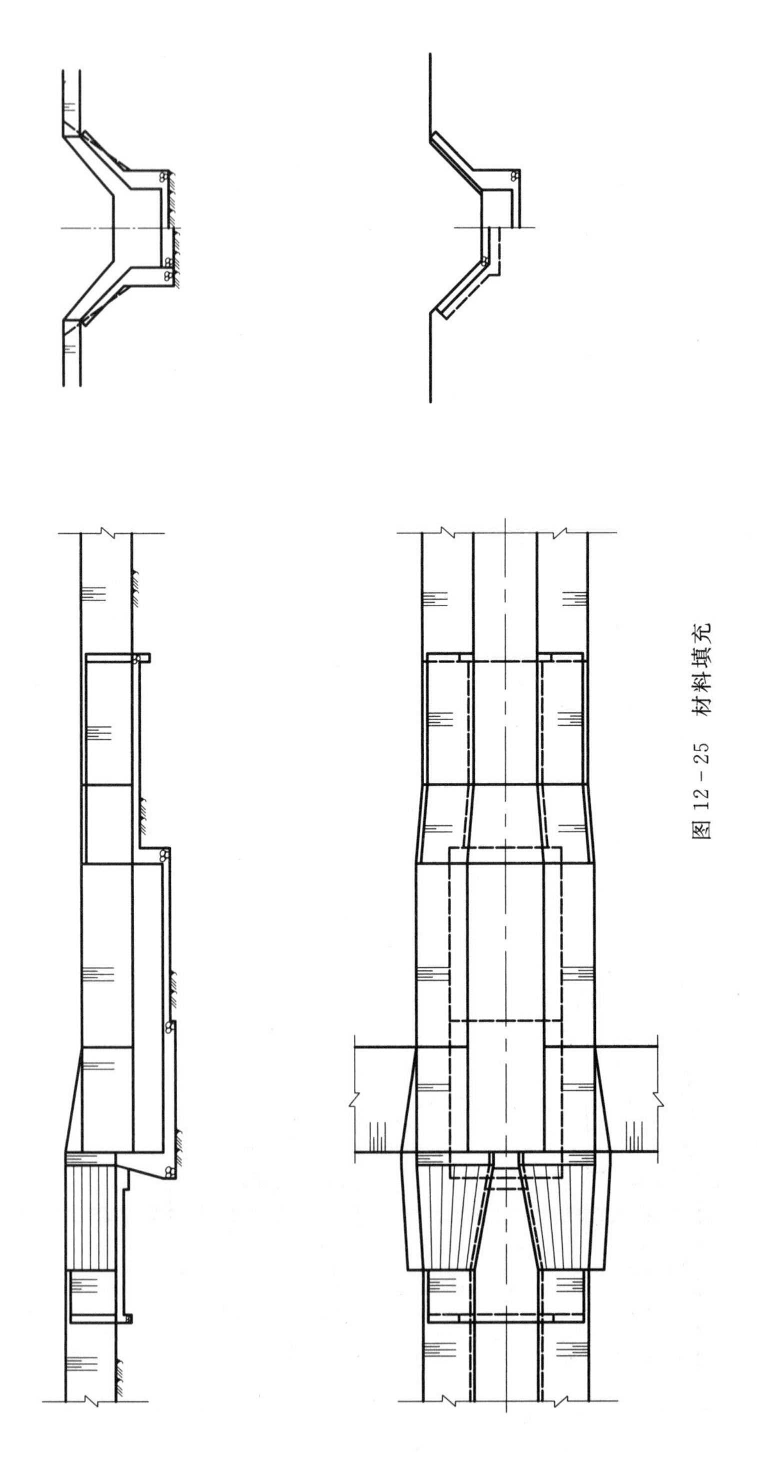

图 12-25 材料填充

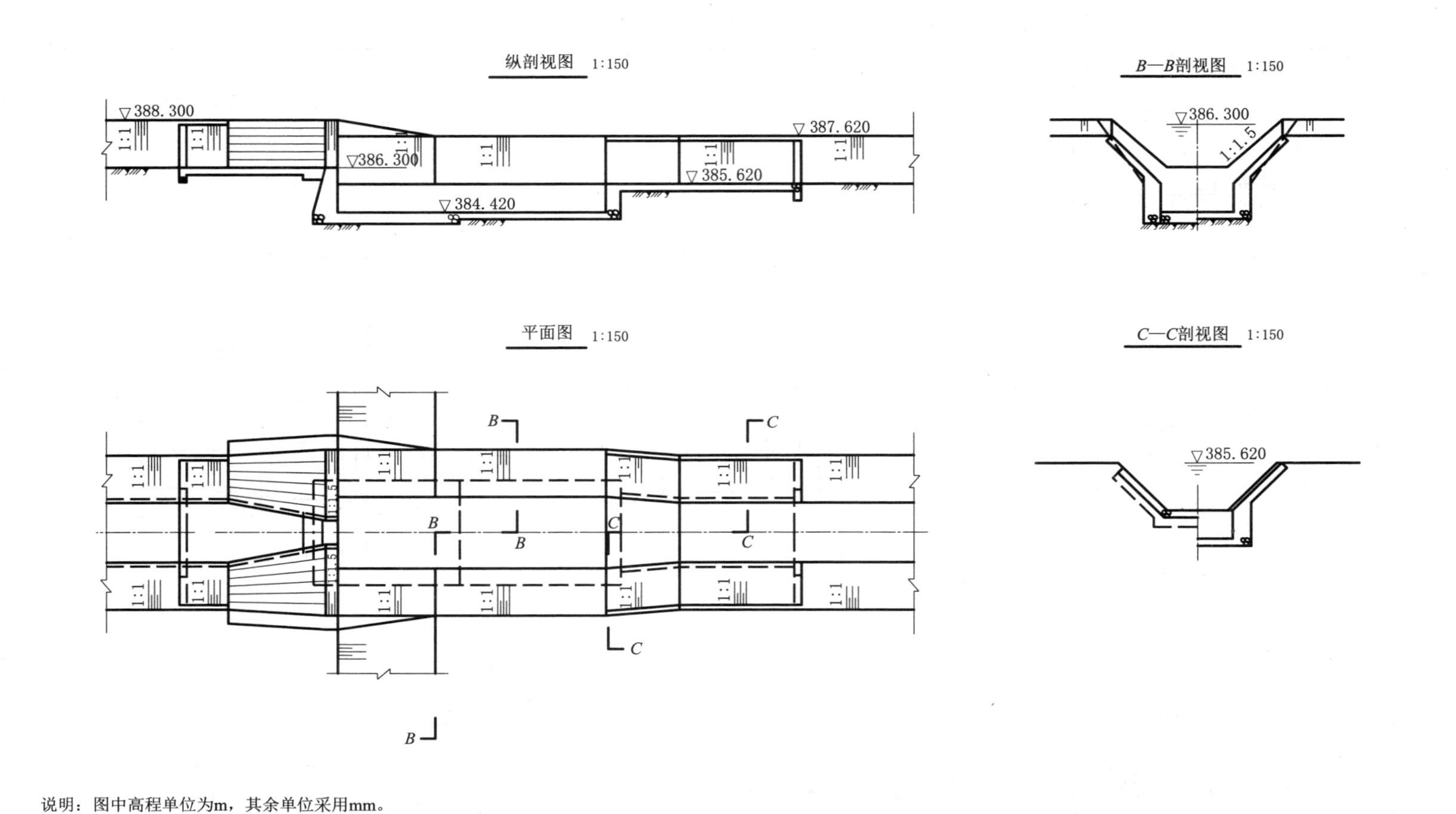

说明：图中高程单位为m，其余单位采用mm。

图 12-26 注写文字及插入块

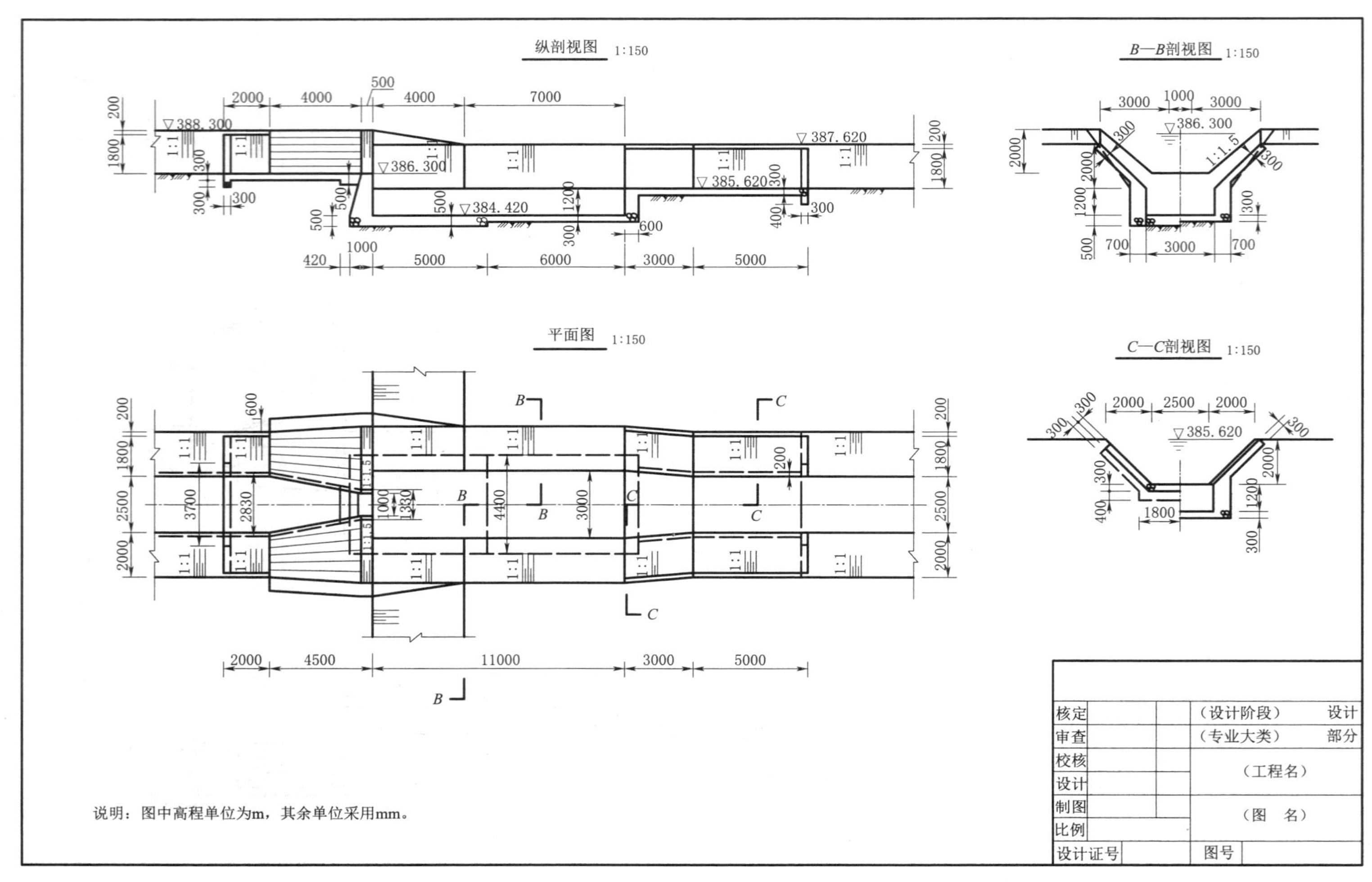
纵剖视图 1:150
B—B剖视图 1:150
平面图 1:150
C—C剖视图 1:150
▽388.300
▽386.300
▽384.420
▽385.620
▽387.620
核定
审查
校核
设计
制图
比例
设计证号
（设计阶段） 设计
（专业大类） 部分
（工程名）
（图 名）
图号
说明：图中高程单位为m，其余单位采用mm。

图 12-27 跌水设计图

参 考 文 献

[1] 薛山. AutoCAD 2018 实用教程 [M]. 北京：清华大学出版社，2018.
[2] 董岚. 土木工程 CAD [M]. 西安：西安电子科技大学出版社，2018.
[3] 刘娟. 水利工程制图 [M]. 郑州：黄河水利出版社，2021.
[4] 张圣敏. 水利工程制图 [M]. 北京：中国水利水电出版社，2020.